电工电子名家畅销书系

电子电路识图咱得这么学

蔡杏山　主编

机械工业出版社

本书是一本介绍电子电路识图的图书,主要内容有电子电路识图基础、基本电子元器件及电路识图、半导体器件及电路识图、其他电子元器件及电路识图、放大电路识图、选频电路与振荡电路识图、电源电路识图、门电路与组合逻辑电路识图、时序逻辑电路与脉冲电路识图、常用集成电路及应用电路识图等。

本书具有起点低、由浅入深、语言通俗易懂的特点,内容结构安排符合学习认知规律。本书适合作为电工电子爱好者学习电子电路的自学图书,也适合作职业院校电类专业的电子电路教材。

图书在版编目(CIP)数据

电子电路识图咱得这么学/蔡杏山主编. —北京:机械工业出版社,2019.3

(电工电子名家畅销书系)

ISBN 978-7-111-62035-8

Ⅰ.①电… Ⅱ.①蔡… Ⅲ.①电子电路-电路图-识别 Ⅳ.①TN710

中国版本图书馆 CIP 数据核字(2019)第 030078 号

机械工业出版社(北京市百万庄大街 22 号 邮政编码 100037)
策划编辑:任 鑫 责任编辑:任 鑫
责任校对:郑 婕 封面设计:马精明
责任印制:张 博
三河市宏达印刷有限公司印刷
2019 年 4 月第 1 版第 1 次印刷
184mm×260mm · 17.75 印张 · 438 千字
0001—3000 册
标准书号:ISBN 978-7-111-62035-8
定价:49.00 元

出版说明

我国经济与科技的飞速发展，国家战略性新兴产业的稳步推进，对我国科技的创新发展和人才素质提出了更高的要求。同时，我国目前正处在工业转型升级的重要战略机遇期，推进我国工业转型升级，促进工业化与信息化的深度融合，是我们应对国际金融危机、确保工业经济平稳较快发展的重要组成部分，而这同样对我们的人才素质与数量提出了更高的要求。

目前，人们日常生产生活的电气化、自动化、信息化程度越来越高，电工电子技术正广泛而深入地渗透到经济社会的各个行业，促进了众多的人口就业。但不可否认的客观现实是，很多初入行业的电工电子技术人员，基础知识相对薄弱，实践经验不够丰富，操作技能有待提高。

秉承机械工业出版社"服务国家经济社会和科技全面进步"的出版宗旨，60多年来我们在电工电子技术领域积累了大量的优秀作者资源，出版了大量的优秀畅销图书，受到广大读者的一致认可与欢迎。本着"提技能、促就业、惠民生"的出版理念，经过与领域内知名的优秀作者充分研讨，我们打造了"电工电子名家畅销书系"，涉及内容包括电工电子基础知识、电工技能入门与提高、电子技术入门与提高、自动化技术入门与提高、常用仪器仪表的使用以及家电维修实用技能等。本丛书出版至今，得到广大读者的一致好评，取得了良好社会效益，为读者技能的提高提供了有力的支持。

随着时间的推移和技术的不断进步，加之年轻一代走向工作岗位，读者对于知识的需求、获取方式和阅读习惯等发生了很大的改变，这也给我们提出了更高的要求。为此我们再次整合了强大的策划团队和作者团队资源，对本丛书进行了全新的升级改造。升级后的本丛书具有以下特点：①名师把关品质最优；②以就业为导向，以就业为目标，内容选取基础实用，做到知识够用、技术到位；③真实图解详解操作过程，直观具体，重点突出；④学、思、行有机地融合，可帮助读者更为快速、牢固地掌握所学知识和技能，减轻学习负担；⑤由资深策划团队精心打磨并集中出版，通过多种方式宣传推广，便于读者及时了解图书信息，方便读者选购。

本丛书的出版得益于业内顶尖的优秀作者的大力支持，大家经常为了图书的内容、表达等反复深入地沟通，并系统地查阅了大量的最新资料和标准，更新制作了大量的操作现场实景素材，在此也对各位电工电子名家辛勤的劳动付出和卓有成效的工作表示感谢。同时，我们衷心希望本丛书的出版，能为广大电工电子技术领域的读者学习知识、开阔视野、提高技能、促进就业，提供切实有益的帮助。

作为电工电子图书出版领域的领跑者，我们深知对社会、对读者的重大责任，所以我们一直在努力。同时，我们衷心欢迎广大读者提出您的宝贵意见和建议，及时与我们联系沟通，以便为大家提供更多高品质的好书，联系信箱为 balance008@126.com。

机械工业出版社

前　言

　　电子元器件是具有一定功能的最基本部件，单个电子元器件一般不能单独使用，需要将多个电子元器件按一定的方式连接组合起来构成电子电路，才能完成电信号的处理。

　　按处理的信号不同，电子电路分为模拟电路和数字电路两大类。模拟电路用于传递或处理模拟信号（连续变化的电压或电流），模拟电路主要注重信号的放大、信噪比、工作频率等问题，常见的模拟电路有放大电路、滤波电路、振荡电路等。数字电路用于传递或处理数字信号（突变的电压或电流），具体包括对数字信号的传输、逻辑运算、计数、寄存、显示及脉冲信号的产生和转换等功能，数字电路广泛地应用于计算机、消费类数码设备、数字通信系统、数字式仪表、数字控制装置及工业逻辑系统等领域。现在模拟电路和数字电路的结合越来越广泛，为了得到更好的处理效果，在技术上正趋向于把模拟信号数字化，如早期的磁带收录机已发展到现在的数码收录设备。

　　本书主要有以下特点：

　　◆基础起点低。读者只需具有初中文化程度即可阅读本书。

　　◆语言通俗易懂。书中少用专业化的术语，遇到较难理解的内容用形象比喻说明，尽量避免复杂的理论分析和烦琐的公式推导，图书阅读起来会感觉十分顺畅。

　　◆内容解说详细。考虑到自学时一般无人指导，因此在编写过程中对书中的知识技能进行详细解说，让读者能轻松理解所学内容。

　　◆采用大量图片与详细标注文字相结合的表现方式。书中采用了大量图片，并在图片上标注详细的说明文字，不但能让读者阅读时心情愉悦，还能轻松了解图片所表达的内容。

　　◆内容安排符合人的认识规律。图书按照循序渐进、由浅入深的原则来确定各章节内容的先后顺序，读者只需从前往后阅读图书，便会水到渠成。

　　◆突出显示知识要点。为了帮助读者掌握书中的知识要点，书中用阴影和文字加粗的方法突出显示知识要点，指示学习重点。

　　◆网络免费辅导。读者在阅读时遇到难理解的问题，可添加易天电学网微信号 etv100，观看有关辅导材料或向老师提问进行学习。

　　本书由蔡杏山担任主编，在编写过程中得到了许多教师的支持，其中蔡玉山、詹春华、黄勇、何慧、黄晓玲、蔡春霞、邓艳姣、刘凌云、刘海峰、蔡理峰、邵永亮、朱球辉、蔡理刚、梁云、何丽、李清荣、王娟、刘元能、唐颖、何彬、蔡任英、万四香和邵永明等参与了部分章节的编写工作，在此一致表示感谢。由于我们水平有限，书中的错误和疏漏在所难免，望广大读者和同仁予以批评指正。

编　者

目 录

第1章

<<<<<<<<

电子电路识图基础

1.1 基本常识

1.1.1 电路与电路图

图 1-1a 是一个简单的实物电路。该电路由电源、开关、导线和灯泡组成。电源的作用是提供电能；开关、导线的作用是控制和传递电能，称为中间环节；灯泡是消耗电能的用电器，它能将电能转变为光能，称为负载。因此，**电路是由电源、中间环节和负载组成的**。

使用实物图来绘制电路很不方便，为此人们就使用**一些简单的图形符号代替实物的方法来画电路**，这样画出的图形就称为电路图。图 1-1b 所示的图形就是图 1-1a 实物电路的电路图，不难看出，用电路图来表示实际的电路非常方便。

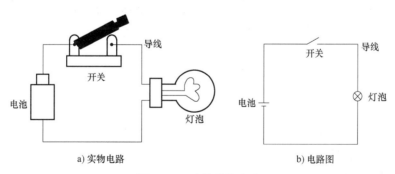

a) 实物电路　　　　　　　　　　　　　　　　b) 电路图

图 1-1　一个简单的电路

1.1.2 电流与电阻

1. 电流

在图 1-2 所示电路中，将开关闭合，灯泡会发光，为什么会这样呢？当开关闭合时，电源正极会流出大量的电荷，它们经过导线、开关流进灯泡，再从灯泡流出，回到电源的负极，这些电荷在流经灯泡内的钨丝时，钨丝会发热，其温度急剧上升而使灯泡发光。

大量的电荷朝一个方向移动（也称定向移动）就形成了电流，这就像公路上有大量的汽车朝一个方向移动就形成"车流"一样。**一般把正电荷在电路中的移动方向规定为电流的方向。**图1-2所示电路的电流方向是：电源正极→开关→灯泡→电源的负极。

电流通常用字母"I"表示，单位为安培（简称安，用"A"表示），比安培小的单位有毫安（mA）、微安（μA），它们之间的关系为 $1A = 10^3 mA = 10^6 \mu A$。

图1-2　电流说明图

2. 电阻

在图1-3a所示电路中，电路增加了一个元件（即电阻器），发现灯光会变暗，该电路的电路图如图1-3b所示。为什么在电路中增加了电阻器后，灯泡会变暗呢？原来电阻器对电流有一定的阻碍作用，从而使流过灯泡的电流减小，灯泡就会变暗。

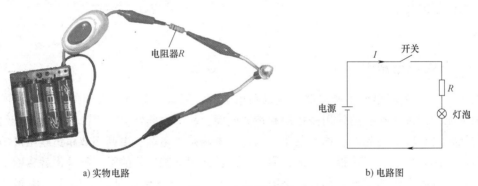

a) 实物电路　　　　　　　　　　　　　　　　b) 电路图

图1-3　电阻说明图

导体对电流的阻碍称为该导体的电阻，电阻通常用字母"R"表示，单位为欧姆（简称欧），用"Ω"表示，比欧姆大的单位有千欧（kΩ）、兆欧（MΩ），它们之间关系为 $1M\Omega = 10^3 k\Omega = 10^6 \Omega$。

导体的电阻计算公式为

$$R = \rho \frac{L}{S}$$

式中，L 为导体长度（单位为m）；S 为导体的横截面积（单位为 m^2）；ρ 为导体的电阻率（单位为 $\Omega \cdot m$），不同的导体，ρ 值一般不同。

导体的电阻除了与材料有关外，还受温度的影响。一般情况下，导体温度越高电阻越大，例如常温下灯泡内部钨丝的电阻很小，通电后钨丝的温度升到1000℃以上，其电阻急剧增大；导体温度下降，其电阻减小，某些金属材料在温度下降到某一值时（如-109℃），电阻会突然变为零，这种现象称为超导现象，具有这种性质的材料称为超导材料。

1.1.3　电位、电压和电动势

电位、电压和电动势对初学者较难理解，下面通过图1-4来说明这些术语。

在图1-4a中，水泵将河中的水抽到山顶的A处，水到达A处后再流到B处，水到B处

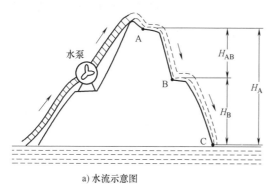

a) 水流示意图

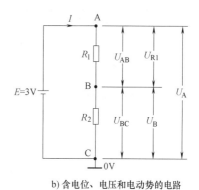

b) 含电位、电压和电动势的电路

图1-4 电位、电压和电动势说明图

后流往 C 处（河中），然后水泵又将河中的水抽到 A 处，这样使得水不断循环流动。水为什么能从 A 处流到 B 处，又从 B 处流到 C 处呢？这是因为 A 处水位较 B 处水位高，B 处水位较 C 处水位高。

要测量 A 处和 B 处水位的高度，必须先要找一个基准点（零点），就像测量人的身高要选择脚底为基准点一样，这里以河的水面为基准（C 处）。AC 之间的垂直高度为 A 处水位的高度，用 H_A 表示；BC 之间的垂直高度为 B 处水位的高度，用 H_B 表示；由于 A 处和 B 处水位高度不一样，它们存在着水位差，该水位差用 H_{AB} 表示，它等于 A 处水位高度 H_A 与 B 处水位高度 H_B 之差，即 $H_{AB} = H_A - H_B$。为了让 A 处源源不断有水往 B、C 处流，需要水泵将低水位的河水抽到高处的 A 点，这样做水泵是需要消耗能量的（如耗油）。

1. 电位

电路中的电位、电压和电动势与上述水流情况很相似。如图1-4b 所示，电源的正极输出电流，流到 A 点，再经 R_1 流到 B 点，然后通过 R_2 流到 C 点，最后流到电源的负极。

与图1-4a 所示水流示意图相似，图1-4b 所示电路中的 A、B 点也有高低之分，只不过不是水位，而称为电位，A 点电位较 B 点电位高。为了计算电位的高低，也需要找一个基准点作为零点，为了表明某点为零基准点，通常在该点处画一个"⊥"符号，该符号称为接地符号，接地符号处的电位规定为 0V。电位的单位不是米（m），而是伏特（简称为伏），用 V 表示。在图1-4b 所示电路中，以 C 点为 0V（该点标有接地符号），A 点的电位为 3V，表示为 $U_A = 3V$，B 点电位为 1V，表示为 $U_B = 1V$。

2. 电压

图1-4b 所示电路中的 A 点和 B 点的电位是不同的，有一定的差距，这种电位之间的差距称为**电位差，又称电压**。A 点和 B 点之间的电位差用 U_{AB} 表示，它等于 A 点电位 U_A 与 B 点电位 U_B 的差，即 $U_{AB} = U_A - U_B = 3V - 1V = 2V$。因为 A 点和 B 点电位差实际上就是电阻器 R_1 两端的电位差（即电压），R_1 两端的电压用 U_{R1} 表示，所以 $U_{AB} = U_{R1}$。

3. 电动势

为了让电路中始终有电流流过，电源需要在内部将流到负极的电流源源不断"抽"到正极，使电源正极具有较高的电位，这样正极才会输出电流。当然，电源内部将负极的电流"抽"到正极需要消耗能量（如干电池会消耗掉化学能）。**电源消耗能量在两极建立的电位差称为电动势**，电动势的单位也是伏特（V）。图1-4b 所示电路中电源的电动势为 3V。

由于电源内部的电流方向是由负极流向正极，故**电源的电动势方向规定为从负极指向正极**。

1.1.4 电路的三种状态

电路有三种状态：通路、开路和短路，这三种状态的电路如图 1-5 所示。

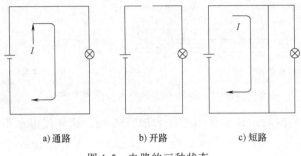

a) 通路   b) 开路   c) 短路

图 1-5　电路的三种状态

（1）通路

图 1-5a 中的电路处于通路状态。**电路处于通路状态的特点有：电路畅通，有正常的电流流过负载，负载正常工作。**

（2）开路

图 1-5b 中的电路处于开路状态。**电路处于开路状态的特点有：电路断开，无电流流过负载，负载不工作。**

（3）短路

图 1-5c 中的电路处于短路状态。**电路处于短路状态的特点有：电路中有很大电流流过，但电流不流过负载，负载不工作。**由于电流很大，很容易烧坏电源和导线。

1.1.5 接地与屏蔽

1. 接地

接地在电子电路中应用广泛，电路中常用图 1-6 所示的符号表示接地。

在电子电路中，接地的含义不是表示将电路连接到大地，而是表示：

1）**在电路中，接地符号处的电位规定为 0**。在图 1-7a 所示电路中，A 点标有接地符号，规定 A 点的电位为 0。

2）**在电路中，标有接地符号处的地方都是相通的**。如图 1-7b 所示的两个电路，虽然从形式上看不一样，但电路实际连接是一样的，故两个电路中的灯泡都会亮。

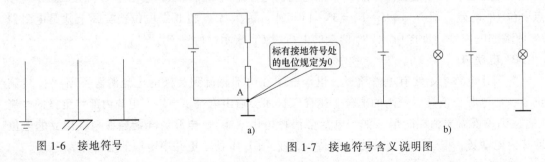

标有接地符号处的电位规定为0

A

a)

b)

图 1-6　接地符号　　　　　　　　图 1-7　接地符号含义说明图

2. 屏蔽

在电子设备中，为了防止某些元器件和电路工作时受到干扰，或者为了防止某些元器件和电路在工作时产生信号干扰其他的电路正常工作，通常会对这些元器件和电路采取隔离措施，这种隔离称为屏蔽。屏蔽常用图1-8所示的符号表示。

屏蔽的具体做法是用金属材料（称为屏蔽罩）将元器件或电路封闭起来，再将屏蔽罩接地。图1-9为带有屏蔽罩的元器件和导线，外界干扰信号无法穿过金属屏蔽罩干扰内部元器件和电路。

图1-8　屏蔽符号　　　　　　　　图1-9　带有屏蔽罩的元器件和导线

1.2　欧姆定律

欧姆定律是电子技术中的一个最基本的定律，它反映了电路中电阻、电流和电压之间的关系。欧姆定律分为部分电路欧姆定律和全电路欧姆定律。

1.2.1　部分电路欧姆定律

部分电路欧姆定律的内容是：在电路中，流过导体的电流 I 的大小与导体两端的电压 U 成正比，与导体的电阻 R 成反比，即

$$I = \frac{U}{R}$$

也可以表示为 $U = IR$ 和 $R = \frac{U}{I}$。

为了更好地理解欧姆定律，下面以图1-10为例进行说明。

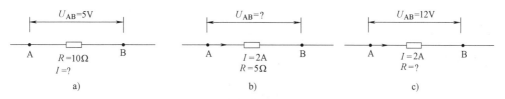

图1-10　欧姆定律的几种形式

在图1-10a中，已知电阻 $R = 10\Omega$，电阻两端电压 $U_{AB} = 5V$，那么流过电阻的电流 $I = \frac{U_{AB}}{R} = \frac{5}{10}A = 0.5A$。

在图1-10b中，已知电阻 $R = 5\Omega$，流过电阻的电流 $I = 2A$，那么电阻两端的电压 $U_{AB} =$

$I \cdot R = 2A \times 5\Omega = 10V$。

在图 1-10c 中，已知流过电阻的电流 $I = 2A$，电阻两端的电压 $U_{AB} = 12V$，那么电阻的大小 $R = \dfrac{U}{I} = \dfrac{12}{2}\Omega = 6\Omega$。

下面以图 1-11 所示的电路来说明如何利用欧姆定律计算电路中的电压和电流。

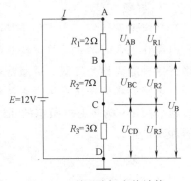

图 1-11　利用欧姆定律计算
电路中的电压和电流

在图 1-11 中，电源的电动势 $E = 12V$，它与 A、D 之间的电压 U_{AD} 相等，三个电阻 R_1、R_2、R_3 串联相当于一个电阻 R，$R = R_1 + R_2 + R_3 = 2\Omega + 7\Omega + 3\Omega = 12\Omega$。知道了电阻的大小和电阻两端的电压，就可以求出流过电阻的电流 I，即

$$I = \frac{U}{R} = \frac{U_{AD}}{R_1 + R_2 + R_3} = \frac{12}{12}A = 1A$$

求出了流过 R_1、R_2、R_3 的电流 I，并且它们的电阻大小已知，就可以求 R_1、R_2、R_3 两端的电压 U_{R1}（U_{R1} 实际就是 A、B 两点之间的电压 U_{AB}）、U_{R2}（即 U_{BC}）和 U_{R3}（即 U_{CD}）：

$$U_{R1} = U_{AB} = IR_1 = 1A \times 2\Omega = 2V$$
$$U_{R2} = U_{BC} = IR_2 = 1A \times 7\Omega = 7V$$
$$U_{R3} = U_{CD} = IR_3 = 1A \times 3\Omega = 3V$$

从上面可以看出：$U_{R1} + U_{R2} + U_{R3} = U_{AB} + U_{BC} + U_{CD} = U_{AD} = 12V$。

在图 1-11 中如何求 B 点电压呢？首先要明白，求**电路中某点电压指的就是该点与地之间的电压**，所以 B 点电压 U_B 实际就是电压 U_{BD}，求 U_B 有以下两种方法：

$$方法一：U_B = U_{BD} = U_{BC} + U_{CD} = U_{R2} + U_{R3} = 7V + 3V = 10V$$
$$方法二：U_B = U_{BD} = U_{AD} - U_{AB} = U_{AD} - U_{R1} = 12V - 2V = 10V$$

1.2.2　全电路欧姆定律

全电路是指含有电源和负载的闭合回路。**全电路欧姆定律又称闭合电路欧姆定律，其内容是：闭合电路中的电流与电源的电动势成正比，与电路的内、外电阻之和成反比**，即

$$I = \frac{E}{R + R_0}$$

利用全电路欧姆定律计算电路中的电压如图 1-12 所示。

图 1-12 中点画线框内为电源，R_0 表示电源的内阻，E 表示电源的电动势。当开关 S 闭合后，电路中有电流 I 流过，根据全电路欧姆定律可求得 $I = \dfrac{E}{R + R_0} = \dfrac{12}{10+2}A = 1A$。电源输出电压（也即电阻 R 两端的电压）$U = IR = 1A \times 10\Omega = 10V$，内阻 R_0 两端的电压 $U_0 = IR_0 = 1A \times 2\Omega = 2V$。如果将开关 S 断开，电路中的电流 $I = 0A$，那么内阻 R_0 上消耗的电压 $U_0 = 0V$，电源输出电压 U 与电源电动势相等，即 $U = E = 12V$。

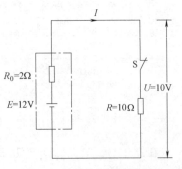

图 1-12　利用全电路欧姆定律
计算电路中的电压和电流

根据全电路欧姆定律不难看出以下几点：

1）在电源未接负载时，不管电源内阻多大，内阻消耗的电压始终为0V，电源两端电压与电动势相等。

2）当电源与负载构成闭合电路后，由于有电流流过内阻，内阻会消耗电压，从而使电源输出电压降低。内阻越大，内阻消耗的电压越大，电源输出电压越低。

3）在电源内阻不变的情况下，如果外阻越小，电路中的电流越大，内阻消耗的电压也越大，电源输出电压也会降低。

由于正常电源的内阻很小，消耗的电压很低，故一般情况下可认为电源的输出电压与电源电动势相等。

利用全电路欧姆定律可以解释很多现象。比如用仪表测得旧电池两端电压与正常电压相同，但将旧电池与电路连接后除了输出电流很小外，电池的输出电压也会急剧下降，这是因为旧电池内阻变大的缘故；又如将电源正、负极直接短路时，电源会发热甚至烧坏，这是因为短路时流过电源内阻的电流很大，内阻消耗的电压与电源电动势相等，大量的电能在电源内阻上消耗并转换成热能，故电源会发热。

1.3 电功、电功率和焦耳定律

1.3.1 电功

电流流过灯泡，灯泡会发光；电流流过电炉丝，电炉丝会发热；电流流过电动机，电动机会运转。由此可以看出，**电流流过一些用电设备时是会做功的，电流做的功称为电功**。用电设备做功大小不但与加到用电设备两端的电压及流过的电流有关，还与通电时间长短有关。电功可用下面的公式计算，即

$$W = UIt$$

式中，W 表示电功（单位为J）；U 表示电压（单位为V）；I 表示电流（单位为A）；t 表示时间，单位是秒（s）。

电功的单位是焦耳（J），在电学中还常用到另一个单位千瓦时（kW·h），俗称度。 $1kW·h = 1$ 度。千瓦时与焦耳的换算关系是

$$1kW·h = 1×10^3 W×(60×60)s = 3.6×10^6 W·s = 3.6×10^6 J$$

$1kW·h$ 可以这样理解：一个电功率为100W的灯泡连续使用10h，消耗的电功为 $1kW·h$（即消耗1度电）。

1.3.2 电功率

电流需要通过一些用电设备才能做功。为了衡量这些设备做功能力的大小，引入一个电功率的概念。**电流在单位时间内做的功称为电功率。电功率用 P 表示，单位是瓦（W）**，此外还有千瓦（kW）和毫瓦（mW），它们之间的换算关系是

$$1kW = 10^3 W = 10^6 mW$$

电功率的计算公式是

$$P = UI$$

根据欧姆定律可知 $U = IR$，$I = U/R$，所以电功率还可以用公式 $P = I^2 R$ 和 $P = U^2/R$ 来

求取。

下面以图 1-13 所示电路来说明电功率的计算方法。

在图 1-13 所示电路中，灯泡两端的电压为 220V（它与电源的电动势相等），流过灯泡的电流为 0.5A，求灯泡的功率、电阻和灯泡在 10s 所做的功。

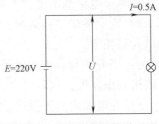

灯泡的功率 $P = UI = 220V \times 0.5A = 110W$

灯泡的电阻 $R = U/I = 220V/0.5A = 440\Omega$

图 1-13 电功率的计算说明图

灯泡在 10s 做的功 $W = UIt = 220V \times 0.5A \times 10s = 1100J$

1.3.3 焦耳定律

电流流过导体时导体会发热，这种现象称为电流的热效应。电热锅、电饭煲和电热水器等都是利用电流的热效应工作的。

物理学家焦耳通过实验发现：电流流过导体，导体发出的热量与导体流过的电流、导体的电阻和通电的时间有关。**焦耳定律具体内容是：电流流过导体产生的热量，与电流的二次方及导体的电阻成正比，与通电时间也成正比**。由于这个定律除了由焦耳发现外，科学家楞次也通过实验独立发现，故该定律又称焦耳-楞次定律。

焦耳定律可用下面的公式表示：

$$Q = I^2 R t$$

式中，Q 表示热量（单位为 J）；R 表示电阻（单位为 Ω）；t 表示时间（单位为 s）。

举例：某台电动机额定电压是 220V，绕组的电阻为 0.4Ω，当电动机接 220V 的电压时，流过的电流是 3A，求电动机的功率和绕组每秒发出的热量。

电动机的功率是 $P = UI = 220V \times 3A = 660W$

电动机绕组每秒发出的热量 $Q = I^2 R t = (3A)^2 \times 0.4\Omega \times 1s = 3.6J$

1.4 直流电与交流电

1.4.1 直流电

直流电是指方向始终固定不变的电压或电流。能产生直流电的电源称为**直流电源**，常见的干电池、蓄电池和直流发电机等都是直流电源，直流电源常用图 1-14a 所示的符号表示。**直流电的电流方向总是由电源正极输出**，再通过电路流到负极。在图 1-14b 所示的直流电路中，电流从直流电源正极流出，经电阻 R 和灯泡流到负极结束。

直流电又分为稳定直流电和脉动直流电。

1. 稳定直流电

稳定直流电是指方向固定不变并且大小也不变的直流电。稳定直流电可用图 1-15a 所示波形表示。稳定直流电的电流 I 的大小始终保持恒定（始终为 6mA），在图中用直线表示；

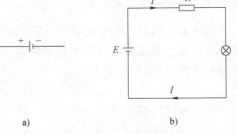

图 1-14 直流电源图形符号与直流电路

直流电的电流方向保持不变，始终是从电源正极流向负极，图中的直线始终在 t 轴上方，表示电流的方向始终不变。

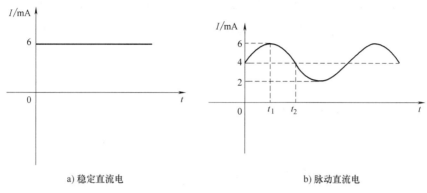

图 1-15　直流电

2. 脉动直流电

脉动直流电是指方向固定不变，但大小随时间变化的直流电。脉动直流电可用如图1-15b所示的波形表示。从图中可以看出，脉动直流电的电流 I 的大小随时间作波动变化（如在 t_1 时刻电流为 6mA，在 t_2 时刻电流变为 4mA），电流大小波动变化在图中用曲线表示；脉动直流电的方向始终不变（电流始终从电源正极流向负极），图中的曲线始终在 t 轴上方，表示电流的方向始终不变。

1.4.2　交流电

交流电是指方向和大小都随时间呈周期性变化的电压或电流。交流电类型很多，其中最常见的是正弦交流电，因此这里就以正弦交流电为例来介绍交流电。

1. 正弦交流电

正弦交流电的符号、波形和电路如图 1-16 所示。

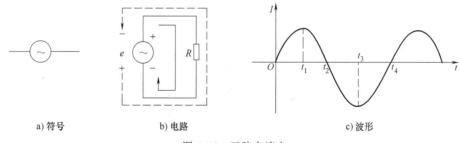

a) 符号　　　b) 电路　　　c) 波形

图 1-16　正弦交流电

下面以图 1-16b 所示的交流电路来说明图 1-16c 所示的正弦交流电波形。

1）在 $0\sim t_1$ 期间：交流电源 e 的电压极性是上正下负，电流 I 的方向是：交流电源上正→电阻 R→交流电源下负，并且电流 I 逐渐增大，电流逐渐增大在图 1-16c 中用波形逐渐上升表示，t_1 时刻电流达到最大值。

2）在 $t_1\sim t_2$ 期间：交流电源 e 的电压极性仍是上正下负，电流 I 的方向仍是从交流电源上正→电阻 R→交流电源下负，但电流 I 逐渐减小，电流逐渐减小在图 1-16c 中用波形逐渐下降表示，t_2 时刻电流为 0。

3）在 $t_2 \sim t_3$ 期间：交流电源 e 的电压极性变为上负下正，电流 I 的方向也发生改变，图 1-16c 中的交流电波形由 t 轴上方转到下方表示电流方向发生改变，电流 I 的方向是：交流电源下正→电阻 R→交流电源上负，电流反方向逐渐增大，t_3 时刻反方向的电流达到最大值。

4）在 $t_3 \sim t_4$ 期间：交流电源 e 的电压极性为上负下正，电流仍是反方向，电流的方向是由交流电源下正→电阻 R→交流电源上负，电流反方向逐渐减小，t_4 时刻电流减小到 0。

t_4 时刻以后，电流大小和方向变化与 $0 \sim t_4$ 期间变化相同。实际上，交流电源不但电流大小和方向按正弦波变化，其电压大小和方向变化也像电流一样按正弦波变化。

2. 周期和频率

周期和频率是交流电最常用的两个概念，下面以图 1-17 所示的正弦交流电波形图来说明周期和频率。

（1）周期

从图 1-17 可以看出，交流电变化过程是不断重复的，**交流电重复变化一次所需的时间称为周期，周期用"T"表示，单位是秒（s）**。图 1-17 所示交流电的周期为 T=0.02s，说明该交流电每隔 0.02s 就会重复变化一次。

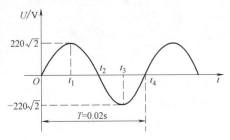

图 1-17　正弦交流电的周期、频率和瞬时值说明图

（2）频率

交流电在 1s 内重复变化的次数称为频率，频率用"f"表示，它是周期的倒数，即

$$f = \frac{1}{T}$$

频率的单位是赫兹（Hz）。图 1-17 所示交流电的周期 T=0.02s，那么它的频率 f=1/T=1/0.02=50Hz，该交流电的频率 f=50Hz，说明在 1s 内交流电能重复 $0 \sim t_4$ 这个过程 50 次。交流电变化越快，变化一次所需要时间越短，周期就越短，频率就越高。

根据频率的高低不同，交流信号分为高频信号、中频信号和低频信号。高频、中频和低频信号划分没有严格的规定，**一般认为：频率在 3MHz 以上的信号称为高频信号，频率在 300kHz ~ 3MHz 范围内的信号称为中频信号，频率低于 300kHz 的信号称为低频信号。**

高频、中频和低频是一个相对概念，在不同的电子设备中，它们范围是不同的。例如，在调频收音机（FM）中，88MHz ~ 108MHz 称为高频，10.7MHz 称为中频，20Hz ~ 20kHz 称为低频；而在调幅收音机（AM）中，525kHz ~ 1605kHz 称为高频，465kHz 称为中频，20Hz ~ 20kHz 称为低频。

3. 瞬时值和有效值

（1）瞬时值

交流电的大小和方向是不断变化的，**交流电在某一时刻的值称为交流电在该时刻的瞬时值**。以图 1-17 所示的交流电压为例，它在 t_1 时刻的瞬时值为 $220\sqrt{2}$ V（约为 311V），该值为最大瞬时值，在 t_2 时刻瞬时值为 0V，该值为最小瞬时值。

（2）有效值

交流电的大小和方向是不断变化的，这给电路计算和测量带来不便，为此引入有效值。下面以图 1-18 所示电路来说明有效值的含义。

图 1-18 所示两个电路中的电热丝完全相同。现分别给电热丝通交流电和直流电，如果两电路通电时间相同，并且电热丝发出热量也相同，对电热丝来说，这里的交流电和直流电是等效的，那么就将图 1-18b 中直流电的电压值或电流值称为图 1-18a 中交流电的有效电压值或有效电流值。

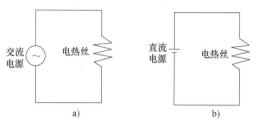

图 1-18　交流电有效值的说明图

交流市电电压为 220V 指的就是有效值，其含义是虽然交流电压时刻变化，但它的效果与 220V 直流电是一样的。没特别说明，交流电的大小通常是指有效值，测量仪表的测量值一般也是指有效值。正弦交流电的有效值与瞬时最大值的关系是：最大瞬时值 $=\sqrt{2}\times$ 有效值，如交流市电的有效电压值为 220V，它的最大瞬时电压值 $=220\sqrt{2}\,V\approx 311V$。

4. 相位与相位差

（1）相位

正弦交流电的电压或电流值变化规律与正弦波一样，下面以图 1-19 所示的正弦交流电来说明相位。

图 1-19 中画出了交流电的一个周期，一个周期的角度为 2π，一个周期的时间为 $T=0.02s$。从图中可以看出，在不同的时刻，交流电压所处的角度不同，如在 $t=0$ 时刻的角度为 0，在 $t=0.005s$ 时刻的角度为 $\pi/2$，在 $t=0.01s$ 时刻的角度为 π。

交流电在某时刻的角度称交流电在该时刻的相位。如图 1-19 中的交流电在 $t=0.005s$ 时刻的相位为 $\dfrac{\pi}{2}$（或 90°），在 $t=0.01s$ 时刻的相位为 π

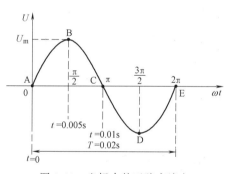

图 1-19　坐标中的正弦交流电

（或 180°）。交流电在 $t=0$ 时刻的角度称交流电的初相位，图 1-19 中的交流电初相位为 0。

（2）相位差

相位差是指两个同频率交流电的相位之差。下面以图 1-20 来说明相位差。

如图 1-20a 所示，两个同频率的交流电流 i_1、i_2 分别从两条线路流向 A 点，在同一时刻，到达 A 点的交流电流 i_1、i_2 的相位并不相同，即两个交流信号存在相位差。

i_1、i_2 的变化如图 1-20b 所示。在 $t=0$ 时，i_1 的相位为 $\dfrac{\pi}{2}$，而 i_2 相位为 0，在 $t=0.01s$ 时，i_1 的相位为 $\dfrac{3\pi}{2}$，而 i_2 相位为 π，两个电流的相位差为 $\left(\dfrac{\pi}{2}-0\right)=\dfrac{\pi}{2}$ 或 $\left(\dfrac{3\pi}{2}-\pi\right)=\dfrac{\pi}{2}$，即 i_1、

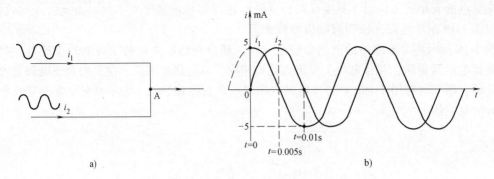

图 1-20　交流电相位差说明

i_2 的相位差始终是 $\frac{\pi}{2}$。在图 1-20b 中，若将 i_1 的前一段补充出来，也可以看出 i_1、i_2 的相位差是 $\frac{\pi}{2}$，并且 i_1 超前 i_2 $\left(超前\ \frac{\pi}{2}，也可以说超前\ 90°\right)$。

两个交流电存在相位差实际上就是两个交流电变化存在着时间差。在图 1-20b 中，在 $t=0$ 时，电流 i_1 的值为 5mA，电流 i_2 的值为 0；而到 $t=0.005$s 时，电流 i_1 的值变为 0，电流 i_2 的值变为 5mA；也就是说，电流 i_2 变化总是滞后电流 i_1 的变化。

1.5　用实例介绍电子电路类型与特点

电子电路图的类型主要可分为框图、电路原理图和印制板电路图。下面以 0~12V 可调电源为例来介绍这些类型的电路图。

1.5.1　框图

框图又称系统图或概略图，是用符号和带注释的框来概略表示电路的基本组成、相互关系及其主要特征的一种简图。

图 1-21 为 0~12V 可调电源的框图。从框图中很容易看出 220V 交流电压转换成 0~12V 直流电压的过程。220V 交流电压先经电源变压器降压成 15V 左右的交流电压，15V 交流电压经整流及滤波电路后得到 18V 左右的直流电压。18V 直流电压再经稳压与调压电路后可得到 0~12V 可调直流电压，电源指示灯用于指示有无输出电压。

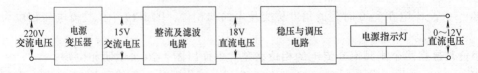

图 1-21　0~12V 可调电源的框图

1.5.2　电路原理图

电路原理图是一种用连接线将电路元器件符号连接起来用于反映电气连接关系的简图。

从电路原理图通常可以了解：①电路由哪些元器件组成；②各元器件之间的连接关系；③元器件的参数；④电路的工作原理。图1-22是0～12V可调电源的电路原理图，分析较复杂电路的工作原理时需要掌握一些电子元器件和基础电路知识，本电路的工作原理将在本书后面的章节中介绍。

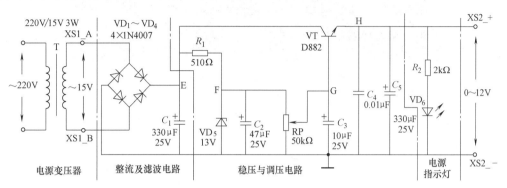

图1-22　0～12V可调电源的电路原理图

1.5.3　印制板电路图

印制板电路图简称PCB图，将PCB图提供给PCB生产厂就可以生产出相应的电路板，然后在电路板上安装实际的电子元器件，依靠电路板上的印制导体（铜箔）将这些元器件连接起来，通上电源后电路板上由众多实际电子元器件组成的电路就可以工作了。

图1-23是0～12V可调电源的印制板电路图。将该图与图1-22所示的电路原理图比较可知：①印制板电路图上各元器件之间的连接关系与电路原理图是相同的，但印制板电路图上的连接导线（铜箔）走线不如原理图直观、有规律；②电路原理图中的同类元器件都用相同的符号，符号大小相同，而印制板电路图要考虑到安装实际，故元器件大小由实际元器件大小来确定，比如同样是有极性电容器，体积大的需要用更大的图形符号表示，元器件图形的大小及形状（又称元器件的封装）应尽量与实际元器件在电路板上的投影形状一致，否则会出现大体积元器件无法安装而小体积元器件安装后周围空置太多的情况。

图1-24是待安装的0～12V可调电源的元器件和电路板，该电路板是依据图1-23所示的印制板电路图制作出来的，图1-25是安装完成的0～12V可调电源。

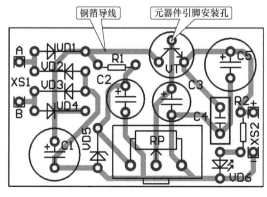

图1-23　0～12V可调电源的印制板电路图

图1-24　待安装的0～12V可调电源的元器件和电路板

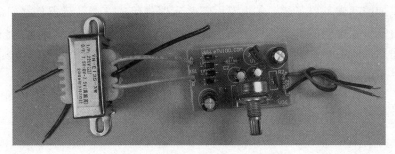

图 1-25　安装完成的 0～12V 可调电源

第2章

基本电子元器件及电路识图

2.1 电阻器及电路

2.1.1 电阻器的外形与符号

固定电阻器是指生产出来后阻值就固定不变的电阻器。固定电阻器的实物外形和电路符号如图 2-1 所示。

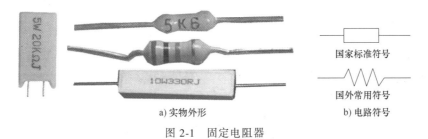

a) 实物外形   b) 电路符号

图 2-1 固定电阻器

2.1.2 电阻器的阻值与偏差的表示方法

为了表示阻值的大小，电阻器在出厂时会在表面标注阻值。标注在电阻器上的阻值称为标称阻值。电阻器的实际阻值与标称阻值往往有一定的差距，这个差距称为偏差。电阻器标注阻值和偏差的方法主要有直标法和色环法。

1. 直标法

直标法是指用文字符号（数字和字母）在电阻器上直接标注出阻值和偏差的方法。直标法的阻值单位有欧（Ω）、千欧（kΩ）和兆欧（MΩ）。

（1）偏差表示方法

直标法表示偏差一般采用两种方式：一种是用罗马数字 Ⅰ、Ⅱ、Ⅲ 分别表示偏差为 ±5%、±10%、±20%，如果未标注偏差，则偏差为 ±20%；另一种是用字母来表示，各字母对应的偏差见表 2-1，如 J、K 分别表示偏差为 ±5%、±10%。

表 2-1　字母与阻值偏差对照表

字母	对应偏差(%)	字母	对应偏差(%)
W	±0.05	G	±2
B	±0.1	J	±5
C	±0.25	K	±10
D	±0.5	M	±20
F	±1	N	±30

（2）直标法常见的表示形式

直标法常见的表示形式如图 2-2 所示。

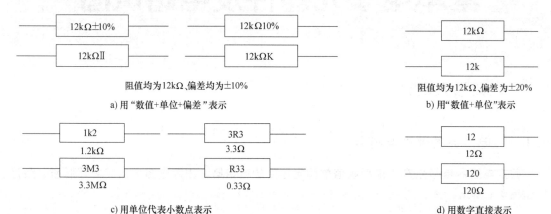

图 2-2　直标法常见的表示形式

2. 色环法

色环法是指在电阻器上标注不同颜色的圆环来表示阻值和偏差的方法。图 2-3 中的两个电阻器就采用了色环法来标注阻值和偏差，其中一只电阻器上有四条色环，称为四环电阻器，另一只电阻器上有五条色环，称为五环电阻器。五环电阻器的阻值精度较四环电阻器高。

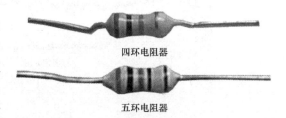

图 2-3　色环电阻器

（1）色环含义

要正确识读色环电阻器的阻值和偏差，必须先了解各种色环代表的意义。色环电阻器各色环代表的意义见表 2-2。

表 2-2　四环电阻器各色环颜色代表的意义及数值

色环颜色	第一环 （有效数）	第二环 （有效数）	第三环 （倍乘数）	第四环 （偏差数）
棕	1	1	$\times 10^1$	±1%
红	2	2	$\times 10^2$	±2%
橙	3	3	$\times 10^3$	

（续）

色环颜色	第一环 （有效数）	第二环 （有效数）	第三环 （倍乘数）	第四环 （偏差数）
黄	4	4	$\times 10^4$	
绿	5	5	$\times 10^5$	$\pm 0.5\%$
蓝	6	6	$\times 10^6$	$\pm 0.2\%$
紫	7	7	$\times 10^7$	$\pm 0.1\%$
灰	8	8	$\times 10^8$	
白	9	9	$\times 10^9$	
黑	0	0	$\times 10^0 = 1$	
金				$\pm 5\%$
银				$\pm 10\%$
无色环				$\pm 20\%$

（2）四环电阻器的识读

四环电阻器的识读如图 2-4 所示。**四环电阻器的识读过程如下：**

第一步：判别色环排列顺序。

四环电阻器的色环顺序判别规律如下：

1）四环电阻器的第四条色环为偏差环，一般为金色或银色，因此如果靠近电阻器一个引脚的色环颜色为金色或银色，该色环必为第四环，从该环向另一引脚方向排列的三条色环顺序依次为三、二、一。

2）对于色环标注标准的电阻器，一般第四环与第三环间隔较远。

第二步：识读色环。

第一、二环为有效数环，第三环为倍乘数环，第四环为偏差数环，再对照表 2-2 各色环代表的数字识读出色环电阻器的阻值和偏差。

（3）五环电阻器的识读

五环电阻器阻值与偏差的识读方法与四环电阻器基本相同，不同之处在于**五环电阻器的第一、二、三环为有效数环，第四环为倍乘数环，第五环为偏差数环。**另外，**五环电阻器的偏差数环颜色除了有金色、银色外，还可能是棕色、红色、绿色、蓝色和紫色。**五环电阻器的识读如图 2-5 所示。

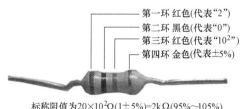

标称阻值为 $20 \times 10^2 \Omega (1 \pm 5\%) = 2\text{k}\Omega (95\% \sim 105\%)$

图 2-4　四环电阻器的识读

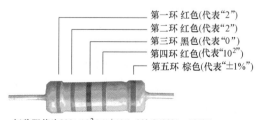

标称阻值为 $220 \times 10^2 \Omega (1 \pm 1\%) = 22\text{k}\Omega (99\% \sim 101\%)$

图 2-5　五环电阻器阻值和偏差的识读

2.1.3 电阻器的额定功率

额定功率是指在一定的条件下元器件长期使用允许承受的最大功率。电阻器额定功率越大，允许流过的电流越大。固定电阻器的额定功率要按国家标准进行标注，其标称系列有 1/8W、1/4W、1/2W、1W、2W、5W 和 10W 等。小电流电路一般采用额定功率为 1/8 ~ 1/2W 的电阻器，而大电流电路中常采用额定功率为 1W 以上的电阻器。

电阻器额定功率识别方法如下：

1）对于标注了额定功率的电阻器，可根据标注的额定功率值来识别功率大小。图 2-6 中的电阻器标注的额定功率值为 10W，阻值为 330Ω，偏差为 ±5%。

2）对于没有标注额定功率的电阻器，可根据长度和直径来判别其额定功率大小。长度和直径值越大，额定功率越大，图 2-7 中体积一大一小的两个色环电阻器，体积大的电阻器的额定功率大。

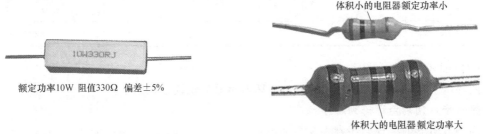

额定功率10W 阻值330Ω 偏差±5%

图 2-6　根据标注识别额定功率　　　　图 2-7　根据体积大小来判别额定功率

3）在电路图中，为了表示电阻器的额定功率大小，一般会在电阻器符号上标注一些标志。电阻器上标注的标志与对应额定功率值如图 2-8 所示，1W 以下用线条表示，1W 以上的直接用数字表示（旧标准用罗马数字表示）。

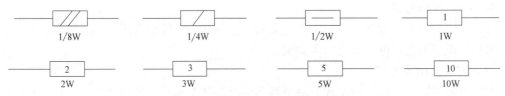

图 2-8　电路图中电阻器的额定功率标志

2.1.4 电阻器的串联、并联和混联电路

1. 电阻器的串联电路

两个或两个以上的电阻器头尾相连串接在电路中，称为电阻器的串联，如图 2-9 所示。

电阻器串联电路具有以下特点：

1）流过各串联电阻器的电流相等，都为 I。

2）电阻器串联后的总电阻 R 增大，总电阻等于各串联电阻之和，即

$$R = R_1 + R_2$$

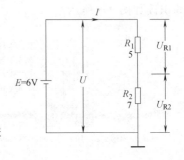

图 2-9　电阻器的串联

3) 总电压 U 等于各串联电阻器上电压之和，即

$$U = U_{R1} + U_{R2}$$

4) 串联电阻越大，两端电压越高，因为 $R_1 < R_2$，所以 $U_{R1} < U_{R2}$。

在图 2-9 所示电路中，两个串联电阻器上的总电压 U 等于电源电动势，即 $U = E = 6V$；电阻器串联后总电阻 $R = R_1 + R_2 = 12\Omega$；流过各电阻的电流 $I = \dfrac{U}{R_1 + R_2} = \dfrac{6}{12}A = 0.5A$；电阻器 R_1 上的电压 $U_{R1} = IR_1 = (0.5 \times 5)V = 2.5V$，电阻器 R_2 上的电压 $U_{R2} = IR_2 = (0.5 \times 7)V = 3.5V$。

2. 电阻器的并联电路

两个或两个以上的电阻器头头相接、尾尾相连并接在电路中，称为电阻器的并联，如图 2-10 所示。

电阻器并联电路具有以下特点：

1) 并联电阻器两端的电压相等，即

$$U_{R1} = U_{R2}$$

2) 总电流等于流过各个并联电阻的电流之和，即

$$I = I_1 + I_2$$

3) 电阻器并联总电阻减小，总电阻的倒数等于各并联电阻的倒数之和，即

$$\frac{1}{R} = \frac{1}{R_1} + \frac{1}{R_2}$$

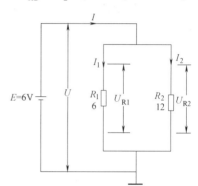

图 2-10 电阻器的并联

该式可变形为

$$R = \frac{R_1 R_2}{R_1 + R_2}$$

4) 在并联电路中，电阻越小，流过的电流越大，因为 $R_1 < R_2$，所以流过 R_1 的电流 I_1 大于流过 R_2 的电流 I_2。

在图 2-10 所示电路中，并联的电阻器 R_1、R_2 两端的电压相等，$U_{R1} = U_{R2} = U = 6V$；流过 R_1 的电流 $I_1 = \dfrac{U_{R1}}{R_1} = \dfrac{6}{6}A = 1A$，流过 R_2 的电流 $I_2 = \dfrac{U_{R2}}{R_2} = \dfrac{6}{12}A = 0.5A$，总电流 $I = I_1 + I_2 = (1 + 0.5)A = 1.5A$；$R_1$、$R_2$ 并联总电阻为

$$R = \frac{R_1 R_2}{R_1 + R_2} = \frac{6 \times 12}{6 + 12}\Omega = 4\Omega$$

3. 电阻器的混联电路

一个电路中的电阻器既有串联又有并联时，称为电阻器的混联，如图 2-11 所示。

对于电阻器混联电路，总电阻可以这样求：**先求并联电阻的总电阻，然后再求串联电阻与并联电阻的总电阻之和**。在图 2-11 所示电路中，并联电阻 R_3、R_4 的总电阻为

$$R_0 = \frac{R_3 R_4}{R_3 + R_4} = \frac{6 \times 12}{6 + 12}\Omega = 4\Omega$$

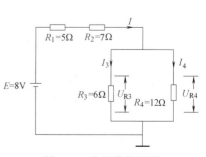

图 2-11 电阻器的混联

电路的总电阻为

$$R = R_1 + R_2 + R_0 = (5+7+4)\,\Omega = 16\Omega$$

想想看，可求图 2-11 所示电路中总电流 I，R_1 两端电压 U_{R1}，R_2 两端电压 U_{R2}，R_3 两端电压 U_{R3} 和流过 R_3、R_4 的电流 I_3、I_4 的大小。

2.1.5　电阻器的降压限流、分流和分压功能说明

电阻器的功能主要有降压限流、分流和分压。电阻器的降压限流、分流和分压说明如图 2-12 所示。

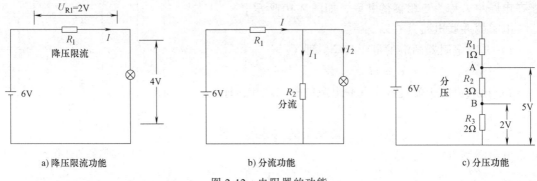

图 2-12　电阻器的功能

在图 2-12a 电路中，电阻器 R_1 与灯泡串联，如果用导线直接代替 R_1，加到灯泡两端的电压有 6V，流过灯泡的电流很大，灯泡将会很亮，串联电阻 R_1 后，由于 R_1 上有 2V 电压，灯泡两端的电压就被降低到 4V，同时由于 R_1 对电流有阻碍作用，流过灯泡的电流也就减小。电阻器 R_1 在这里就起着降压和限流功能。

在图 2-12b 电路中，电阻器 R_2 与灯泡并联在一起，流过 R_1 的电流 I 除了一部分流过灯泡外，还有一路经 R_2 流回到电源，这样流过灯泡的电流减小，灯泡变暗。R_2 的这种功能称为分流。

在图 2-12c 电路中，电阻器 R_1、R_2 和 R_3 串联在一起，从电源正极出发，每经过一个电阻器，电压会降低一次，电压降低多少取决于电阻器的阻值大小，阻值越大，电压降低越多。

2.2　电位器及电路

2.2.1　电位器的外形与符号

电位器是一种阻值可以通过调节而变化的电阻器，又称可变电阻器。常见电位器的实物外形及电位器的电路符号如图 2-13 所示。

2.2.2　电位器的结构与工作原理

电位器种类很多，但基本结构与原理是相同的。电位器的结构如图 2-14 所示，电位器

a) 实物外形   b) 电路符号

图 2-13 电位器外形与符号

有 A、C、B 三个引出极，在 A、B 极之间连接着一段电阻体，该电阻体的阻值用 R_{AB} 表示。对于一个电位器，R_{AB} 的值是固定不变的，该值为电位器的标称阻值。C 极连接一个导体滑动片，该滑动片与电阻体接触，A 极与 C 极之间电阻体的阻值用 R_{AC} 表示，B 极与 C 极之间电阻体的阻值用 R_{BC} 表示，$R_{AC} + R_{BC} = R_{AB}$。

当转轴逆时针旋转时，滑动片往 B 极滑动，R_{BC} 减小，R_{AC} 增大；当转轴顺时针旋转时，滑动片往 A 极滑动，R_{BC} 增大，R_{AC} 减小，当滑动片移到 A 极时，$R_{AC} = 0$，而 $R_{BC} = R_{AB}$。

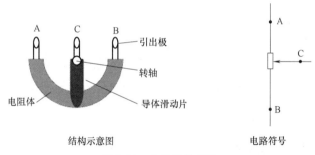

结构示意图   电路符号

图 2-14 电位器的结构

2.2.3 电位器的应用电路

电位器与固定电阻器一样，都具有降压、限流和分流的功能，不过由于电位器具有阻值可调性，故它可随时调节阻值来改变降压、限流和分流的程度。电位器的典型应用电路如图 2-15 所示。

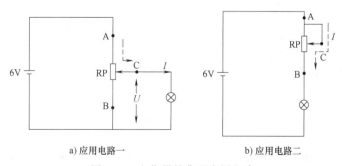

a) 应用电路一   b) 应用电路二

图 2-15 电位器的典型应用电路

（1）应用电路一

在图 2-15a 所示电路中，电位器 RP 的滑动端与灯泡与连接，当滑动端向下移动时，灯泡会变暗。灯泡变暗的原因如下：

1）当滑动端下移时，AC 段的阻体变长，R_{AC} 增大，对电流阻碍大，流经 AC 段阻体的电流减小，从 C 端流向灯泡的电流也随之减少，同时由于 R_{AC} 增大使 AC 段阻体降压增大，加到灯泡两端的电压 U 降低。

2）当滑动端下移时，在 AC 段阻体变长的同时，BC 段阻体变短，R_{BC} 减小，流经 AC 段的电流除了一路从 C 端流向灯泡时，还有一路经 BC 段阻体直接流回电源负极，由于 BC 段电阻变短，分流增大，使 C 端输出流向灯泡的电流减小。

电位器 AC 段的电阻起限流、降压作用，而 CB 段的电阻起分流作用。

（2）应用电路二

在图 2-15b 所示电路中，电位器 RP 的滑动端 C 与固定端 A 连接在一起，由于 AC 段阻体被 A、C 端直接连接的导线短路，电流不会流过 AC 段阻体，而是直接由 A 端经导线到 C 端，再经 CB 段阻体流向灯泡。当滑动端下移时，CB 段的阻体变短，R_{BC} 阻值变小，对电流阻碍小，流过的电流增大，灯泡变亮。

电位器 RP 在该电路中起着降压、限流作用。

2.3 敏感电阻器及电路

敏感电阻器是指阻值随某些外界条件改变而变化的电阻器。敏感电阻器种类很多，常见的有热敏电阻器、光敏电阻器、湿敏电阻器、力敏电阻器和磁敏电阻器等。

2.3.1 热敏电阻器及电路

热敏电阻器是一种对温度敏感的电阻器，它一般由半导体材料制作而成，当温度变化时其阻值也会随之变化。

1. 外形与符号

热敏电阻器实物外形和符号如图 2-16 所示。

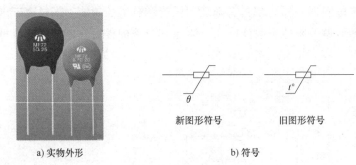

a) 实物外形　　　　b) 符号

图 2-16 热敏电阻器

2. 种类

热敏电阻器种类很多，通常可分为正温度系数（PTC）热敏电阻器和负温度系数（NTC）热敏电阻器两类。

（1）正温度系数热敏电阻

正温度系数热敏电阻器简称 **PTC，其阻值随温度升高而增大**。PTC 是在钛酸钡（$BaTiO_3$）中掺入适量的稀土元素制作而成。

PTC 可分为缓慢型和开关型。缓慢型 PTC 的温度每升高 1℃，其阻值会增大 0.5% ~ 8%。开关型 PTC 有一个转折温度（又称居里点温度，钛酸钡材料 PTC 的居里点温度一般为 120℃左右），当温度低于居里点温度时，阻值较小，并且温度变化时阻值基本不变（相当于一个闭合的开关），一旦温度超过居里点温度，其阻值会急剧增大（相关于开关断开）。

缓慢型 PTC 常用在温度补偿电路中，开关型 PTC 由于具有开关性质，常用在开机瞬间接通而后又马上断开的电路中，如 CRT 彩电的消磁电路和电冰箱压缩机的起动电路。

（2）负温度系数热敏电阻器

负温度系数热敏电阻器简称 NTC，其阻值随温度升高而减小。NTC 是由氧化锰、氧化钴、氧化镍、氧化铜和氧化铝等金属氧化物为主要原料制作而成的。根据使用温度条件不同，负温度系数热敏电阻器可分为低温（-60 ~ 300℃）、中温（300 ~ 600℃）、高温（>600℃）三种。

NTC 的温度每升高 1℃，阻值会减小 1% ~ 6%，阻值减小程度视不同型号而定。NTC 广泛用于温度补偿和温度自动控制电路，如电冰箱、空调器、温室等温控系统常采用 NTC 作为测温元件。

3. 应用电路

热敏电阻器具有阻值随温度变化而变化的特点，一般用在与温度有关的电路中。热敏电阻器的应用电路如图 2-17 所示。

在图 2-17a 中，R_2（NTC）与灯泡相距很近，当开关 S 闭合后，流过 R_1 的电流分作两路，一路流过灯泡，另一路流过 R_2，由于开始 R_2 温度低，阻值大，经 R_2 分掉的电流小，灯泡流过的电流大而很亮，因为 R_2 与灯泡距离近，受灯泡的烘烤而温度上升，阻值变小，分掉的电流增大，流过灯泡的电流减小，灯泡变暗，回到正常亮度。

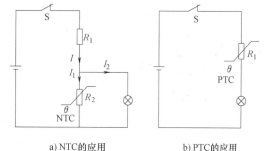

a) NTC的应用　　　　　b) PTC的应用

图 2-17　热敏电阻器的应用电路

在图 2-17b 中，当合上开关 S 时，有电流流过 R_1（开关型 PTC）和灯泡，由于开始 R_1 温度低，阻值小（相当于开关闭合），流过电流大，灯泡很亮，随着电流流过 R_1，R_1 温度升高，当 R_1 温度达到居里点温度时，R_1 的阻值急剧增大（相当于开关断开），流过的电流很小，灯泡无法被继续点亮而熄灭，在此之后，流过的小电流维持 R_1 为高阻值，灯泡一直处于熄灭状态。如果要灯泡重新点亮，可先断开 S，然后等待几分钟，让 R_1 冷却下来，然后闭合 S，灯泡会亮一下再次熄灭。

2.3.2　光敏电阻器及电路

光敏电阻器是一种对光线敏感的电阻器，当照射的光线强弱变化时，阻值也会随之变化，通常光线越强阻值越小。根据光的敏感性不同，光敏电阻器可分为可见光光敏电阻器（硫化镉材料）、红外光光敏电阻器（砷化镓材料）和紫外光光敏电阻器（硫化锌材料）。其中硫化镉材料制成的可见光光敏电阻器应用最广泛。

1. 外形与符号

光敏电阻器外形与符号如图 2-18 所示。

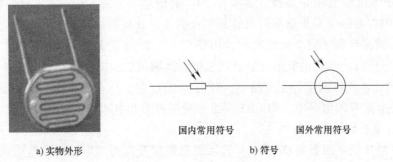

a) 实物外形   b) 符号

图 2-18　光敏电阻器

2. 应用电路

光敏电阻器的功能与固定电阻器一样，不同之处在于它的阻值可以随光线的强弱变化而变化。光敏电阻器的应用电路如图 2-19 所示。

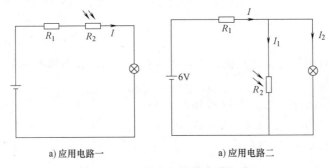

a) 应用电路一   a) 应用电路二

图 2-19　光敏电阻器的应用电路

在图 2-19a 中，若光敏电阻器 R_2 无光线照射，R_2 的阻值会很大，流过灯泡的电流很小，灯泡很暗。若用光线照射 R_2，R_2 阻值变小，流过灯泡的电流增大，灯泡变亮。

在图 2-19b 中，若光敏电阻器 R_2 无光线照射，R_2 的阻值会很大，经 R_2 分掉的电流少，流过灯泡的电流大，灯泡很亮。若用光线照射 R_2，R_2 阻值变小，经 R_2 分掉的电流多，流过灯泡的电流减少，灯泡变暗。

2.3.3　湿敏电阻器及电路

湿敏电阻器是一种对湿度敏感的电阻器，当湿度变化时其阻值也会随之变化。湿敏电阻器可分为正湿度特性湿敏电阻器（阻值随湿度增大而增大）和负湿度特性湿敏电阻器（阻值随湿度增大而减小）。

1. 外形与符号

湿敏电阻器外形与符号如图 2-20 所示。

2. 应用电路

湿敏电阻器具有湿度变化时阻值也会变化的特点，利用该特点可以用湿敏电阻器作为传感器来检测环境湿度的大小。湿敏电阻器的应用如图 2-21 所示。

 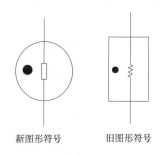

新图形符号   旧图形符号

a) 实物外形   b) 符号

图 2-20   湿敏电阻器

图 2-21 是一个用湿敏电阻器制作的简易湿度指示表。R_2 是一个正湿度特性湿敏电阻器，将它放置在需检测湿度的环境中（如放在厨房内），当闭合开关 S 后，流过 R_1 的电流分作两路：一路经 R_2 流到电源负极；另一路流过电流表回到电源负极。若厨房的湿度较低，R_2 的阻值小，分流掉的电流大，流过电流表的电流较小，指示的电流值小，表示厨房内的湿度低；若厨房的湿度很大，R_2 的阻值变大，分流掉的电流小，流过电流表的电流增大，指示的电流值大，表示厨房内的湿度大。

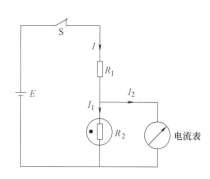

图 2-21   湿敏电阻器的典型应用电路

2.3.4 压敏电阻器及电路

压敏电阻器是一种对电压敏感的特殊电阻器，当其两端电压低于标称电压时，其阻值接近无穷大，当两端电压超过压敏电压值时，阻值急剧变小，如果两端电压回落至压敏电压值以下时，其阻值又恢复到接近无穷大。压敏电阻器种类较多，以氧化锌（ZnO）为材料制作而成的压敏电阻器应用最为广泛。

1. 外形与符号

压敏电阻器外形与符号如图 2-22 所示。

2. 应用电路

压敏电阻器具有过电压时阻值变小的性质，利用该性质可以将压敏电阻器应用在保护电

 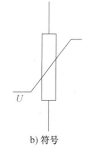

a) 实物外形   b) 符号

图 2-22   压敏电阻器

路中。压敏电阻器的典型应用如图 2-23 所示。

图 2-23 所示为一个家用电器保护器，在使用时将它接在 220V 市电和家用电器之间。在正常工作时，220V 市电通过保护器中的熔断器 FU 和导线送给家用电器。当某些因素（如雷电窜入电网）造成市电电压上升时，上升的电压通过插头、导线

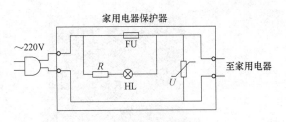

图 2-23　压敏电阻器的典型应用电路

和熔断器加到压敏电阻器两端，压敏电阻马上击穿而阻值变小，流过熔断器和压敏电阻器的电流急剧增大，熔断器瞬间熔断，高电压无法到达家用电器，从而保护了家用电器不被高电压损坏。在熔断器熔断后，有较小的电流流过高阻值的电阻 R 和灯 HL，HL 亮，指示熔断器损坏。由于压敏电阻器具有自我恢复功能，在电压下降后阻值又变为无穷大，当更换熔断器后，保护器可重新使用。

2.3.5　力敏电阻器及电路

力敏电阻器是一种对压力敏感的电阻器，当施加给它的压力变化时，其阻值会随之变化。

1. 外形与符号
力敏电阻器外形与符号如图 2-24 所示。

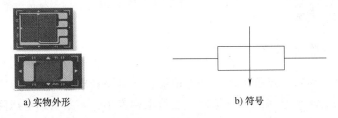

a) 实物外形　　　　　　　b) 符号

图 2-24　力敏电阻器

2. 结构原理
力敏电阻器的敏感特性是由内部封装的电阻应变片来实现的。 电阻应变片有金属电阻应变片和半导体应变片两种，这里简单介绍金属电阻应变片。金属电阻应变片的结构如图 2-25 所示。

从图中可以看出，金属电阻应变片主要由金属电阻应变丝构成，当对金属电阻应变丝施加压力时，应变丝的长度和截面积（粗细）就会发生变化，施加的压力越大，应变丝越细越长，其阻值就越大。在使用应变片时，一般将电阻应变片粘贴在某个物体上，当对该物体施加压力时，物体会变形，粘贴在物体上的电阻应变片也一起产生形变，应变片的阻值就会发生改变。

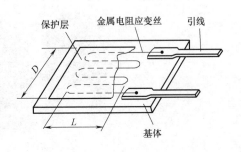

图 2-25　金属电阻应变片的结构

3. 应用电路

力敏电阻器具有阻值随施加的压力变化而变化的特点，利用该特点可以用力敏电阻器作为传感器来检测压力的大小。力敏电阻器的典型应用电路如图 2-26 所示。

图 2-26 是一个用力敏电阻器制作的简易压力指示器。在制作压力指示器前，先将力敏电阻器 R_2（电阻应变片）紧紧粘贴在钢板上，然后按图 2-26 将力敏电阻器引脚与电路连接好，再对钢板施加压力让钢板变形，由于力敏电阻器与钢板紧贴在一起，所以力敏电阻器也随之变形。对钢板施加压力越大，钢板变形越

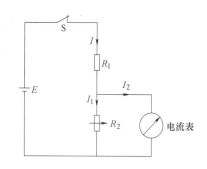

图 2-26 力敏电阻器的典型应用电路

严重，力敏电阻器 R_2 变形也严重，R_2 阻值增大，对电流分流少，流过电流表的电流增大，指示电流值越大，表明施加给钢板的压力越大。

2.4 排阻及电路

排阻又称网络电阻，它是由多个电阻器按一定的方式制作并封装在一起而构成的。排阻具有安装密度高和安装方便等优点，广泛用在数字电路中。

2.4.1 排阻的实物外形

常见的排阻实物外形如图 2-27 所示，前面两种为直插封装式（SIP）排阻，后一种为表面贴装式（SMD）排阻。

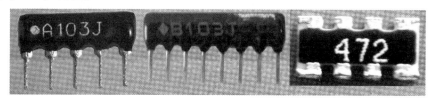

图 2-27 常见的排阻实物外形

2.4.2 排阻的命名方法

排阻命名一般由四部分组成，即

第一部分为内部电路类型；第二部分为引脚数（由于引脚数可直接看出，故该部分可省略）；第三部分为阻值，第四部分为阻值偏差。

排阻的命名方法见表 2-3。

表 2-3 排阻命名方法

第一部分电路类型	第二部分引脚数	第三部分阻值	第四部分偏差
A：所有电阻器共用一端，公共端从左端（第 1 引脚）引出	4～14	3 位数字	F：±1%
B：每个电阻器有各自独立引脚，相互间无连接		（第 1、2 位为有效数，	G：±2%
C：各个电阻器首尾相连，各连接端均有引出脚		第 3 位为有效数后面 0	J：±5%
D：所有电阻器共用一端，公共端从中间引出		的个数，如 102 表示	
E、F、G、H、I：内部连接较为复杂，详见表 2-4		1000Ω）	

2.4.3 排阻的种类与内部电路结构

根据内部电路结构不同，排阻种类可分为 A、B、C、D、E、F、G、H。排阻虽然种类很多，但最常用的为 A、B 类。排阻的种类及结构见表 2-4。

表 2-4 排阻的种类及结构

电路结构代码	等效电路	电路结构代码	等效电路
A	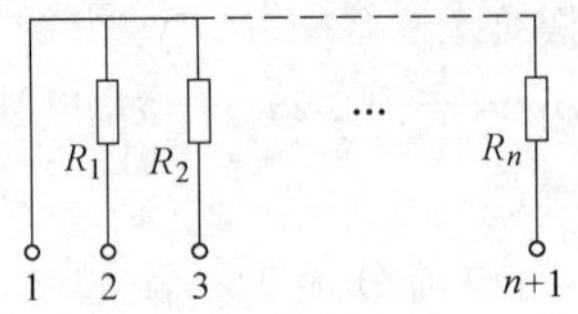 $R_1=R_2=\cdots=R_n$	E	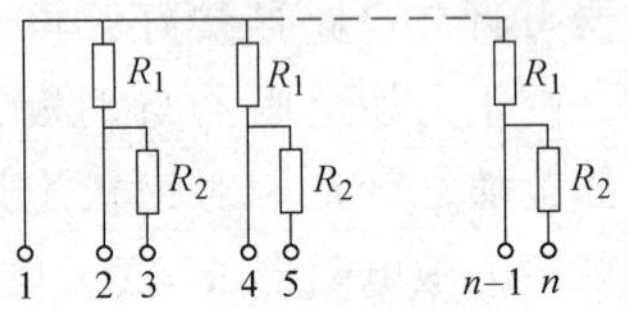 $R_1=R_2$ 或 $R_1\neq R_2$
B	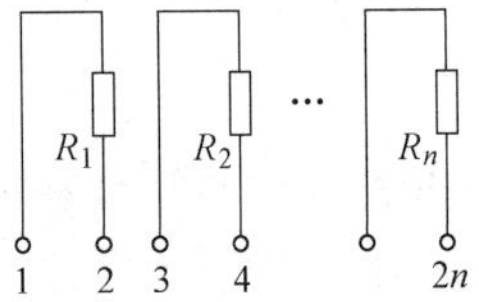 $R_1=R_2=\cdots=R_n$	F	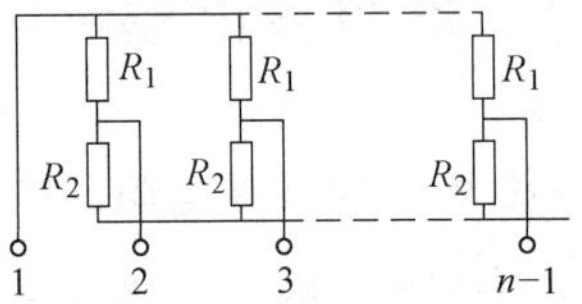 $R_1=R_2$ 或 $R_1\neq R_2$
C	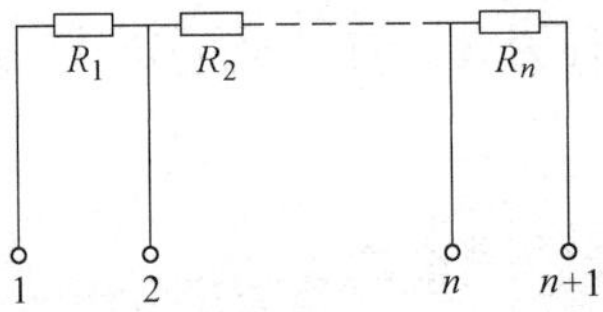 $R_1=R_2=\cdots=R_n$	G	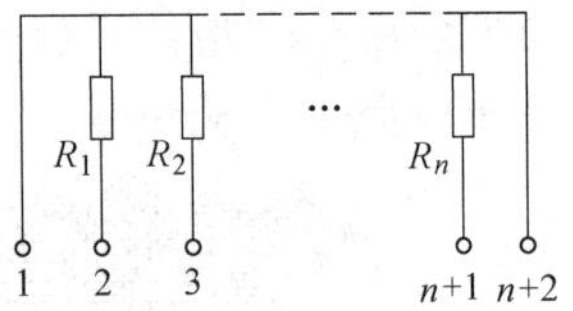 $R_1=R_2$ 或 $R_1\neq R_2$
D	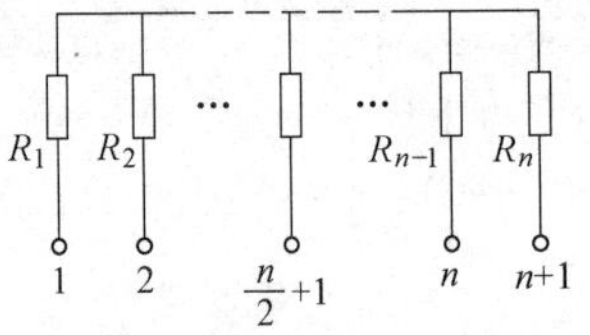 $R_1=R_2=\cdots=R_n$	H	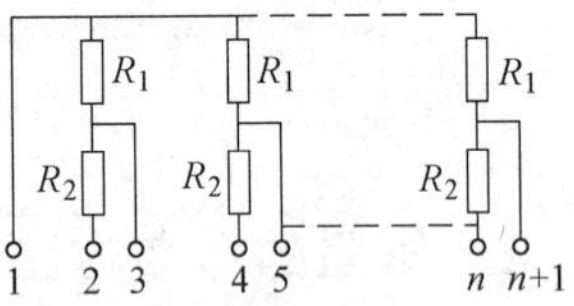 $R_1=R_2$ 或 $R_1\neq R_2$

2.5 电感器及电路

2.5.1 电感器的外形与符号

将导线在绝缘支架上绕制一定的匝数（圈数）就构成了电感器。常见的电感器实物外形如图 2-28a 所示，根据绕制的支架不同，电感器可分为空心电感器（无支架）、磁心电感器（磁性材料支架）和铁心电感器（硅钢片支架），电感器的电路符号如图 2-28b 所示。

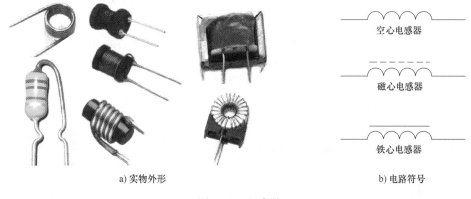

a) 实物外形   b) 电路符号

图 2-28 电感器

2.5.2 电感器主要参数与标注方法

1. 主要参数

电感器的主要参数有电感量和额定电流等。

（1）电感量

电感器由线圈组成，当电感器通过电流时就会产生磁场，电流越大，产生的磁场越强，穿过电感器的磁场（又称为磁通量 Φ）就越大。实验证明，通过电感器的磁通量 Φ 和通入的电流 I 成正比。**磁通量 Φ 与电流的比值称为自感系数，又称电感量 L**，用公式表示为

$$L = \frac{\Phi}{I}$$

电感量的基本单位为亨利（简称亨），用字母 "H" 表示。此外，其单位还有毫亨（mH）和微亨（μH），它们之间的关系是

$$1\text{H} = 10^3 \text{mH} = 10^6 \mu\text{H}$$

电感器的电感量大小主要与线圈的匝数（圈数）、绕制方式和磁心材料等有关。线圈匝数越多、绕制的线圈越密集，电感量就越大；有磁心的电感器比无磁心的电感量大；电感器的磁心磁导率越高，电感量也就越大。

（2）额定电流

额定电流是指电感器在正常工作时允许通过的最大电流值。在使用电感器时，流过电感器的电流不能超过其额定电流，否则电感器就会因发热而使性能参数发生改变，甚至会因过电流而烧坏。

2. 参数标注方法

电感器的参数标注方法主要有直标法和色标法。

（1）直标法

电感器采用直标法标注时，一般会在外壳上标注电感量、偏差和额定电流值。图 2-29 列出了几个采用直标法标注的电感器。在标注电感量时，通常会将电感量值及单位直接标出。在标注偏差时，分别用罗马数字 Ⅰ、Ⅱ、Ⅲ 表示 ±5%、±10%、±20%；在标注额定电流时，用 A、B、C、D、E 分别表示 50mA、150mA、300mA、0.7A 和 1.6A。

图 2-29　采用直标法标注电感的参数

（2）色标法

色标法是采用色点或色环标在电感器上来表示电感量和偏差的方法。色码电感器采用色标法标注，其电感量和偏差标注方法同色环电阻器，单位为 μH。色码电感器的各种颜色含义及代表的数值与色环电阻器相同，具体可见表 2-2。色码电感器颜色的排列顺序方法也与色环电阻器相同。色码电感器与色环电阻器识读不同仅在于单位不同，色码电感器单位为 μH。

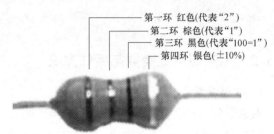

电感量为 21×1μH(1±10%)=21μH(90%～110%)

图 2-30　采用色标法标注电感的参数

色码电感器的识别图 2-30 所示，图中的色码电感器上标注"红棕黑银"表示电感量为 21μH，偏差为 ±10%。

2.5.3　电感器的种类

1. 可调电感器

可调电感器是指电感量可以调节的电感器。可调电感器的电路符号和实物外形如图 2-31 所示。

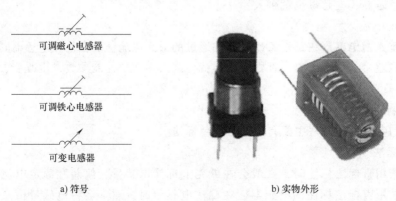

a) 符号　　　　　　　　　　　　　　　b) 实物外形

图 2-31　可调电感器

可调电感器是通过调节磁心在线圈中的位置来改变电感量，磁心进入线圈内部越多，电感器的电感量越大。如果电感器没有磁心，可以通过减少或增加线圈的匝数来降低或提高电感器的电感量。另外，改变线圈之间的疏密程度也能调节电感量。

2. 高频扼流圈

高频扼流圈又称高频阻流圈，它是一种电感量很小的电感器，常用在高频电路中，其电路符号如图 2-32a 所示。

a) 电路符号　　　　　　　　　　b) 高频扼流圈在电路中的应用

图 2-32　高频扼流圈

高频扼流圈又分为空心和磁心，空心高频扼流圈多用较粗铜线或镀银铜线绕制而成，可以通过改变匝数或匝距来改变电感量；磁心高频扼流圈用铜线在磁心材料上绕制一定的匝数构成，其电感量可以通过调节磁心在线圈中的位置来改变。

高频扼流圈在电路中的作用是"阻高频，通低频"。如图 2-32b 所示，当高频扼流圈输入高、低频信号和直流信号时，高频信号不能通过，只有低频和直流信号能通过。

3. 低频扼流圈

低频扼流圈又称低频阻流圈，是一种电感量很大的电感器，常用在低频电路（如音频电路和电源滤波电路）中，其电路符号如图 2-33a 所示。

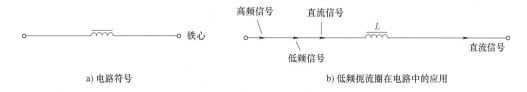

a) 电路符号　　　　　　　　　　　　b) 低频扼流圈在电路中的应用

图 2-33　低频扼流圈

低频扼流圈是用较细的漆包线在铁心（硅钢片）或铜心上绕制很多匝数制成的。**低频扼流圈在电路中的作用是"通直流，阻低频"**。如图 2-33b 所示，当低频扼流圈输入高频、低频和直流信号时，高频、低频信号均不能通过，只有直流信号能通过。

2.5.4　用电路说明电感器"通直阻交"性质

电感器的具有"通直阻交"的性质。电感器的"通直阻交"是指电感器对通过的直流信号阻碍很小，直流信号可以很容易地通过电感器，而交流信号通过时会受到较大的阻碍。

电感器对通过的交流信号有较大的阻碍，这种阻碍称为感抗，感抗用 X_L 表示，单位是欧姆（Ω）。电感器的感抗大小与自身的电感量和交流信号的频率有关，感抗大小可以用以下公式计算：

$$X_L = 2\pi f L$$

式中，X_L 表示感抗，单位为 Ω；f 表示交流信号的频率，单位为 Hz；L 表示电感器的电感量，单位为 H。

由上式可以看出，交流信号的频率越高，电感器对交流信号的感抗越大；电感器的电感量越大，对交流信号感抗也越大。

举例：在图 2-34 所示的电路中，交流信号的频率为 50Hz，电感器的电感量为 200mH，那么电感器对交流信号的感抗就为

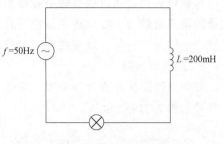

$$X_L = 2\pi f L = 2\times3.14\times50\times200\times10^{-3}\Omega = 62.8\Omega$$

图 2-34　感抗计算例图

2.5.5　用电路说明电感器"阻碍变化的电流"性质

电感器具有"阻碍变化的电流"性质，当变化的电流流过电感器时，电感器会产生自感电动势来阻碍变化的电流。 电感器"阻碍变化的电流"性质说明如图 2-35 所示。

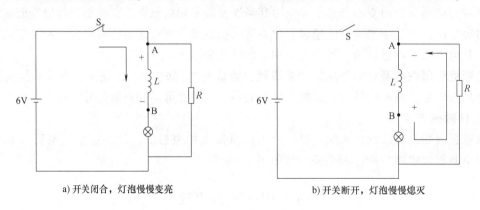

a) 开关闭合，灯泡慢慢变亮　　　　　　b) 开关断开，灯泡慢慢熄灭

图 2-35　电感器"阻碍变化的电流"性质说明电路

在图 2-35a 中，当开关 S 闭合时，会发现灯泡不是马上亮起来，而是慢慢亮起来。这是因为当开关闭合后，有电流流过电感器，这是一个增大的电流（从无到有），电感器马上产生自感电动势来阻碍电流增大，其极性是 A 正 B 负，该电动势使 A 点电位上升，电流从 A 点流入较困难，也就是说电感器产生的这种电动势对电流有阻碍作用。由于电感器产生 A 正 B 负自感电动势的阻碍，流过电感器的电流不能一下子增大，而是慢慢增大，所以灯泡慢慢变亮，当电流不再增大（即电流大小恒定）时，电感器上的电动势消失，灯泡亮度也就不变了。

如果将开关 S 断开，如图 2-35b 所示，会发现灯泡不是马上熄灭，而是慢慢暗下来。这是因为当开关断开后，流过电感器的电流突然变为 0，也就是说流过电感器的电流突然变小（从有到无），电感器马上产生 A 负 B 正的自感电动势，由于电感器、灯泡和电阻器 R 连接成闭合回路，电感器的自感电动势会产生电流流过灯泡，电流方向是：电感器 B 正→灯泡→电阻器 R→电感器 A 负，开关断开后，该电流维持灯泡继续发光，随着电感器上的电动势逐渐降低，流过灯泡的电流慢慢减小，灯泡也就慢慢变暗。

从上面的电路分析可知，**只要流过电感器的电流发生变化（不管是增大还是减小），电感器都会产生自感电动势，电动势的方向总是阻碍电流的变化。**

电感器"阻碍变化的电流"性质非常重要，在以后的电路分析中经常要用到该性质。

为了让大家能更透彻地理解电感器这个性质，再来看图 2-36 中的两个例子。

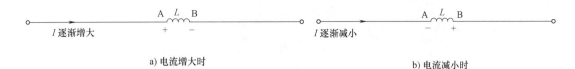

a) 电流增大时   b) 电流减小时

图 2-36　电感器性质解释图

在图 2-36a 中，流过电感器的电流是逐渐增大的，电感器会产生 A 正 B 负的电动势阻碍电流增大（可理解为 A 点为正，A 点电位升高，电流通过较困难）；在图 2-36b 中，流过电感器的电流是逐渐减小的，电感器会产生 A 负 B 正的电动势阻碍电流减小（可理解为 A 点为负时，A 点电位低，吸引电流流过来，阻碍它减小）。**电感器产生的自感电动势大小与电感量及流过的电流变化有关，电流变化率（$\Delta I/\Delta I$）越大，产生的电动势越高，如果流过电感器的电流恒定不变，电感器就不会产生自感电动势，在电流变化率一定时，电感量越大，产生的电动势越高。**

2.5.6　电感器的串联电路与并联电路

1. 电感器的串联电路

电感器的串联电路如图 2-37 所示。

电感器串联时具有以下特点：

1）流过每个电感器的电流大小都相等。

2）总电感量等于每个电感器电感量之和，即

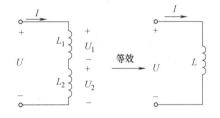

图 2-37　电感器的串联电路

$L = L_1 + L_2$。

3）电感器两端电压大小与电感量成正比，即 $U_1/U_2 = L_1/L_2$。

2. 电感器的并联电路

电感器的并联电路如图 2-38 所示。

电感器并联时具有以下特点：

1）每个电感器两端电压都相等。

2）总电感量的倒数等于每个电感器电感量倒数之和，即 $1/L = 1/L_1 + 1/L_2$。

3）流过电感器的电流大小与电感量成反比，即 $I_1/I_2 = L_2/L_1$。

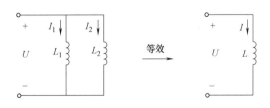

图 2-38　电感器的并联电路

2.6　变压器及电路

2.6.1　变压器的外形与符号

变压器可以改变交流电压或交流电流的大小。常见变压器的实物外形及电路符号如图 2-39 所示。

a) 实物外形　　　　　　　　　　　　　　　　　　b) 电路符号

图 2-39　变压器

2.6.2　变压器的结构与工作原理

1. 结构

两组相距很近又相互绝缘的线圈就构成了变压器。变压器的结构如图 2-40 所示。从图中可以看出，**变压器主要是由绕组和铁心组成**。绕组通常是由漆包线（在表面涂有绝缘层的导线）或纱包线绕制而成，**与输入信号连接的绕组称为一次绕组（俗称初级线圈），输出信号的绕组称为二次绕组（俗称次级线圈）**。

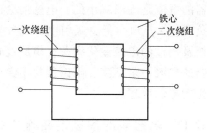

图 2-40　变压器的结构示意图

2. 工作原理

变压器是利用电-磁和磁-电转换原理工作的。下面以图 2-41 所示电路来说明变压器的工作原理。

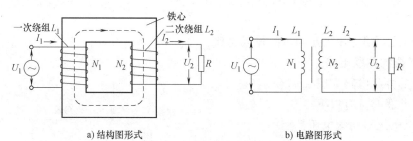

a) 结构图形式　　　　　　　　　　　　　　　b) 电路图形式

图 2-41　变压器工作原理说明电路

当交流电压 U_1 送到变压器的一次绕组 L_1 两端时（L_1 的匝数为 N_1），有交流电流 I_1 流过 L_1，L_1 马上产生磁场，磁场的磁力线沿着导磁良好的铁心穿过二次绕组 L_2（其匝数为 N_2），L_2 上马上产生感应电动势，此时 L_2 相当一个电源，由于 L_2 与电阻 R 连接成闭合电路，L_2 就有交流电流 I_2 输出并流过电阻 R，R 两端的电压为 U_2。

变压器的一次绕组进行电-磁转换，而二次绕组进行磁-电转换。

2.6.3　变压器"变压"和"变流"功能说明

变压器可以改变交流电压大小，也可以改变交流电流大小。

1. 改变交流电压

变压器既可以升高交流电压，也能降低交流电压。在忽略电能损耗的情况下，变压器一

次电压 U_1、二次电压 U_2 与一次绕组匝数 N_1、二次绕组匝数 N_2 的关系为

$$\frac{U_1}{U_2}=\frac{N_1}{N_2}=n$$

式中，n 为匝数比或电压比。由上面的公式可知：

1）当二次绕组匝数 N_2 多于一次绕组的匝数 N_1 时，二次电压 U_2 就会高于一次电压 U_1，即 $n=\dfrac{N_1}{N_2}<1$ 时，变压器可以提升交流电压，故电压比 **$n<1$ 的变压器称为升压变压器**。

2）当二次绕组匝数 N_2 少于一次绕组的匝数 N_1 时，变压器能降低交流电压，故 **$n>1$ 的变压器称为降压变压器**。

3）当二次绕组匝数 N_2 与一次绕组的匝数 N_1 相等时，变压器不会改变交流电压的大小，即一次电压 U_1 与二次电压 U_2 相等。这种变压器虽然不能改变电压大小，但能对一、二次电路进行电气隔离，故 **$n=1$ 的变压器常用作隔离变压器**。

2. 改变交流电流

变压器不但能改变交流电压的大小，还能改变交流电流的大小。由于变压器对电能损耗很少，可忽略不计，故变压器的输入功率 P_1 与输出功率 P_2 相等，即

$$P_1=P_2$$
$$U_1 I_1 = U_2 I_2$$
$$\frac{U_1}{U_2}=\frac{I_2}{I_1}$$

从上面的公式可知，变压器的一、二次电压与一、二次电流成反比，若提升了二次电压，就会使二次电流减小，降低二次电压，二次电流会增大。

综上所述，**对于变压器来说，匝数越多的线圈两端电压越高，流过的电流越小**。例如某个电源变压器上标注"输入电压220V，输出电压6V"，那么该变压器的一、二次绕组匝数比 $n=220/6=110/3\approx37$，当将该变压器接在电路中时，二次绕组流出的电流是一次绕组流入电流的37倍。

2.6.4　变压器的阻抗变换电路

1. 阻抗变换原理

根据最大功率传输定理可知，**负载要从信号源获得最大功率的条件是负载的电阻（阻抗）与信号源的内阻相等**。负载的电阻与信号源的内阻相等又称两者阻抗匹配。但很多电路的负载阻抗与信号源的内阻并不相等，这种情况下可采用变压器进行阻抗变换，便可实现最大功率传输。下面以图2-42所示电路为例来说明变压器的阻抗变换原理。

在图2-42a中，要负载从信号源中获得最大功率，需让负载的阻抗 Z

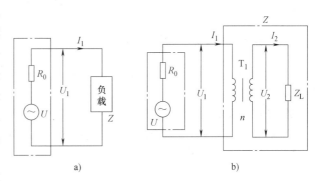

图2-42　变压器的阻抗变换原理说明图

与信号源内阻 R_0 相等，即 $Z = R_0$，这里的负载可以是一个元件，也可以是一个电路，它的

阻抗用 $Z = \dfrac{U_1}{I_1}$ 表示。现假设负载是图 2-42b 点画线框内由变压器和电阻组成的电路，该负载

的阻抗 $Z = \dfrac{U_1}{I_1}$，变压器的匝数比为 n，电阻的阻抗为 Z_L，根据变压器改变电压的规律

$\left(\dfrac{U_1}{U_2} = \dfrac{I_2}{I_1} = n\right)$ 可得到下式，即

$$Z = \frac{U_1}{I_1} = \frac{nU_2}{\frac{1}{n}I_2} = n^2\frac{U_2}{I_2} = n^2 Z_L$$

从上式可以看出，变压器与电阻组成电路的总阻抗 Z 是电阻阻抗 Z_L 的 n^2 倍，即 $Z = n^2 Z_L$。如果让总阻抗 Z 等于信号源的内阻 R_0，变压器和电阻组成的电路就能从信号源获得最大功率，又因为变压器不消耗功率，所以功率全传送给真正负载（电阻），达到功率最大程度传送的目的。由此可以看出，通过变压器的阻抗变换作用，真正负载的阻抗不必与信号源内阻相等，同样能实现功率最大传输。

2. 变压器阻抗变换的应用举例

如图 2-43 所示，音频信号源内阻 $R_0 = 72\Omega$，而扬声器的阻抗 $Z_L = 8\Omega$，如果将两者按图 2-43a 的方法直接连接起来，扬声器将无法获得最大功率。这时可使用变压器进行阻抗变换来让扬声器获得最大功率，如图 2-43b 所示，至于选择匝数比 n 为多少的变压器，可用 $R_0 = n^2 Z_L$ 计算，结果可得到 $n = 3$。也就是说，只要在音频信号源和扬声器之间接一个匝数比 $n = 3$ 的变压器，扬声器就可以从音频信号源获得最大功率的音频信号，从而发出最大的声音。

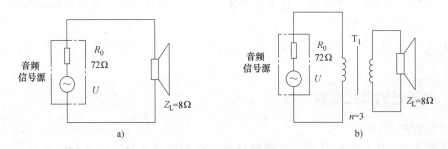

图 2-43 变压器阻抗变换应用举例

2.6.5 特殊绕组变压器

前面介绍的变压器一、二次绕组分别只有一组绕组，实际应用中经常会遇到其他一些形式绕组的变压器。

1. 多绕组变压器

多绕组变压器的一、二次绕组由多个绕组组成，图 2-44a 是一种典型的多个绕组的变压器，如果将 L_1 作为一次绕组，那么 L_2、L_3、L_4 都是二次绕组，L_1 上的电压与其他绕组的电压关系都满足 $\dfrac{U_1}{U_2} = \dfrac{N_1}{N_2}$。

例如，$N_1 = 1000$、$N_2 = 200$、$N_3 = 50$、$N_4 = 10$，当 $U_1 = 220\text{V}$ 时，U_2、U_3、U_4 电压分别是 44V、11V 和 2.2V。

对于多绕组变压器，各绕组的电流不能按 $\dfrac{U_1}{U_2} = \dfrac{I_2}{I_1}$ 来计算，而遵循 $P_1 = P_2 + P_3 + P_4$，即 $U_1 I_1 = U_2 I_2 + U_3 I_3 + U_4 I_4$。当某个二次绕组接的负载电阻很小时，该绕组流出的电流会很大，其输出功率就会增大，其他二次绕组输出电流就会减小，功率也相应减小。

2. 多抽头变压器

多抽头变压器的一、二次绕组由两个绕组构成，除了本身具有四个引出线外，还在绕组内部接出抽头，将一个绕组分成多个绕组。图 2-44b 是一种多抽头变压器。从图中可以看出，多抽头变压器由抽头分出的各绕组之间电气上是连通的，并且两个绕组之间共用一个引出线，而多绕组变压器各个绕组之间电气上是隔离的。如果将输入电压加到匝数为 N_1 的绕组两端，该绕组称为一次绕组，其他绕组就都是二次绕组，各绕组之间的电压关系都满足 $\dfrac{U_1}{U_2} = \dfrac{N_1}{N_2}$。

3. 单绕组变压器

单绕组变压器又称自耦变压器，它只有一个绕组，通过在绕组中引出抽头而产生一、二次绕组。单绕组变压器如图 2-44c 所示。如果将输入电压 U_1 加到整个绕组上，那么整个绕组就为一次绕组，其匝数为 $N_1 + N_2$，匝数为 N_2 的绕组为二次绕组，U_1、U_2 电压关系满足 $\dfrac{U_1}{U_2} = \dfrac{N_1 + N_2}{N_2}$。

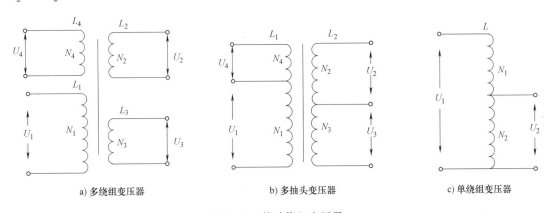

a) 多绕组变压器   b) 多抽头变压器   c) 单绕组变压器

图 2-44 特殊绕组变压器

2.7 电容器及电路

2.7.1 电容器的结构、外形与符号

电容器是一种可以存储电荷的元件。相距很近且中间隔有绝缘介质（如空气、纸和陶瓷等）的两块导电极板就构成了电容器，电容器简称电容。固定电容器是指容量固定不变的电容器。固定电容器的结构、外形与电路符号如图 2-45 所示。

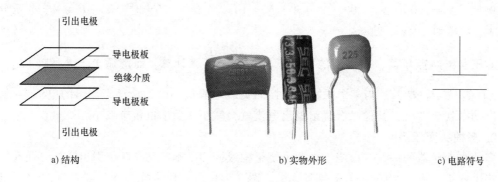

a) 结构　　　　　　　　　　b) 实物外形　　　　　　　　c) 电路符号

图 2-45　电容器

2.7.2　电容器的主要参数

电容器主要参数有标称容量、允许偏差、额定电压和绝缘电阻等。

（1）容量与允许偏差

电容器能存储电荷，其存储电荷的多少称为容量。 这一点与蓄电池类似，不过蓄电池存储电荷的能力比电容器大得多。电容器的容量越大，存储的电荷越多。**电容器的容量大小与以下因素有关：**

1）**两导电极板相对面积。** 相对面积越大，容量越大。

2）**两极板之间的距离。** 极板相距越近，容量越大。

3）**两极板中间的绝缘介质。** 在极板相对面积和距离相同的情况下，绝缘介质不同的电容器，其容量不同。

电容器的容量单位有法拉（F）、毫法（mF）、微法（μF）、纳法（nF）和皮法（pF）等，它们的关系是

$$1F = 10^3 mF = 10^6 \mu F = 10^9 nF = 10^{12} pF$$

标注在电容器上的容量称为标称容量。允许偏差是指电容器标称容量与实际容量之间允许的最大偏差范围。

（2）额定电压

额定电压又称电容器的耐压值，它是指在正常条件下电容器长时间使用，两端允许承受的最高电压。 一旦加到电容器两端的电压超过额定电压，两极板之间的绝缘介质容易被击穿而失去绝缘能力，造成两极板短路。

（3）绝缘电阻

电容器两极板之间隔着绝缘介质，绝缘电阻用来表示绝缘介质的绝缘程度。 绝缘电阻越大，表明绝缘介质绝缘性能越好，如果绝缘电阻比较小，绝缘介质绝缘性能下降，就会出现一个极板上的电流会通过绝缘介质流到另一个极板上，这种现象称为漏电。如果绝缘电阻小的电容器存在漏电，则不能继续使用。

一般情况下，无极性电容器的绝缘电阻为无穷大，而有极性电容器（电解电容器）绝缘电阻很大，但一般达不到无穷大。

2.7.3　电容器的容量标注方法

1. 直标法

直标法是指在电容器上直接标出容量值和容量单位。电解电容器常采用直标法，图 2-46 中左侧的电容器容量为 2200μF，耐压为 63V，偏差为 ±20%，右方电容器的容量为 68nF，J 表示偏差为 ±5%。

2. 小数点标注法

容量较大的无极性电容器常采用小数点标注法。小数点标注法的容量单位是 μF。图 2-47 中的两个实物电容器的容量分别是 0.01μF 和 0.033μF。有的电容器用 μ、n、p 来表示小数点，同时指明容量单位，如图中的 p1、4n7、3μ

图 2-46　采用直标法标注容量和偏差

分别表示容量 0.1pF、4.7nF、3.3μF，如果用 R 表示小数点，单位则为 μF，如 R33 表示容量是 0.33μF。

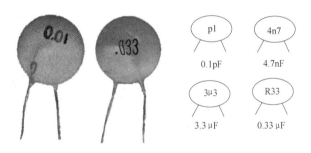

图 2-47　采用小数点法标注容量

3. 整数标注法

容量较小的无极性电容器常采用整数标注法，单位为 pF。若整数末位为 0，如标"330"则表示该电容器容量为 330pF；若整数末位不是 0，如标"103"，则表示容量为 10×10^3 pF。图 2-48 中的几个电容器的容量分别是 180pF、330pF 和 22000pF。如果整数末尾是 9，不是表示 10^9，而是表示 10^{-1}，如 339 表示 3.3pF。

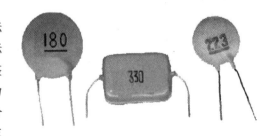

图 2-48　采用整数标注法标注容量

2.7.4　用电路说明电容器"充电"和"放电"性质

"充电"和"放电"是电容器非常重要的性质。电容器的"充电"和"放电"说明如图 2-49 所示。

在图 2-49a 所示电路中，当开关 S_1 闭合后，从电源正极输出电流经开关 S_1 流到电容器的金属极板 E 上，在极板 E 上聚集了大量的正电荷，由于金属极板 F 与极板 E 相距很近，

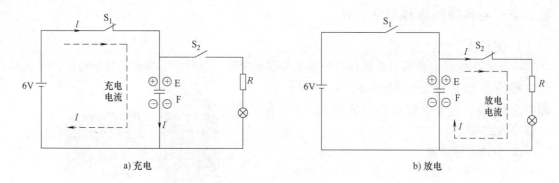

图 2-49　电容器的"充电"和"放电"说明电路

又因为同性相斥，所以极板 F 上的正电荷受到极板 E 上正电荷的排斥而流走，这些正电荷汇合形成电流到达电源的负极，极板 F 上就剩下很多负电荷，结果在电容器的上、下极板就存储了大量的上正下负的电荷（注：在常态时，金属极板 E、F 不呈电性，但上下极板上都有大量的正负电荷，只是正负电荷数相等呈中性）。

电源输出电流流经电容器，在电容器上获得大量电荷的过程称为电容器的"充电"。

在图 2-59b 所示电路中，先闭合开关 S_1，让电源对电容器 C 充得上正下负的电荷，然后断开 S1，再闭合开关 S2，电容器上的电荷开始释放，电荷流经的途径是：电容器极板 E 上的正电荷流出，形成电流→开关 S2→电阻 R→灯泡→极板 F，中和极板 F 上的负电荷。大量的电荷移动形成电流，该电流经灯泡，灯泡发光。随着极板 E 上的正电荷不断流走，正电荷的数量慢慢减少，流经灯泡的电流减少，灯泡慢慢变暗，当极板 E 上先前充得的正电荷全放完后，无电流流过灯泡，灯泡熄灭，此时极板 F 上的负电荷也完全被中和，电容器两极板上先前充得的电荷消失。

电容器一个极板上的正电荷经一定的途径流到另一个极板，中和该极板上负电荷的过程称为电容器的"放电"。

电容器充电后两极板上存储了电荷，两极板之间也就有了电压，这就像杯子装水后有水位一样。电容器极板上的电荷数与两极板之间的电压有一定的关系。具体可这样概括：**在容量不变情况下，电容器存储的电荷数与两端电压成正比，** 即

$$Q = CU$$

式中，Q 表示电荷数，单位为 C，C 表示容量，单位为 F；U 表示电容器两端的电压，单位为 V。

这个公式可以从以下几个方面来理解：

1) 在容量不变的情况下（C 不变），电容器充得电荷越多（Q 增大），两端电压越高（U 增大）。这就像杯子大小不变时，杯子中装得水越多，水位越高一样。

2) 若向容量一大一小的两只电容器充相同数量的电荷（Q 不变），那么容量小的电容器两端的电压更高（C 小 U 大）。这就像往容量一大一小的两只杯子中装入同样多的水时，小杯子中的水位更高一样。

2.7.5　用电路说明电容器"隔直"和"通交"性质

电容器的"隔直"和"通交"是指直流信号不能通过电容器，而交流信号能通过电容

器。电容器的"隔直"和"通交"说明如图2-50所示。

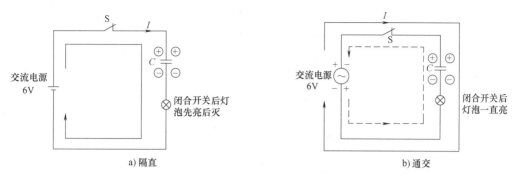

图2-50　电容器的"隔直"和"通交"说明电路

　　在图2-50a电路中，电容器与直流电源连接，当开关S闭合后，直流电源开始对电容器充电，充电途径是：电源正极→开关S→电容器的上极板获得大量正电荷→通过电荷的排斥作用（电场作用），下极板上的大量正电荷被排斥流出形成电流→灯泡→电源的负极，有电流流过灯泡，灯泡点亮。随着电源对电容器不断充电，电容器两端电荷越来越多，两端电压越来越高，当电容器两端电压与电源电压相等时，电源不能再对电容器充电，无电流流到电容器上极板，电容器下极板也就无电流流出，无电流流过灯泡，灯泡熄灭。

　　以上过程说明，**在刚开始时直流可以对电容器充电而通过电容器，该过程持续时间很短，充电结束后，直流就无法通过电容器，这就是电容器的"隔直"性质。**

　　在图2-50b电路中，电容器与交流电源连接，由于交流电的极性是经常变化的，一段时间极性是上正下负，下一段时间极性变为下正上负。开关S闭合后，当交流电源的极性是上正下负时，交流电源从上端输出电流，该电流对电容器充电，充电途径是：交流电源上端→开关S→电容器→灯泡→交流电源下端，有电流流过灯泡，灯泡发光，同时交流电源对电容器充得上正下负的电荷；当交流电源的极性变为上负下正时，交流电源从下端输出电流，它经过灯泡对电容器反充电，电流途径是：交流电源下端→灯泡→电容器→开关S→交流电源上端，有电流流过灯泡，灯泡发光，同时电流对电容器反充得上负下正的电荷，这次充得的电荷极性与先前充得电荷极性相反，它们相互中和抵消，电容器上的电荷消失。当交流电源极性重新变为上正下负时，又可以对电容器进行充电，以后不断重复上述过程。

　　从上面的分析可以看出，**由于交流电源极性的不断变化，使得电容器充电和反充电（中和抵消）交替进行，从而始终有电流流过电容器，这就是电容器"通交"性质。**

　　电容器虽然能通过交流信号，但对交流信号也有一定的阻碍，这种阻碍称为容抗，用X_C表示，容抗的单位是欧姆（Ω）。在图2-51电路中，两个电路中的交流电源电压相等，灯泡也一样，但由于电容器的容抗对交流阻碍作用，故图2-51b中的灯泡要暗一些。

　　电容器的容抗与交流信号频率、电容器的容量有关，交流信号频率越高，电容器对交流信号的容抗越小，同时电容器容量越大，对交流信号的容抗越小。在图2-51b电路中，若交流电频率不变，当电容器容量越大，灯泡越亮；或者电容器容量不变，交流电频率越高灯泡越亮。这种关系可用下列公式表示：

$$X_C = \frac{1}{2\pi f C}$$

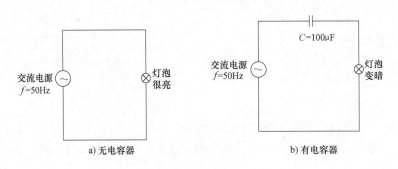

a) 无电容器

b) 有电容器

图 2-51　容抗说明电路

式中，X_C 表示容抗；f 表示交流信号频率；π 为常数，一般取 3.14。

在图 2-51b 电路中，若交流电源的频率 $f = 50$Hz，电容器的容量 $C = 100$μF，那么该电容器对交流电的容抗为

$$X_C = \frac{1}{2\pi fc} = \frac{1}{2 \times 3.14 \times 50 \times 100 \times 10^{-6}}\Omega \approx 31.8\Omega$$

2.7.6　用电路说明电容器"两端电压不能突变"性质

电容器两端的电压是由电容器充得的电荷建立起来的，电容器充得的电荷越多，两端电压越高，电容器上没有电荷，电容器两端就没有电压。由于电容器充电（电荷增多）和放电（电荷减少）都需要一定的时间，不能瞬间完成，所以电容器两端的电压不能突然增大很多，也不能突然减小到零，这就是电容器"两端电压不能突变"特性。下面用图 2-52 所示电路说明电容器"两端电压不能突变"特性。

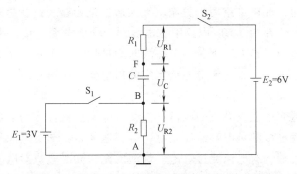

图 2-52　电容器"两端电压不能突变"说明电路

先将开关 S_2 闭合，在闭合瞬间，电容器 C 还未来得及充电，故其两端电压 U_C 为 0V，随后电源 E_2 开始对电容器 C 充电，充电电流途径是 E_2 正极→开关 S_2→R_1→C→R_2→E_2 负极，随着充电的进行，电容器上充得的电荷慢慢增多，电容器两端的电压 U_C 慢慢增大。一段时间后，当 U_C 增大到 6V 与电源 E_2 的电压相等时，充电过程结束，这时流过 R_1、R_2 的电流为 0，故 U_{R1}、U_{R2} 均为 0，A 点电压为 0（A 点接地固定为 0V），B 点电压 U_B 为 0V（$U_B = U_{R2}$），F 点电压 U_F 为 6V（$U_F = U_{R2} + U_C$）。

接着将开关 S_1 闭合，E_1 电源直接加到 B 点，B 点电压 U_B（等于 U_{R2}）马上由 0V 变为 3V，由于电容器还没来得及放电，其两端电压 U_C 仍为 6V，那么 F 点电压变为 9V（$U_F = U_{R2} + U_C = 3V + 6V$）。也就是说，由于电容器两端电压不能突变，一端电压上升（U_B 由 0V 突然上升到 3V），另一端电压也上升（U_F 电压由 6V 上升到 9V）。因为 U_F 电压为 9V，大于电源 E_2 电压，电容器 C 开始放电，放电途径为 C 上正→R_1→S_2→电源 E_2 内阻→R_2→C 下负。

随着放电的进行，电容器 C 两端电压 U_C 不断下降，当 $U_C = 3V$ 时，F 点电压 $U_F = U_{R2} + U_C = 3V + 3V = 6V$，与电源 E_2 电压相同，放电结束。

然后断开开关 S_1，B 点电压 U_B（与 U_{R2} 相等）马上由 3V 变为 0V，由于电容器还没有来得及充电，其两端电压 U_C 仍为 3V，那么 F 点电压变为 3V（$U_F = U_{R2} + U_C = 0V + 3V$），即由于电容器两端电压不能突变，电容器一端电压下降（U_B 由 3V 突然下降到 0V），另一端电压也下降（U_F 电压由 6V 下降到 3V）。因为 U_F 电压为 3V，小于电源 E_2 电压，电容器 C 开始充电，充电途径为 E_2 正极→S_2→R_1→电容器 C→R_2→电源 E_2 负极，随着充电的进行，电容器 C 两端电压 U_C 不断上升，当 $U_C = 6V$ 时，F 点电压 $U_F = U_{R2} + U_C = 0V + 6V = 6V$，与电源 E_2 电压相同，充电结束。

综上所述，由于电容器充、放电都需要一定的时间（电容器容量越大，所需时间越长），电荷数量不能突然变化，故电容器两端电压也不能突然变化，当电容器一端电压上升或下降时，另一端电压也随之上升或下降。

2.7.7 电容器的串联电路与并联电路

1. 电容器的并联电路

两个或两个以上电容器头头相连、尾尾相接称为电容器并联。电容器的并联电路如图 2-53 所示。

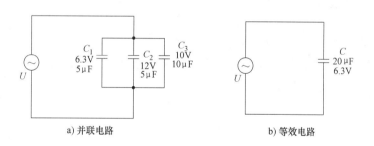

a) 并联电路   b) 等效电路

图 2-53 电容器的并联电路

电容器并联后的总容量增大，总容量等于所有并联电容器的容量之和。以图 2-53a 电路为例，并联后总容量为

$$C = C_1 + C_2 + C_3 = 5\mu F + 5\mu F + 10\mu F = 20\mu F$$

电容器并联后的总耐压以耐压最小的电容器为准。仍以图 2-53a 电路为例，C_1、C_2、C_3 耐压不同，其中 C_1 的耐压最小，故并联后电容器的总耐压以 C_1 耐压 6.3V 为准，加在并联电容器两端的电压不能超过 6.3V。

根据上述原则，图 2-53a 的电路可等效为图 2-53b 所示电路。

2. 电容器的串联电路

两个或两个以上电容器在电路中头尾相连就是电容器的串联。电容器的串联电路如图 2-54 所示。

电容器串联后总容量减小，总容量比容量最小电容器的容量还小。电容器串联后总容量的计算规律是：总容量的倒数等于各电容器容量倒数之和，这与电阻器的并联计算相同，以图 2-54a 电路为例，电容器串联后的总容量计算公式是

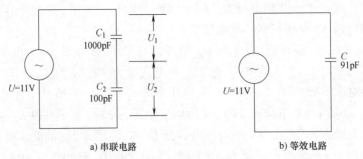

a) 串联电路   b) 等效电路

图 2-54　电容器的串联电路

$$\frac{1}{C} = \frac{1}{C_1} + \frac{1}{C_2} \Rightarrow C = \frac{C_1 C_2}{C_1 + C_2} = \frac{1000 \times 100}{1000 + 100} \text{pF} \approx 91 \text{pF}$$

所以图 2-54a 电路与图 2-54b 电路是等效的。

在电路中，串联的各电容器两端的电压与容量成反比，即容量越大，电容器两端电压越低，这个关系可用公式表示为

$$\frac{C_1}{C_2} = \frac{U_2}{U_1}$$

以图 2-54a 电路为例，C_1 的容量是 C_2 容量的 10 倍，用上述公式计算可知，C_2 两端的电压 U_2 应是 C_1 两端电压 U_1 的 10 倍，如果交流电压 U 为 11V，则 $U_1 = 1$V，$U_2 = 10$V，若 C_1、C_2 都是耐压为 6.3V 的电容器，就会出现 C_2 先被击穿短路（因为它两端有 10V 电压）的情况，11V 电压马上全部加到 C_1 两端，接着 C_1 被击穿损坏。

当电容器串联时，容量小的电容器应尽量选用耐压大的，并以接近或等于电源电压为宜，因为当电容器串联时，容量小的电容器两端电压较容量大的电容器两端电压大，容量越小，两端承受的电压越高。

第3章

半导体器件及电路识图

3.1 半导体与二极管基础知识

3.1.1 半导体

导电性能介于导体与绝缘体之间的材料称为**半导体**，常见的半导体材料有硅、锗和硒等。利用半导体材料可以制作各种各样的半导体元器件，如二极管、晶体管、场效应晶体管和晶闸管等。

1. 半导体的特性

半导体的主要特性如下：

1）**掺杂性**。当向纯净的半导体中掺入少量某种物质时，半导体的导电性就会大大增强。二极管、晶体管就是用掺入杂质的半导体制成的。

2）**热敏性**。当温度上升时，半导体的导电能力会增强，利用该特性可以将某些半导体制成热敏器件。

3）**光敏性**。当有光线照射半导体时，半导体的导电能力也会显著增强，利用该特性可以将某些半导体制成光敏器件。

2. 半导体的类型

半导体主要有三种类型：本征半导体、N 型半导体和 P 型半导体。

1）本征半导体。纯净的半导体称为本征半导体，它的导电能力很弱，在纯净的半导体中掺入杂质后，导电能力会大大增强。

2）N 型半导体。在纯净半导体中掺入五价杂质（原子核最外层有五个电子的物质，如磷、砷和锑等）后，半导体中会有大量带负电荷的电子（因为半导体原子核最外层一般只有四个电子，所以可理解为当掺入五价元素后，半导体中的电子数偏多），这种电子偏多的半导体为"N 型半导体"。

3）P 型半导体。在纯净半导体中掺入三价杂质（如硼、铝和镓）后，半导体中电子偏少，有大量的空穴（可以看作正电荷）产生，这种空穴偏多的半导体叫作"P 型半导体"。

3.1.2 二极管的结构和符号

1. 构成

当 P 型半导体（含有大量的正电荷）和 N 型半导体（含有大量的电子）结合在一起时，P 型半导体中的正电荷向 N 型半导体中扩散，N 型半导体中的电子向 P 型半导体中扩散，于是**在 P 型半导体和 N 型半导体中间就形成一个特殊的薄层，这个薄层称为 PN 结**。该过程如图 3-1 所示。

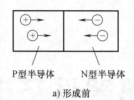

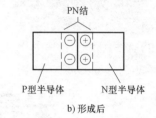

a) 形成前   b) 形成后

图 3-1 PN 结的形成

从含有 PN 结的 P 型半导体和 N 型半导体两端各引出一个电极并封装起来就构成了二极管，与 P 型半导体连接的电极称为正极（或阳极），用 "+" 或 "A" 表示，与 N 型半导体连接的电极称为负极（或阴极），用 "–" 或 "K" 表示。

2. 结构、符号和外形

二极管内部结构、电路符号和实物外形如图 3-2 所示。

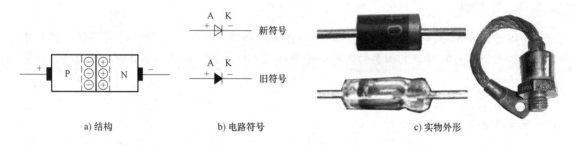

a) 结构   b) 电路符号   c) 实物外形

图 3-2 二极管

3.1.3 用电路说明二极管的单向导电性

1. 单向导电性说明

下面通过分析图 3-3 中的两个电路来说明二极管的性质。

在图 3-3a 所示电路中，当闭合开关 S 后，发现灯泡会发光，表明有电流流过二极管，二极管导通；而在图 3-3b 所示电路中，当开关 S 闭合后灯泡不亮，说明无电流流过二极管，二极管不导通。通过观察这两个电路中二极管的接法可以发现，在图 3-3a 中，二极管的正极通过开关 S 与电源的正极连接，二极管的负极通过灯泡与电源负极相连，而在图 3-3b 中，二极管的负极通过开关 S 与电源的正极连接，二极管的正极通过灯泡与电源负极相连。

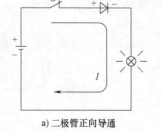

a) 二极管正向导通   b) 二极管反向截止

图 3-3 二极管的性质说明图

由此可以得出这样的结论：**当二极管正极与电源正极连接，负极与电源负极相连时，二极管能导通，反之二极管不能导通。二极管这种单方向导通的性质称二极管的单向导电性。**

2. 伏安特性曲线

在电子技术中，常采用伏安特性曲线来说明元器件的性质。**伏安特性曲线又称电压电流特性曲线，它用来说明元器件两端电压与通过电流的变化规律。**二极管的伏安特性曲线用来说明加到二极管两端的电压与通过电流之间的关系。

二极管的伏安特性曲线如图 3-4a 所示，图 3-4b、c 则是为解释伏安特性曲线而画的电路。

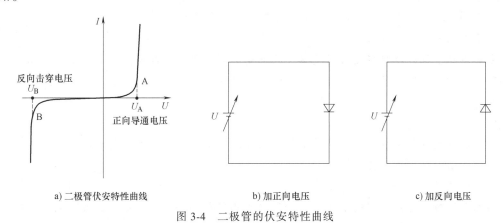

a) 二极管伏安特性曲线 b) 加正向电压 c) 加反向电压

图 3-4 二极管的伏安特性曲线

在图 3-4a 中，第一象限内的曲线表示二极管的正向特性，第三象限内的曲线则是表示二极管的反向特性。下面从两方面来分析伏安特性曲线。

（1）正向特性

正向特性是指给二极管加正向电压（二极管正极接高电位，负极接低电位）时的特性。在图 3-4b 所示电路中，电源直接接到二极管两端，此电源电压对二极管来说是正向电压。将电源电压 U 从 0V 开始慢慢调高，在刚开始时，但由于电压 U 很低，流过二极管的电流极小，可认为二极管没有导通，只有当正向电压达到图 3-4a 所示的电压 U_A 时，流过二极管的电流急剧增大，二极管导通。这里的 U_A 电压称为正向导通电压，又称门电压（或阈值电压），不同材料的二极管，其门电压是不同的，硅二极管的门电压为 0.5~0.7V，锗二极管的门电压为 0.2~0.3V。

从上面的分析可以看出，**二极管的正向特性是：当二极管加正向电压时不一定能导通，只有正向电压达到门电压时，二极管才能导通。**

（2）反向特性

反向特性是指给二极管加反向电压（二极管正极接低电位，负极接高电位）时的特性。在图 3-4c 所示电路中，电源直接接到二极管两端，此时电源电压对二极管来说是反向电压。将电源电压 U 从 0V 开始慢慢调高，在反向电压不高时，没有电流流过二极管，二极管不能导通。当反向电压达到图 3-4a 所示电压 U_B 时，流过二极管的电流急剧增大，二极管反向导通了，这时的电压 U_B 称为反向击穿电压。反向击穿电压一般很高，远大于正向导通电压，不同型号的二极管反向击穿电压不同，低的十几伏，高的有几千伏。普通二极管反向击穿导通后通常是损坏性的，所以反向击穿导通的普通二极管一般不能再使用。

从上面的分析可以看出，二极管的反向特性是：当二极管加较低的反向电压时不能导通，但反向电压达到反向击穿电压时，二极管会反向击穿导通。

3.1.4　二极管的主要参数

（1）最大整流电流 I_F

二极管长时间使用时允许流过的最大正向平均电流称为最大整流电流，或称为二极管的额定工作电流。当流过二极管的电流大于最大整流电流时，容易被烧坏。二极管的最大整流电流与 PN 结的面积、散热条件有关。PN 结面积大的面接触型二极管的 I_{FM} 大，点接触型二极管的 I_F 小；金属封装二极管的 I_F 大，而塑封二极管的 I_F 小。

（2）最高反向工作电压 U_R

最高反向工作电压是指二极管正常工作时两端能承受的最高反向电压。最高反向工作电压一般为反向击穿电压的一半。在高压电路中需要采用 U_R 较大的二极管，否则二极管易被击穿损坏。

（3）最大反向电流 I_R

最大反向电流是指在二极管两端加最高反向工作电压时流过的反向电流。该值越小，表明二极管的单向导电性越佳。

（4）最高工作频率 f_M

最高工作频率是指二极管在正常工作条件下的最高频率。如果加给二极管的信号频率高于该频率，二极管将不能正常工作，f_M 的大小通常与二极管的 PN 结面积有关，PN 结面积越大，f_M 越低，故点接触型二极管的 f_M 较高，而面接触型二极管的 f_M 较低。

3.2　多种类型的二极管及电路

3.2.1　整流二极管及整流电路

整流二极管的功能是将交流电转换成直流电。整流二极管的整流功能说明电路如图 3-5 所示。

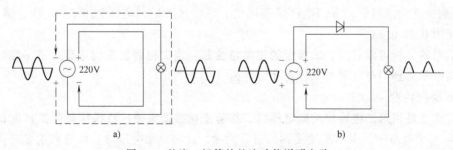

图 3-5　整流二极管的整流功能说明电路

在图 3-5a 中，将灯泡与 220V 交流电源直接连起来。当交流电为正半周时，其电压极性为上正下负，有正半周电流流过灯泡，电流路径为交流电源上正→灯泡→交流电源下负，如实线箭头所示；当交流电为负半周时，其电压极性变为上负下正，有负半周电流流过灯泡，电流径为交流电源下正→灯泡→交流电源上负，如虚线箭头所示。由于正负半周电流均流过灯泡，灯泡发光，并且光线很亮。

在图 3-5b 中，在 220V 交流电源与灯泡之间串联一个二极管，会发现灯泡也亮，但亮度较暗，这是因为只有交流电源为正半周（极性为上正下负）时，二极管才导通，而交流电源为负半周（极性为下负下正）时，二极管不能导通，结果只有正半周交流电通过灯泡，故灯泡仍可点亮，但亮度较暗。图中的**二极管允许交流电一个半周通过而阻止另一个半周通过，其功能称为整流，该二极管称为整流二极管。**

3.2.2 整流桥堆及桥式整流电路

1. 外形与结构

桥式整流电路使用了 4 个二极管，为了方便起见，有些元器件厂商将 4 个二极管做在一起并封装成一个器件，该器件称为整流全桥，其外形与内部连接如图 3-6 所示。**整流全桥有四个引脚，标有 "~" 两个引脚为交流电压输入端，标有 "+" 和 "−" 分别为直流电压 "+" 和 "−" 输出端。**

a) 外形　　　　　　　　　　　　　　　　b) 内部连接

图 3-6　整流全桥

2. 整流桥堆构成的桥式整流电路

整流桥堆是由 4 个整流二极管组成的桥式整流电路，其功能是将交流电压转换成直流电压。整流桥堆构成的桥式整流电路如图 3-7 所示。

整流桥堆有 4 个引脚，两个 ~ 端（交流输入端）接交流电压，+、−端接负载。当交流电压为正半周时，电压的极性为上正下负，整流桥堆内的 VD_1、VD_3 导通，有电流流过负载（灯泡），电流途径是交流电压上正→VD_1→灯泡→VD_3→交流电压下负；当交流电压为负半周时，电压的极性为上负下正，整流桥堆内的 VD_2、VD_4 导通，有电流流过负载（灯泡），电流途径是交流电压下正→VD_2→灯泡→VD_4→交流电压上负。

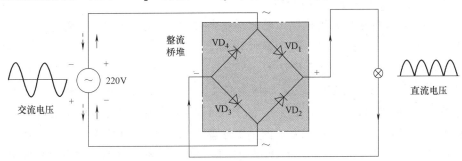

图 3-7　整流桥堆构成的桥式整流电路

从上述分析可以看出，由于交流电压正负极性反复变化，故流过整流桥堆~端的电流方向也在反复变化（比如交流电压为正半周时电流从某个~端流入，那么负半周时电流则从该端流出），但整流桥堆+端始终流出电流、–端始终流入电流，这种方向不变的电流为直流电流，该电流流过负载时，负载上得到的电压为直流电压。

3.2.3　高压二极管、高压硅堆及应用电路

1. 外形

高压二极管是一种耐压很高的二极管，在结构上相当于多个二极管串叠在一起。高压硅堆是一种结构功能与高压二极管基本相同的元件，高压硅堆一般体积较大。高压二极管和高压硅堆的最高反向工作电压多在千伏以上，在电路中用作高压整流、隔离和保护。高压二极管和高压硅堆的符号与普通二极管一样，高压二极管和高压硅堆外形如图3-8所示。

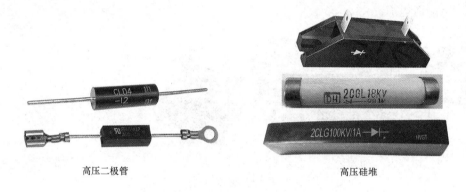

高压二极管　　　　　　　　　　　　高压硅堆

图 3-8　高压二极管和高压硅堆的外形

2. 应用电路

高压二极管的应用如图 3-9 所示。该电路为机械式微波炉电路，高压二极管 VD 用作高压整流。220V 交流电压经过一系列开关后加到高压变压器 T 的一次绕组 L_1，在 T 的二次绕组 L_2 得到 3.3V 的交流低压，提供给磁控管灯丝，使之发热而易于发射电子，在 T 的二次绕组 L_3 上得到 2000V 左右的交流高压，该电压经高压电容 C 和高压二极管 VD 构成的倍压整流电路后得到 4000V 左右的直流高压，送到磁控管的灯丝，使灯丝发射电子，激发磁控管产生 2450MHz 的微波，对食物进行加热。

L_3、C、VD 构成的倍压整流电路工作原理：当 220V 交流电压为正半周时，T 的 L_1 线圈的电压极性为上正下负，L_3 上感应电压极性也为上正下负，L_3 的上正下负电压经高压二极管 VD 对高压电容 C 充电，充电途径是 L_3 上正→C→VD→L_3 下负，在高压电容 C 上充得左正右负约 2000V 的电压；当 220V 交流电压为负半周时，T 的 L_1 线圈的电压极性为上负下正，L_3 上感应电压的极性为上负下正，L_3 的上负下正约 2000V 的电压与高压电容 C 的左正右负 2000V 左右的电压叠加（可以看成两个电池叠加），得到约 4000V 的电压，送到磁控管的灯丝，该叠加电压对高压二极管 VD 是反向电压，故 VD 不会导通。在图 3-9 电路中，高压二极管最高反向工作电压不能低于 4000V，否则会被击穿损坏。

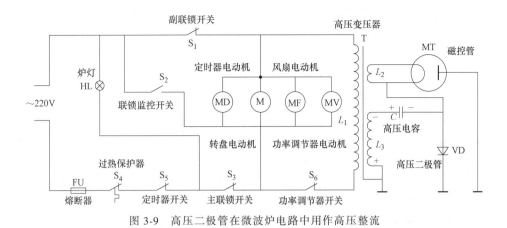

图 3-9 高压二极管在微波炉电路中用作高压整流

3.2.4 稳压二极管及电路

1. 外形与符号

稳压二极管又称齐纳二极管或反向击穿二极管,在电路中起稳压作用。稳压二极管的实物外形和电路符号如图 3-10 所示。

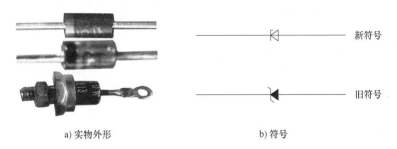

a) 实物外形   b) 符号

图 3-10 稳压二极管

2. 用电路说明稳压二极管的工作原理

在电路中,稳压二极管可以稳定电压。要让稳压二极管起稳压作用,应将它反接在电路中(即稳压二极管的负极接电路中的高电位,正极接低电位),稳压二极管在电路中正接时的性质与普通二极管相同。下面以图 3-11 所示的电路来说明稳压二极管的稳压原理。

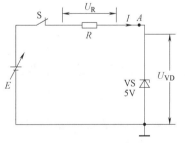

图 3-11 稳压二极管的稳压原理说明电路

图 3-11 中的稳压二极管 VS 的稳压值为 5V,若电源电压低于 5V,当闭合开关 S 时,VS 反向不能导通,无电流流过限流电阻 R,$U_R = IR = 0$,电源电压途经 R 时,R 上没有电压降,故 A 点电压与电源电压相等,VS 两端的电压 U_{VD} 与电源电压也相等,例如 $E = 4V$ 时,U_{VD} 也为 4V,电源电压在 5V 范围内变化时,U_{VD} 也随之变化。也就是说,当加到稳压二极管两端电压低于其稳压值时,稳压二极管处于截止状态,无稳压功能。

若电源电压超过稳压二极管稳压值,如 $E = 8V$,当闭合开关 S 时,8V 电压通过电阻 R

送到 A 点，该电压超过稳压二极管的稳压值，VS 反向击穿导通，马上有电流流过电阻 R 和稳压管 VS，电流在流过电阻 R 时，R 产生 3V 的电压降（即 $U_R = 3V$），稳压管 VD 两端的电压 $U_{VD} = 5V$。

若调节电源 E 使电压由 8V 上升到 10V 时，由于电压的升高，流过 R 和 VS 的电流都会增大，R 上的电压 U_R 也随之增大（由 3V 上升到 5V），而稳压二极管 VS 上的电压 U_{VD} 维持 5V 不变。

稳压二极管的稳压原理可概括为：当外加电压低于稳压二极管稳压值时，稳压二极管不能导通，无稳压功能；当外加电压高于稳压二极管稳压值时，稳压二极管反向击穿，两端电压保持不变，其大小等于稳压值（注：为了保护稳压二极管并使其有良好的稳压效果，需要给稳压二极管串接限流电阻）。

3. 稳压二极管两种应用电路形式

稳压二极管在电路通常有两种应用连接方式，如图 3-12 所示。

在图 3-12a 所示电路中，输出电压 U_o 取自稳压二极管 VS 两端，故 $U_o = U_{VD}$，当电源电压上升时，由于稳压二极管的稳压作用，U_{VD} 稳定不变，输出电压 U_o 也不变。也就是说在电源电压变化的情况下，稳压二极管两端电压始终保持不变，该稳定不变的电压可供给其他电路，使电路能稳定正常工作。

在图 3-12b 所示电路中，输出电压取自限流电阻 R 两端，当电源电压上升时，稳压二极管两端电压 U_{VD} 不变，限流电阻 R 两端电压上升，故输出电压 U_o 也上升。稳压二极管按这种接法是不能为电路提供稳定电压的。

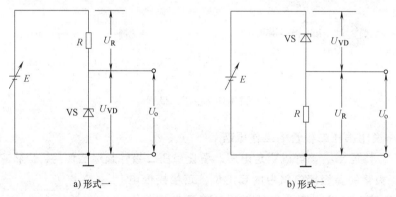

a) 形式一　　　　　　　　　　　b) 形式二

图 3-12　稳压二极管在电路中的两种应用连接形式

3.2.5　变容二极管及电路

1. 外形与符号

变容二极管在电路中相当于电容，并且容量可调。变容二极管的实物外形和电路符号如图 3-13 所示。

2. 用电路说明变容二极管的性质

变容二极管与普通二极管一样，加正向电压时导通，加反向电压时截止。在变容二极管两端加反向电压时，除了截止外，其相当于电容。变容二极管的性质说明如图 3-14 所示。

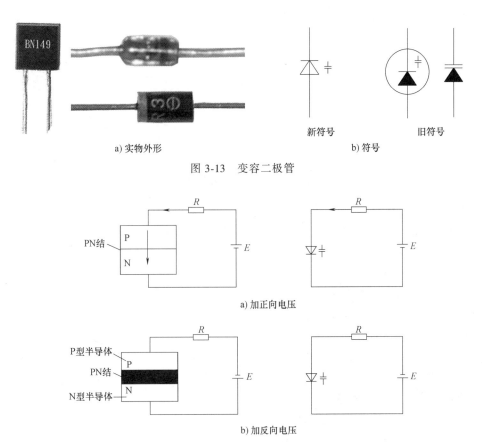

a) 实物外形   b) 符号

图 3-13 变容二极管

a) 加正向电压

b) 加反向电压

图 3-14 变容二极管的性质说明

（1）两端加正向电压

当变容二极管两端加正向电压时，内部的 PN 结变薄，如图 3-14a 所示。当正向电压达到导通电压时，PN 结消失，对电流的阻碍消失，变容二极管像普通二极管一样正向导通。

（2）两端加反向电压

当变容二极管两端加反向电压时，内部的 PN 结变厚，如图 3-14b 所示。PN 结阻止电流通过，故变容二极管处于截止状态，反向电压越高，PN 结越厚。PN 结阻止电流通过，相当于绝缘介质，而 P 型半导体和 N 型半导体分别相当于两个极板，也就是说处于截止状态的变容二极管内部会形成电容的结构，这种电容称为结电容。普通二极管的 P 型半导体和 N 型半导体都比较小，形成的结电容很小，可以忽略，而变容二极管在制造时特意增大 P 型半导体和 N 型半导体的面积，从而增大结电容。

也就是说，当变容二极管两端加反向电压时，处于截止状态，内部会形成电容器的结构，此状态下的变容二极管可以看成是电容器。

3. 变容二极管的容量变化规律

变容二极管加反向电压时相当于电容器，当反向电压改变时，其容量也会发生变化。下面以图 3-15 所示的电路和曲线来说明变容二极管容量调节规律。

在图 3-15a 电路中，变容二极管 VD 加有反向电压，电位器 RP 用来调节反向电压的大小。当 RP 滑动端右移时，加到变容二极管负端的电压升高，即反向电压增大，VD 内部的

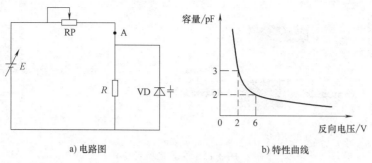

a) 电路图 b) 特性曲线

图 3-15 变容二极管的容量变化规律

PN 结变厚,内部的 P、N 型半导体距离变远,形成的电容容量变小;当 RP 滑动端左移时,变容二极管反向电压减小,VD 内部的 PN 结变薄,内部的 P、N 型半导体距离变近,形成的电容容量增大。

也就是说,当调节变容二极管反向电压大小时,其容量会发生变化,反向电压越高,容量越小,反向电压越低,容量越大。

图 3-15b 为变容二极管的特性曲线,它直观地表示出了变容二极管两端反向电压与容量变化规律,如当反向电压为 2V 时,容量为 3pF,当反向电压增大到 6V 时,容量减小到 2pF。

4. 变容二极管的应用电路

变容二极管的应用电路如图 3-16 所示,该电路为彩色电视机电调谐高频头的选频电路,其选频频率 f 由电感 L、电容 C 和变容二极管 VD 的容量 C_{VD} 共同决定。调节电位器 RP 可以使变容二极管 VD 的反向电压在 0~30V 范围内变化,VD 的容量会随着反向电压变化而变化,当反向电压使 VD 容量 C_{VD} 为某一值时,恰好使得选频

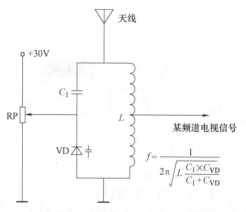

$$f=\frac{1}{2\pi\sqrt{L\frac{C_1\times C_{VD}}{C_1+C_{VD}}}}$$

图 3-16 变容二极管的应用电路

电路的频率 f 与某一频道电视节目频率相同,选频电路就能从天线接收下来的众多信号中只选出该频道的电视信号,再送往后级电路进行处理。

3.2.6 双向触发二极管及电路

1. 外形与符号

双向触发二极管简称双向二极管,它在电路中可以双向导通。双向触发二极管的实物外形和电路符号如图 3-17 所示。

2. 用电路说明双向触发导通性质

普通二极管有单向导电性,而双向触发二极管具有双向导电性,但它的导通电压通常比较高。下面通过图 3-18 所示电路来说明双向触发二极管性质。

a) 实物外形 b) 符号

图 3-17 双向触发二极管

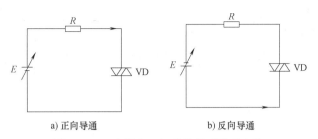

a) 正向导通   b) 反向导通

图 3-18 双向触发二极管的性质说明电路

（1）两端加正向电压时

在图 3-18a 电路中，将双向触发二极管 VD 与可调电源 E 连接起来。当电源电压较低时，VD 并不能导通，随着电源电压的逐渐调高，当调到某一值时（如 30V），VD 马上导通，有从上往下的电流流过双向触发二极管。

（2）两端加反向电压时

在图 3-18b 电路中，将电源的极性调换后再与双向触发二极管 VD 连接起来。当电源电压较低时，VD 不能导通，随着电源电压的逐渐调高，当调到某一值时（如 30V），VD 马上导通，有从下向上的电流流过双向触发二极管。

综上所述，不管加正向电压还是反向电压，只要电压达到一定值，双向触发二极管就能导通。

3. 双向触发二极管的特性曲线说明

双向触发二极管的性质可用图 3-19 所示的曲线来表示，坐标系中的横轴表示双向触发二极管两端的电压，纵坐标表示流过双向触发二极管的电流。

从图 3-19 可以看出，当触发二极管两端加正向电压时，如果两端电压低于 U_{B1}，流过的电流很小，双向触发二极管不能导通，一旦两端的正向电压达到 U_{B1}（称为触发电压），马上导通，有很大的电流流过双向触发二极管，同时双向触发二极管两端的电压会下降（低于 U_{B1}）。

同样地，当触发二极管两端加反向电压时，在两端电压低于 U_{B2} 电压时也不能导通，只有两端的正向电压达到 U_{B2} 时才能导通，导通后的双向触发二极管两端的电压会下降（低于 U_{B2}）。

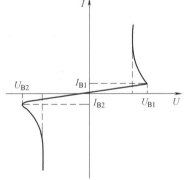

图 3-19 双向触发二极管的特性曲线

从图中还可以看出，**双向触发二极管正、反向特性相同，具有对称性，故双向触发二极管极性没有正、负之分。**

双向触发二极管的触发电压较高，30V 左右最为常见，双向触发二极管的触发电压一般有 20~60V、100~150V 和 200~250V 三个等级。

3.2.7 双基极二极管及电路

双基极二极管又称单结晶体管，内部只有一个 PN 结，它有三个引脚，分别为发射极

E、基极 B1 和基极 B2。

1. 外形、符号与结构

双基极二极管的外形、符号、结构和等效图如图 3-20 所示。

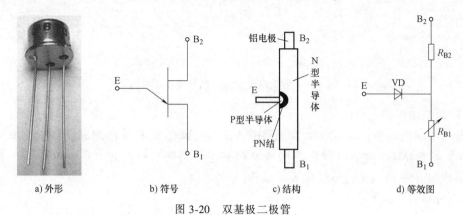

图 3-20　双基极二极管

　　双基极二极管的制作过程：在一块高阻率的 N 型半导体基片的两端各引出一个铝电极，如图 3-20c 所示，分别称作第一基极 B_1 和第二基极 B_2，然后在 N 型半导体基片一侧埋入 P 型半导体，在两种半导体的结合部位就形成了一个 PN 结，再在 P 型半导体端引出一个电极，称为发射极 E。

　　双基极二极管的等效图如图 3-20d 所示。双基极二极管 B_1、B_2 极之间为高阻率的 N 型半导体，故两极之间的电阻 R_{BB} 较大（4~12kΩ），以 PN 结为中心，将 N 型半导体分作两部分，PN 结与 B_1 极之间的电阻用 R_{B1} 表示，PN 结与 B_2 极之间的电阻用 R_{B2} 表示，$R_{BB} = R_{B1} + R_{B2}$，E 极与 N 型半导体之间的 PN 结可等效为一个二极管，用 VD 表示。

2. 用电路说明双基极二极管的工作原理

　　为了分析双基极二极管的工作原理，在发射极 E 和第一基极 B_1 之间加 U_E 电压，在第二基极 B_2 和第一基极 B_1 之间加 U_{BB} 电压，具体如图 3-21a 所示。下面分几种情况来分析双基极二极管的工作原理。

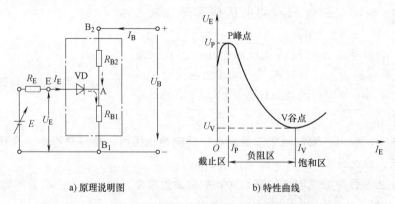

图 3-21　双基极二极管工作原理说明电路及特性曲线

　　1）当 $U_E = 0$ 时，双基极二极管内部的 PN 结截止，由于 B_2、B_1 之间加有 U_{BB} 电压，有 I_B 电流流过 R_{B2} 和 R_{B1}，这两个等效电阻上都有电压，分别是 U_{RB2} 和 U_{RB1}，从图中可以不难看出，U_{RB1} 与 U_{BB} 之比等于 R_{B1} 与 $(R_{B1}+R_{B2})$ 之比，即

$$\frac{U_{RB1}}{U_{BB}}=\frac{R_{B1}}{R_{B1}+R_{B2}}$$

$$U_{RB1}=U_{BB}\frac{R_{B1}}{R_{B1}+R_{B2}}$$

式中 $\dfrac{R_{B1}}{R_{B1}+R_{B2}}$ 称为双基极二极管的分压系数（或称分压比），常用 η 表示，不同的双基极二极管的 η 有所不同，η 通常为 0.3~0.9。

2）当 $0<U_E<U_{VD}+U_{RB1}$ 时，由于 U_E 小于 PN 结的导通电压 U_{VD} 与 R_{B1} 上的电压 U_{RB1} 之和，所以仍无法使 PN 结导通。

3）当 $U_E=U_{VD}+U_{RB1}=U_P$ 时，PN 结导通，有 I_E 电流流过 R_{B1}，由于 R_{B1} 呈负阻性，流过 R_{B1} 的电流增大，其阻值减小，R_{B1} 的阻值减小，R_{B1} 上的电压 U_{RB1} 也减小。根据 $U_E=U_{VD}+U_{RB1}$ 可知，U_{RB1} 减小会使 U_E 也减小（PN 结导通后，其 U_{VD} 基本不变）。

I_E 的增大使 R_{B1} 变小，而 R_{B1} 变小又会使 I_E 进一步增大，这样就会形成正反馈，其过程如下：

$$I_E\uparrow\rightarrow R_{B1}\downarrow$$

正反馈使 I_E 越来越大，R_{B1} 越来越小，U_E 电压也越来越低，该过程如图 3-21b 中的 P 点至 V 点曲线所示。当 I_E 增大到一定值时，R_{B1} 阻值开始增大，R_{B1} 又呈正阻性，U_E 电压开始缓慢回升，其变化如图 3-21b 曲线中的 V 点右方曲线所示。若此时 $U_E<U_V$，双基极二极管又会进入截止状态。

综上所述，双基极二极管具有以下特点：

1）当发射极 U_E 电压小于峰值电压 U_P（也即小于 $U_{VD}+U_{RB1}$）时，双基极二极管 E、B_1 极之间不能导通。

2）当发射极 U_E 电压等于峰值电压 U_P 时，双基极二极管 E、B_1 极之间导通，两极之间的电阻变得很小，U_E 马上由峰值电压 U_P 下降至谷值电压 U_V。

3）双基极二极管导通后，若 $U_E<U_V$，双基极二极管会由导通状态进入截止状态。

4）双基极二极管内部等效电阻 R_{B1} 的阻值随 I_E 变化而变化的，而 R_{B2} 阻值则与 I_E 电流无关。

5）不同的双基极二极管具有不同的 U_P、U_V 值，对于同一个双基极二极管，其 U_{BB} 电压变化，其 U_P、U_V 值也会发生变化。

3. 双基极二极管的应用电路

图 3-22 是由双基极二极管（单结晶管）构成的振荡电路及信号波形。该电路主要由双基极二极管、电容和一些电阻等元件构成，当合上电源开关 S 后，电路工作，在电容 C 上会形成图 3-22b 所示的锯齿波电压 U_E，而在双基极二极管的第一基极 B_1 会输出触发脉冲 U_o。

电路的工作过程说明如下：

1）在 $t_0\sim t_1$ 期间。在 t_0 时刻合上电源开关 S，20V 的电源通过电位器 RP 对电容 C 充电，充电使电容上的电压逐渐上升，E 点电压也逐渐升高，在 t_1 时刻，E 点电压上升到 U_P

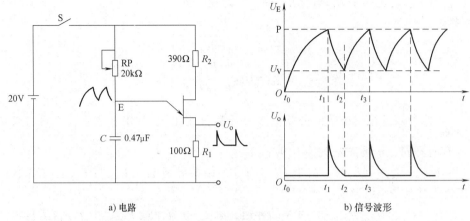

a) 电路	b) 信号波形

图 3-22　由双基极二极管构成的振荡电路及信号波形

值，双基极二极管导通，有较大的电流从双基极二极管 E 极流入，B_1 极流出，并流经 R_1，R_1 上有很高的电压，U_o 端输出脉冲的尖峰。

2）在 $t_1 \sim t_2$ 期间。t_1 时刻双基极二极管导通后，电容 C 开始通过双基极二极管的 E、B_1 极、R_1 放电，放电使电容 C 上的电压慢慢减小，随着电容放电的进行，放电电流逐渐减小，流过 R_1 的电流减小，R_1 上的电压也不断减小，输出电压 U_o 也不断下降。在 t_2 时刻，电容上的电压下降到 U_V 值，双基极二极管截止，C 无法再放电，此时 U_o 端电压很低。

3）在 $t_2 \sim t_3$ 期间。t_2 时刻双基极二极管截止后，20V 的电源又通过开关 S、电阻 R 对电容 C 充电，充电使电容上的电压又开始上升，E 点电压也升高，在 t_3 时刻，E 点电压又上升到 U_P，双基极二极管又开始导通，U_o 端又输出脉冲的尖峰。

以后不断重复上述过程，从而在 E 点形成图示的锯齿波电压，在 U_o 端输出图示的触发脉冲电压。

在图 3-22a 中，改变 RP 的阻值和 C 的容量，可以改变触发脉冲的频率和相位，如将 RP 的阻值增大，那么电源通过 RP 对电容 C 充电电流小，C 上的电压升到 U_P 值所需的时间会延长，即 $t_0 \sim t_1$ 时间会延长（$t_2 \sim t_3$ 同样会延长），$t_1 \sim t_2$ 基本不变（因为增大 R 的值不会影响 C 的放电），电容 C 上得到的锯齿波电压的周期延长，其频率会降低，振荡电路输出触发脉冲会后移，同时频率也会降低。

3.2.8　瞬态电压抑制二极管及电路

1. 外形与图形符号

瞬态电压抑制二极管又称瞬态抑制二极管，简称 TVS，是一种二极管形式的高效能保护器件，当它两极间的电压超过一定值时，能以极快的速度导通，吸收高达几百到几千瓦的浪涌功率，将两极间的电压固定在一个预定值上，从而有效地保护电子电路中的精密元器件。常见的瞬态电压抑制二极管实物外形如图 3-23a 所示。**瞬态电压抑制二极管有单向型和双向型之分**，其图形符号如图 3-23b 所示。

2. 单向和双向瞬态电压抑制二极管的应用电路

单向瞬态电压抑制二极管用来抑制单向瞬间高压，如图 3-24a 所示。当大幅度正脉冲的尖峰来时，单向 TVS 反向导通，正脉冲被钳位在固定值上，在大幅度负脉冲来时，若 B 点

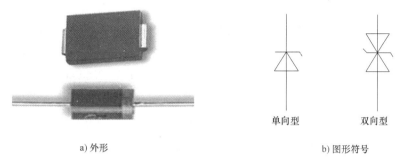

a) 外形
　　　　　　　b) 图形符号

图 3-23　瞬态电压抑制二极管

电压低于-0.7V，单向 TVS 正向导通，B 点电压被钳位在-0.7V。

双向瞬态电压抑制二极管可抑制双向瞬间高压，如图 3-24b 所示，当大幅度正脉冲的尖峰来时，双向 TVS 导通，正脉冲被钳位在固定值上，当大幅度负脉冲的尖峰来时，双向 TVS 导通，负脉冲被钳位在固定值上。在实际电路中，双向瞬态电压抑制二极管更为常用，如无特别说明，瞬态电压抑制二极管均是双向的。

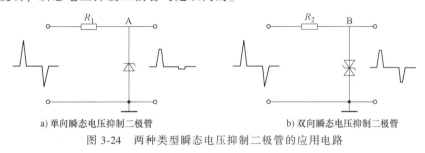

a) 单向瞬态电压抑制二极管　　　　　　　b) 双向瞬态电压抑制二极管

图 3-24　两种类型瞬态电压抑制二极管的应用电路

3.3　晶体管及电路

晶体管是一种电子电路中应用最广泛的半导体元器件，它有放大、饱和和截止三种状态，因此不但可在电路中用来放大，还可当作电子开关使用。

3.3.1　外形与符号

晶体管又称三极管，是一种具有放大功能的半导体器件。图 3-25a 是一些常见的晶体管实物外形，晶体管的电路符号如图 3-25b 所示。

3.3.2　结构

晶体管有 PNP 型和 NPN 型两种。PNP 型晶体管的构成如图 3-26 所示。

将两个 P 型半导体和一个 N 型半导体按图 3-26a 所示的方式结合在一起，两个 P 型半导体中的正电荷会向中间的 N 型半导体中移动，N 型半导体中的负电荷会向两个 P 型半导体移动，结果在 P、N 型半导体的交界处形成 PN 结，如图 3-26b 所示。

在两个 P 型半导体和一个 N 型半导体上通过连接导体各引出一个电极，然后封装起来就构成了晶体管。晶体管三个电极分别称为集电极（用 c 或 C 表示）、基极（用 b 或 B 表示）和发射极（用 e 或 E 表示）。PNP 型晶体管的电路符号如图 3-26c 所示。

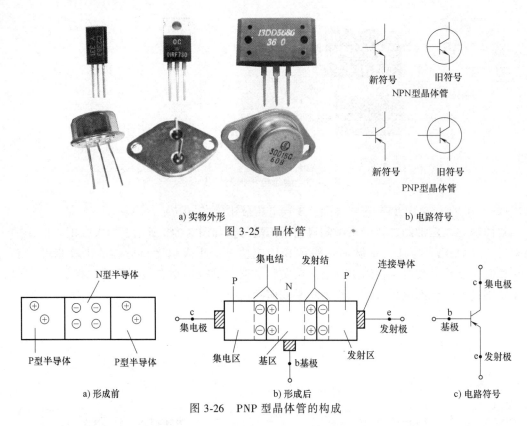

a) 实物外形   b) 电路符号

图 3-25　晶体管

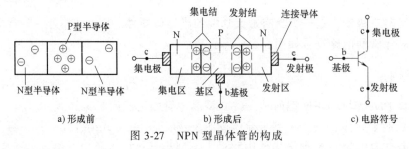

a) 形成前   b) 形成后   c) 电路符号

图 3-26　PNP 型晶体管的构成

晶体管内部有两个 PN 结，其中基极和发射极之间的 PN 结称为发射结，基极与集电极之间的 PN 结称为集电结。两个 PN 结将晶体管内部分作三个区，与发射极相连的区称为发射区，与基极相连的区称为基区，与集电极相连的区称为集电区。发射区的半导体掺入杂质多，故有大量的电荷，便于发射电荷；集电区掺入的杂质少且面积大，便于收集发射区送来的电荷；基区处于两者之间，发射区流向集电区的电荷要经过基区，故基区可以控制发射区流向集电区电荷的数量，基区就像设在发射区与集电区之间的关卡。

NPN 型晶体管的构成与 PNP 型晶体管类似，是由两个 N 型半导体和一个 P 型半导体构成的，如图 3-27 所示。

a) 形成前   b) 形成后   c) 电路符号

图 3-27　NPN 型晶体管的构成

3.3.3　主要参数

（1）电流放大倍数

晶体管的电流放大倍数有直流电流放大倍数和交流电流放大倍数。**晶体管集电极电流 I_c**

与基极电流 I_b 的比值称为晶体管的直流电流放大倍数（用 $\bar{\beta}$ 或 h_{FE} 表示），即

$$\bar{\beta} = \frac{集电极电流(I_c)}{基极电流(I_b)}$$

晶体管集电极电流变化量 ΔI_c 与基极电流变化量 ΔI_b 的比值称为交流电流放大倍数（用 β 或 h_{fe} 表示），即

$$\beta = \frac{集电极电流变化量 \Delta I_c}{基极电流变化量 \Delta I_b}$$

上面两个电流放大倍数的含义虽然不同，但两者近似相等，故在以后应用时一般不加区分。晶体管的 β 值过小，电流放大作用小，β 值过大，晶体管的稳定性会变差，在实际使用时，一般选用 β 为 40~80 的晶体管较为合适。

（2）穿透电流 I_{CEO}

穿透电流又称集电极–发射极反向电流，它是指在基极开路时，给集电极与发射极之间加一定的电压，由集电极流往发射极的电流。穿透电流的大小受温度的影响较大，晶体管的穿透电流越小，热稳定性越好，通常锗管的穿透电流较硅管的要大些。

（3）集电极最大允许电流 I_{CM}

当晶体管的集电极电流 I_C 在一定的范围内变化时，其 β 值基本保持不变，但当 I_C 增大到某一值时，β 值会下降。**使电流放大倍数 β 明显减小（约减小到 $2/3\beta$）的 I_C 称为集电极最大允许电流。**晶体管用作放大时，I_C 电流不能超过 I_{CM}。

（4）击穿电压 $U_{BR(CEO)}$

击穿电压 $U_{BR(CEO)}$ 是指基极开路时，允许加在集-射极之间的最高电压。在使用时，若晶体管集-射极之间的电压 $U_{CE} > U_{BR(CEO)}$，集电极电流 I_C 将急剧增大，这种现象称为击穿。击穿的晶体管属于永久损坏，故选用晶体管时要注意其反向击穿电压不能低于电路的电源电压。一般晶体管的反向击穿电压应是电源电压的两倍。

（5）集电极最大允许功耗 P_{CM}

晶体管在工作时，集电极电流流过集电结时会产生热量，从而使晶体管温度升高。**在规定的散热条件下，集电极电流 I_c 在流过晶体管集电极时允许消耗的最大功率称为集电极最大允许功耗 P_{CM}。**当晶体管的实际功耗超过 P_{CM} 时，温度会上升而烧坏晶体管。晶体管散热良好时的 P_{CM} 较正常时要大。

集电极最大允许功耗 P_{CM} 可用下面公式计算：

$$P_{CM} = I_C U_{CE}$$

晶体管的 I_C 过大或 U_{CE} 电压过高，都会导致功耗过大而超出 P_{CM}。晶体管手册上列出的 P_{CM} 值是在常温下（即 25℃时）测得的。硅晶体管的集电结上限温度为 150℃ 左右，锗晶体管为 70℃ 左右，使用时应注意不要超过此值，否则管子将损坏。

（6）特征频率 f_T

在工作时，晶体管的放大倍数 β 会随着信号的频率升高而减小。**使晶体管的放大倍数 β 下降到 1 的频率称为晶体管的特征频率。**当信号频率 f 等于 f_T 时，晶体管对该信号将失去电流放大功能，信号频率大于 f_T 时，晶体管将不能正常工作。

3.3.4 用电路说明晶体管的电流、电压规律

单独晶体管是无法正常工作的，在电路中需要为晶体管各极提供电压，让它内部有电流

流过，这样的晶体管才具有放大能力。为晶体管各极提供电压的电路称为偏置电路。

1. PNP 型晶体管的电流、电压规律

图 3-28a 为 PNP 型晶体管的偏置电路，从图 3-28b 可以清楚看出晶体管内部电流情况。

（1）电流关系

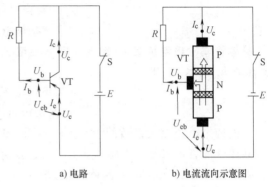

a) 电路   b) 电流流向示意图

图 3-28   PNP 型晶体管的偏置电路

在图 3-28 电路中，当闭合开关 S 后，电源输出的电流马上流过晶体管，晶体管导通。**流经发射极的电流称为 I_e，流经基极的电流称为 I_b，流经集电极的电流称为 I_c。**

I_e、I_b、I_c 电流的途径如下：

1）I_e 的途径：从电源的正极输出电流→电流流入晶体管 VT 的发射极→电流在晶体管内部分作两路：一路从 VT 的基极流出，此为 I_b；另一路从 VT 的集电极流出，此为 I_c。

2）I_b 的途径：VT 基极流出电流→电流流经电阻 R→开关 S→流到电源的负极。

3）I_c 的途径：VT 集电极流出的电流→经开关 S→流到电源的负极。

从图 3-28b 可以看出，流入晶体管的 I_e 在内部分成 I_b 和 I_c 电流，即发射极流入的 I_e 在内部分成 I_b 和 I_c 分别从基极和集电极流出。

不难看出，**PNP 型晶体管的电流 I_e、I_b、I_c 的关系是：$I_b+I_c=I_e$，并且 I_c 要远大于 I_b。**

（2）电压关系

在图 3-28 电路中，PNP 型晶体管 VT 的发射极直接接电源正极，集电极直接接电源的负极，基极通过电阻 R 接电源的负极。根据电路中电源正极电压最高、负极电压最低可判断出，晶体管发射极电压 U_e 最高，集电极电压 U_c 最低，基极电压 U_b 处于两者之间。

PNP 型晶体管电压 U_e、U_b、U_c 之间的关系如下：

$$U_e>U_b>U_c$$

$U_e>U_b$ 使发射区的电压较基区的电压高，两区之间的发射结（PN 结）导通，这样发射区大量的电荷才能穿过发射结到达基区。晶体管发射极与基极之间的电压（电位差）U_{eb}（$U_{eb}=U_e-U_b$）称为发射结正向电压。

$U_b>U_c$ 可以使集电区电压较基区电压低，这样才能使集电区有足够的吸引力（电压越低，对正电荷吸引力越大），将基区内大量电荷吸引穿过集电结而到达集电区。

2. NPN 型晶体管的电流、电压规律

图 3-29 为 NPN 型晶体管的偏置电路。从图中可以看出，NPN 型晶体管的集电极接电源的正极，发射极接电源的负极，基极通过电阻接电源的正极，这与 PNP 型晶体管连接正好相反。

（1）电流关系

在图 3-29 电路中，当开关 S 闭合后，电源输出的电流马上流过晶体管，晶体管导通。流经发射极的电流称为 I_e，流经基极的电流称为 I_b，流经集电极的电流称为 I_c。

I_e、I_b、I_c 电流的途径如下：

1）I_b 的途径：从电源的正极输出电流→开关 S→电阻 R→电流流入晶体管 VT 的基极→基区。

2）I_c 的途径：从电源的正极输出电流→电流流入晶体管 VT 的集电极→集电区→基区。

3）I_e 的途径：晶体管集电极和基极流入的 I_b、I_c 在基区汇合→发射区→电流从发射极输出→电源的负极。

不难看出，**NPN 型晶体管电流 I_e、I_b、I_c 的关系是：$I_b + I_c = I_e$，并且 I_c 要远大于 I_b。**

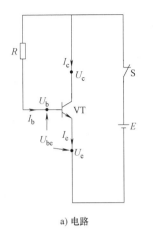
a) 电路

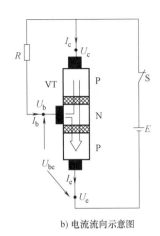
b) 电流流向示意图

图 3-29　NPN 型晶体管的偏置电路

（2）电压关系

在图 3-29 电路中，NPN 型晶体管的集电极接电源的正极，发射极接电源的负极，基极通过电阻接电源的正极。故 **NPN 型晶体管电压 U_e、U_b、U_c 之间的关系如下：**

$$U_e < U_b < U_c$$

$U_c > U_b$ 可以使基区电压较集电区电压低，这样基区才能将集电区的电荷吸引穿过集电结而到达基区。

$U_b > U_e$ 可以使发射区的电压较基极的电压低，两区之间的发射结（PN 结）导通，基区的电荷才能穿过发射结到达发射区。

NPN 型晶体管基极与发射极之间的电压 U_{be}（$U_{be} = U_b - U_e$）称为发射结正向电压。

3.3.5　用电路说明晶体管的放大原理

晶体管在电路中主要起放大作用，下面以图 3-30 所示的电路来说明晶体管的放大原理。

1. 放大原理

给晶体管的三个极接上三个毫安表 mA_1、mA_2 和 mA_3，分别用来测量 I_e、I_b、I_c 的大小。RP 电位器用来调节 I_b 的大小，如 RP 滑动端下移时阻值变小，RP 对晶体管基极流出的 I_b 电流阻碍减小，I_b 增大。当调节 RP 改变 I_b 大小时，I_c、I_e 也会变化，表 3-1 列出了调节 RP 时毫安表测得的三组数据。

从表 3-1 可以看出：

1）不论哪组测量数据都遵循 $I_b + I_c = I_e$。

2）当 I_b 电流变化时，I_c 也会变化，并且 I_b 有微小的变化，I_c 会有很大的变化。如 I_b 由 0.01 增大到 0.018mA，变化量为 0.008（0.018−0.01），I_c 则由 0.49 变化到 0.982，变化量为 0.492mA（0.982−0.49），I_c 电流变化量是 I_b 变化量的 62 倍（0.492/0.008≈62）。

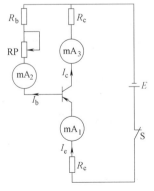
图 3-30　晶体管的放大原理说明图

表 3-1　三组 I_e、I_b、I_c 的电流数据

	第一组	第二组	第三组
基极电流（I_b）/mA	0.01	0.018	0.028
集电极电流（I_c）/mA	0.49	0.982	1.972
发射极电流（I_e）/mA	0.5	1	2

　　也就是说，当晶体管的基极电流 I_b 有微小的变化时，集电极电流 I_c 会有很大的变化，I_c 的变化量是 I_b 变化量的很多倍，这就是晶体管的放大原理。

　　2. 放大倍数

　　不同的晶体管，其放大能力是不同的，为了衡量晶体管放大能力的大小，需要用到一个重要参数，即放大倍数。晶体管的放大倍数可分为直流放大倍数和交流放大倍数。

　　三极管集电极电流 I_c 与基极电流 I_b 的比值称为晶体管的直流放大倍数（用 $\overline{\beta}$ 或 h_{FE} 表示），即

$$\overline{\beta} = \frac{\text{集电极电流 } I_c}{\text{基极电流 } I_b}$$

　　例如在表 3-1 中，当 $I_b = 0.018\text{mA}$ 时，$I_c = 0.982\text{mA}$，晶体管直流放大倍数为

$$\overline{\beta} = \frac{0.982}{0.018} = 55$$

　　使用万用表可测量晶体管的放大倍数，测得放大倍数实际上是晶体管直流放大倍数。

　　晶体管集电极电流变化量 ΔI_c 与基极电流变化量 ΔI_b 的比值称为交流放大倍数（用 β 或 h_{fe} 表示），即

$$\beta = \frac{\text{集电极电流变化量 } \Delta I_c}{\text{基极电流变化量 } \Delta I_b}$$

　　以表 3-1 的第一、二组数据为例，有

$$\beta = \frac{\Delta I_c}{\Delta I_b} = \frac{0.982 - 0.49}{0.018 - 0.01} = \frac{0.492}{0.008} = 62$$

　　测量晶体管交流放大倍数至少需要知道两组数据，这样比较麻烦，而测量直流放大倍数比较简单（只要测一组数据即可），又因为直流放大倍数与交流放大倍数相近，所以通常只用万用表测量直流放大倍数来判断晶体管放大能力的大小。

3.3.6　用电路说明晶体管的放大、截止和饱和状态

　　晶体管的状态有三种：截止、放大和饱和。下面通过图 3-31 所示的电路来说明晶体管的三种状态。

　　1. 三种状态下的电流特点

　　当开关 S 处于断开状态时，晶体管 VT 的基极供电切断，无 I_b 流入，晶体管内部无法导通，I_c 无法流入晶体管，晶体管发射极也就没有 I_e 电流流出。

　　晶体管中无 I_b、I_c、I_e 流过的状态（即 I_b、I_c、I_e 都为 0）称为截止状态。

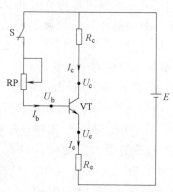

图 3-31　晶体管的三种状态说明图

当开关 S 闭合后，晶体管 VT 的基极有 I_b 流入，晶体管内部导通，I_c 从集电极流入晶体管，在内部 I_b、I_c 汇合后形成 I_e 从发射极流出。此时调节电位器 RP，I_b 变化，I_c 也会随之变化，例如当 RP 滑动端下移时，其阻值减小，I_b 增大，I_c 也增大，两者满足 $I_c = \beta I_b$ 的关系。

晶体管有 I_b、I_c、I_e 流过且满足 $I_c = \beta I_b$ 的状态称为放大状态。

当开关 S 处于闭合状态时，如果将电位器 RP 的阻值不断调小，晶体管 VT 的基极电流 I_b 就会不断增大，I_c 电流也随之不断增大，当 I_b、I_c 增大到一定程度时，I_b 再增大，I_c 不会随之再增大，而是保持不变，此时 $I_c < \beta I_b$。

晶体管有很大的 I_b、I_c、I_e 流过且满足 $I_c < \beta I_b$ 的状态称为饱和状态。

综上所述，当晶体管处于截止状态时，无 I_b、I_c、I_e 流过；当晶体管处于放大状态时，有 I_b、I_c、I_e 流过，并且 I_b 变化时 I_c 也会变化（即 I_b 可以控制 I_c），晶体管具有放大功能；当晶体管处于饱和状态时，有很大的 I_b、I_c、I_e 通过，I_b 变化时 I_c 不会变化（即 I_b 无法控制 I_c）。

2. 三种状态下 PN 结的特点和各极电压关系

晶体管内部有集电结和发射结，在不同状态下这两个 PN 结的特点是不同的。由于 PN 结的结构与二极管相同，在分析时为了方便，可将晶体管的两个 PN 结画成二极管的符号。图 3-32 为 NPN 型和 PNP 型晶体管的 PN 结示意图。

当晶体管处于不同状态时，集电结和发射结也有相对应的特点。**不论是 NPN 型还是 PNP 型晶体管，在三种状态下的发射结和集电结特点如下：**

1）处于放大状态时，发射结正偏导通，集电结反偏。

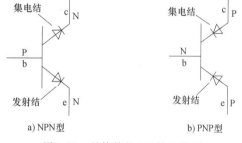

图 3-32 晶体管的 PN 结示意图

2）处于饱和状态时，发射结正偏导通，集电结也正偏。

3）处于截止状态时，发射结反偏或正偏但不导通，集电结反偏。

正偏是指 PN 结的 P 端电压高于 N 端电压，正偏导通除了要满足 PN 结的 P 端电压大于 N 端电压外，还要求电压要大于门电压（0.2~0.3V 或 0.5~0.7V），这样才能让 PN 结导通。反偏是指 PN 结的 N 端电压高于 P 端电压。

不管哪种类型的晶体管，只要记住晶体管某种状态下两个 PN 结的特点，就可以很容易推断出晶体管在该状态下的电压关系，反之，也可以根据晶体管各极电压关系推断出该晶体管处于什么状态。

例如在图 3-33a 电路中，NPN 型晶体管 VT 的 $U_c = 4V$、$U_b = 2.5V$、$U_e = 1.8V$，其中 $U_b - U_e = 0.7V$ 使发射结正偏导通，$U_c > U_b$ 使集电结反偏，该晶体管处于放大状态。

在图 3-33b 电路中，NPN 型晶体管 VT 的 $U_c = 4.7V$、$U_b = 5V$、$U_e = 4.3V$，$U_b - U_e = 0.7V$ 使发射结正偏导通，$U_b > U_c$ 使集电结正偏，晶体管处于饱和状态。

在图 3-33c 电路中，PNP 型晶体管 VT 的 $U_c = 6V$、$U_b = 6V$、$U_e = 0V$，$U_e - U_b = 0V$ 使发射结零偏不导通，$U_b > U_c$ 集电结反偏，晶体管处于截止状态。从该电路的电流情况也可以判断出晶体管是截止的，假设 VT 可以导通，从电源正极输出的 I_e 经 R_e 从发射极流入，在内部分成 I_b、I_c 电流，I_b 从基极流出后就无法继续流动（不能通过 RP 返回到电源的正极，因为电流只能从高电位流往低电位），所以 VT 的 I_b 实际上是不存在的，无 I_b，也就无 I_c，故 VT 处于截止状态。

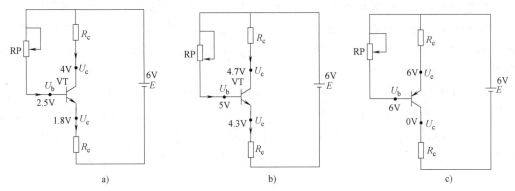

图 3-33　根据 PN 结的情况推断晶体管的状态

晶体管三种状态的各种特点见表 3-2。

表 3-2　晶体管三种状态的特点

项目	放大	饱和	截止
电流关系	I_b、I_c、I_e 大小正常，且 $I_c=\beta I_b$	I_b、I_c、I_e 很大，且 $I_c<\beta I_b$	I_b、I_c、I_e 都为 0
PN 结特点	发射结正偏导通，集电结反偏	发射结正偏导通，集电结正偏	发射结反偏或正偏不导通，集电结反偏
电压关系	对于 NPN 型晶体管，$U_c>U_b>U_e$ 对于 PNP 型晶体管，$U_e>U_b>U_c$	对于 NPN 型晶体管 $U_b>U_c>U_e$，对于 PNP 型晶体管，$U_c>U_b$	对于 NPN 型晶体管，$U_c>U_b$，$U_b<U_e$ 或 U_{be} 小于门电压 对于 PNP 型晶体管，$U_c<U_b$，$U_b>U_e$ 或 U_{eb} 小于门电压

3. 三种状态的应用电路

晶体管可以工作在三种状态，处于不同状态时可以实现不同的功能。**当晶体管处于放大状态时，可以对信号进行放大；当晶体管处于饱和与截止状态时，可以当成电子开关使用。**

（1）放大状态的应用电路

在图 3-34a 所示电路中，电阻 R_1 的阻值很大，流进晶体管基极的电流 I_b 较小，从集电极流入的 I_c 也不是很大，I_b 变化时 I_c 也会随之变化，故晶体管处于放大状态。

当闭合开关 S 后，有 I_b 通过 R_1 流入晶体管 VT 的基极，马上有 I_c 流入 VT 的集电极，从 VT 的发射极流出 I_e，晶体管有正常大小的 I_b、I_c、I_e 流过，处于放大状态。这时如果将一个微弱的交流信号经 C_1 送到晶体管的基极，晶体管就会对它进行放大，然后从集电极输出幅度大的信号，该信号经 C_2 送往后级电路。

需要注意的是，当交流信号从基极输入，经晶体管放大后从集电极输出时，晶体管除了对信号放大外，还会对信号进行倒相再从集电极输出。若交流信号从基极输入、从发射极输出，晶体管对信号会进行放大但不会倒相，如图 3-34b 所示。

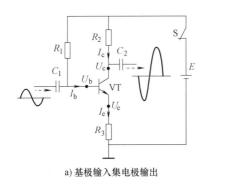
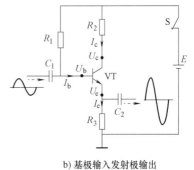

a) 基极输入集电极输出　　　　　　　　　　b) 基极输入发射极输出

图 3-34　晶体管放大状态的应用电路

（2）饱和与截止状态的应用电路

晶体管饱和与截止状态的应用电路如图 3-35 所示。

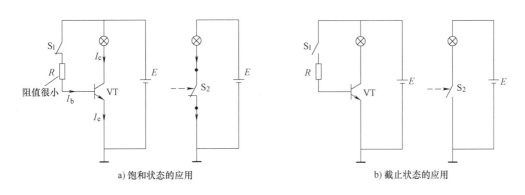

a) 饱和状态的应用　　　　　　　　　　　　b) 截止状态的应用

图 3-35　晶体管饱和与截止状态的应用电路

在图 3-35a 中，当闭合开关 S_1 后，有 I_b 经 S_1、R 流入晶体管 VT 的基极，马上有 I_c 流入 VT 的集电极，然后从发射极输出 I_e，由于 R 的阻值很小，故 VT 基极电压很高，I_b 很大，I_c 也很大，并且 $I_c < \beta I_b$，晶体管处于饱和状态。晶体管进入饱和状态后，从集电极流入、发射极流出的电流很大，晶体管集射极之间就相当于一个闭合的开关。

在图 3-35b 中，当开关 S_1 断开后，晶体管基极无电压，基极无 I_b 流入，集电极无 I_c 流入，发射极也就没有 I_e 流出，晶体管处于截止状态。晶体管进入截止状态后，集电极电流无法流入、发射极无电流流出，晶体管集电极和发射极之间就相当于一个断开的开关。

晶体管处于饱和与截止状态时，集电极和发射极之间分别相当于开关闭合与断开，由于晶体管具有这种性质，故在电路中可以当作电子开关（依靠电压来控制通断），当晶体管基极加较高的电压时，集射极之间通，当基极不加电压时，集射极之间断。

3.3.7　带阻晶体管

带阻晶体管是指基极和发射极接有电阻并封装为一体的晶体管。带阻晶体管常用在电路中作为电子开关。带阻晶体管外形和符号如图 3-36 所示。

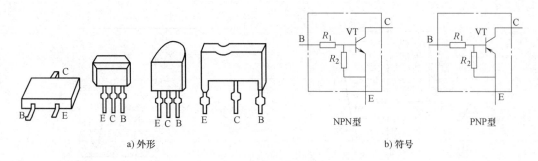

a) 外形   NPN型   PNP型   b) 符号

图 3-36   带阻晶体管

3.3.8 带阻尼晶体管

带阻尼晶体管是指在集电极和发射极之间接有二极管并封装为一体的晶体管。带阻尼晶体管功率很大，常用在彩电和计算机显示器的扫描输出电路中。带阻尼晶体管外形和符号如图 3-37 所示。

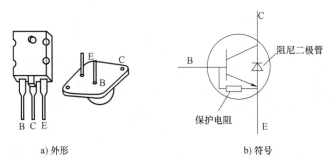

a) 外形   b) 符号

图 3-37   带阻尼晶体管

3.3.9 达林顿晶体管

1. 外形与符号

达林顿晶体管又称复合晶体管，它是由两只或两只以上晶体管组成并封装为一体的晶体管。达林顿晶体管外形如图 3-38a 所示，图 3-38b 是两种常见的达林顿晶体管电路符号。

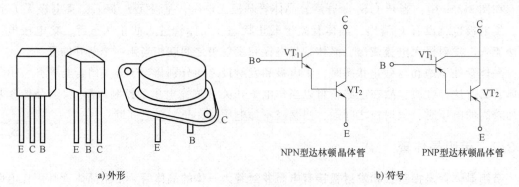

a) 外形   NPN型达林顿晶体管   PNP型达林顿晶体管   b) 符号

图 3-38   达林顿晶体管

2. 用电路说明达林顿晶体管的工作原理

与普通晶体管一样，达林顿晶体管也需要给各极提供电压，让各极有电流流过，才能正常工作。达林顿晶体管具有放大倍数高、热稳定性好和简化放大电路等优点。图 3-39 是一种典型的达林顿晶体管偏置电路。

接通电源后，达林顿晶体管 C、B、E 极得到供电，内部的 VT_1、VT_2 均导通，VT_1 的电流 I_{b1}、I_{c1}、I_{e1} 和 VT_2 的电流 I_{b2}、I_{c2}、I_{e2} 途径见图中箭头所示。达林顿晶体管的放大倍数 β 与 VT_1、VT_2 的放大倍数 β_1、β_2 有如下的关系：

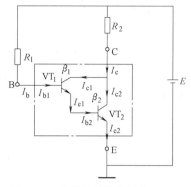

图 3-39 达林顿晶体管的偏置电路

$$\beta = \frac{I_c}{I_b} = \frac{I_{c1}+I_{c2}}{I_{b1}} = \frac{\beta_1 I_{b1}+\beta_2 I_{b2}}{I_{b1}}$$
$$= \frac{\beta_1 I_{b1}+\beta_2 I_{e1}}{I_{b1}}$$
$$= \frac{\beta_1 I_{b1}+\beta_2(I_{b1}+\beta_1 I_{b1})}{I_{b1}}$$
$$= \frac{\beta_1 I_{b1}+\beta_2 I_{b1}+\beta_2 \beta_1 I_{b1}}{I_{b1}}$$
$$= \beta_1 + \beta_2 + \beta_2 \beta_1$$
$$\approx \beta_2 \beta_1$$

即达林顿三极管的放大倍数为

$$\beta = \beta_1 \cdot \beta_2 \cdot \cdots \cdot \beta_n$$

3.4 晶闸管及电路

3.4.1 单向晶闸管及电路

1. 外形与符号

单向晶闸管又称单向可控硅（SCR），它有三个电极，分别是阳极（A）、阴极（K）和门极（G）。图 3-40a 是一些常见的单向晶闸管的实物外形，图 3-40b 为单向晶闸管的电路符号。

a) 实物外形　　　　　　　　　　　b) 电路符号

图 3-40 单向晶闸管

2. 用电路说明单向晶闸管的工作原理

（1）结构

单向晶闸管的内部结构和等效图如图 3-41 所示。单向晶闸管有三个极：A 极（阳极）、G 极（门极）和 K 极（阴极）。单向晶闸管内部结构如图 3-41a 所示，它相当于 PNP 型晶体管和 NPN 型晶体管以图 3-41b 所示的方式连接而成。

（2）工作原理

下面以图 3-42 所示的电路来说明单向晶闸管的工作原理。

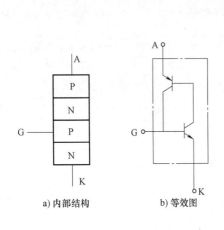

图 3-41　单向晶闸管的内部结构与等效图

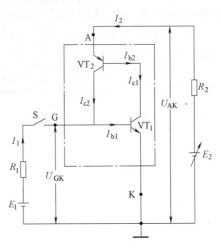

图 3-42　单向晶闸管的工作原理说明电路

电源 E_2 通过 R_2 为晶闸管 A、K 极提供正向电压 U_{AK}，电源 E_1 经电阻 R_1 和开关 S 为晶闸管 G、K 极提供正向电压 U_{GK}，当开关 S 处于断开状态时，VT_1 无 I_{b1} 而无法导通，VT_2 也无法导通，晶闸管处于截止状态，I_2 电流为 0。

如果将开关 S 闭合，电源 E_1 马上通过 R_1、S 为 VT_1 提供 I_{b1}，VT_1 导通，VT_2 也导通（VT_2 的 I_{b2} 经过 VT_1 的 c、e 极），VT_2 导通后，它的 I_{c2} 与 E_1 提供的电流汇合形成更大的 I_{b1} 流经 VT_1 的发射结，VT_1 导通更深，I_{c1} 更大，VT_2 的 I_{b2} 也增大（VT_2 的 I_{b2} 与 VT_1 的 I_{c1} 相等），I_{c2} 增大，这样会形成强烈的正反馈。其过程为

$$I_{b1} \uparrow \rightarrow I_{c1} \uparrow \rightarrow I_{b2} \uparrow \rightarrow I_{c2} \uparrow$$

正反馈使 VT_1、VT_2 都进入饱和状态，I_{b2}、I_{c2} 都很大，I_{b2}、I_{c2} 都由 VT_2 的发射极流入，也即晶闸管 A 极流入，I_{b2}、I_{c2} 在内部流经 VT_1、VT_2 后从 K 极输出。很大的电流从晶闸管 A 极流入，然后从 K 极流出，相当于晶闸管导通。

晶闸管导通后，若断开开关 S，I_{b2}、I_{c2} 电流继续存在，晶闸管继续导通。这时如果慢慢调低电源 E_2 的电压，流入晶闸管 A 极的电流（即图中的电流 I_2）也慢慢减小，当电源电压调到很低时（接近 0V），流入 A 极的电流接近 0，晶闸管进入截止状态。

综上所述，晶闸管有以下性质：

1）**无论 A、K 极之间加什么电压，只要 G、K 极之间没有加正向电压，晶闸管就无法导通。**

2）**只有 A、K 极之间加正向电压，并且 G、K 极之间也加一定的正向电压，晶闸管才**

能导通。

3）晶闸管导通后，撤掉 G、K 极之间的正向电压后晶闸管仍继续导通。要让导通的晶闸管截止，可采用两种方法：一种是让流入晶闸管 A 极的电流减小到某一值 I_H（维持电流），晶闸管会截止；另一种是让 A、K 极之间的正向电压 U_{AK} 减小到 0 或为反向电压，也可以使晶闸管由导通转为截止。

单向晶闸管导通和关断（截止）条件见表 3-3。

表 3-3　单向晶闸管导通和关断条件

状态	条件	说明
从关断到导通	1. 阳极电位高于阴极电位 2. 控制极有足够的正向电压和电流	两者缺一不可
维持导通	1. 阳极电位高于阴极电位 2. 阳极电流大于维持电流	两者缺一不可
从导通到关断	1. 阳极电位低于阴极电位 2. 阳极电流小于维持电流	任一条件即可

3. 单向晶闸管的应用电路

（1）由单向晶闸管构成的可控整流电路

图 3-43 是由单向晶闸管构成的单相可控整流电路。

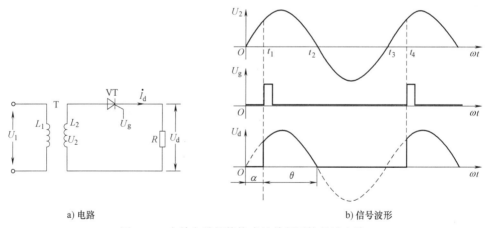

a) 电路　　　　　　　　　　　b) 信号波形

图 3-43　由单向晶闸管构成的单相可控整流电路

单相交流电压 U_1 经变压器 T 降压后，在二次绕组 L_2 上得到 U_2 电压，该电压送到晶闸管 VT 的 A 极，在晶闸管的 G 极加有 U_g 触发信号（由触发电路产生）。电路工作过程说明如下：

在 $0 \sim t_1$ 期间，U_2 电压的极性是上正下负，上正电压送到晶闸管的 A 极，由于无触发信号到晶闸管的 G 极，晶闸管不导通。

在 $t_1 \sim t_2$ 期间，U_2 电压的极性仍是上正下负，t_1 时刻有一个正触发脉冲送到晶闸管的 G 极，晶闸管导通，有电流经晶闸管流过负载 R。

在 t_2 时刻，U_2 电压为 0，晶闸管由导通转为截止（称作过零关断）。

在 $t_2 \sim t_3$ 期间，U_2 电压的极性变为上负下正，晶闸管仍处于截止。

在 $t_3 \sim t_4$ 时刻，U_2 电压的极性变为上正下负，因无触发信号送到晶闸管的 G 极，晶闸管不导通。

在 t_4 时刻，第二个正触发脉冲送到晶闸管的 G 极，晶闸管又导通。以后电路会重复 $0 \sim t_4$ 期间的工作过程。

从晶闸管单相半波整流电路工作过程可知，**触发信号能控制晶闸管的导通，在 θ 角度范围内晶闸管是导通的，故 θ 称为导通角**（$0° \leqslant \theta \leqslant 180°$ 或 $0 \leqslant \theta \leqslant \pi$），**而在 α 角度范围内晶闸管是不导通的，$\alpha = \pi - \theta$，α 称为控制角。控制角 α 越大，导通角 θ 越小，晶闸管导通时间越短，在负载上得到的直流电压越低。**控制角 α 的大小与触发信号出现时间有关。

单相半波可控整流电路输出电压的平均值 U_L 可用下面公式计算：

$$U_L = 0.45 U_2 \frac{(1+\cos\alpha)}{2}$$

（2）由单向晶闸管构成的交流开关

晶闸管不但有通断状态，而且还有可控性，这与开关性质相似，利用该性质可将晶闸管与一些元器件结合起来制成晶闸管开关。与普通开关相比，**晶闸管开关具有动作迅速、无触点、寿命长、没有电弧和噪声等优点**，近年来，晶闸管开关逐渐得到广泛应用。

图 3-44 是由单向晶闸管构成的交流开关电路。图中点画线框内的电路相当于一个开关，3、4 端接交流电压和负载，交流开关的通断受 1、2 端的控制电压控制（该电压来自控制电路）。

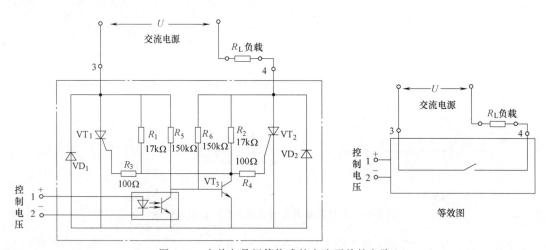

图 3-44　由单向晶闸管构成的交流开关的电路

当 1、2 端无控制电压时，光耦合器内部的发光二极管不发光，内部的光电晶体管也不导通，晶体管 VT_3 因基极电压高而饱和导通，VT_3 导通后集电极电压接近 0V，晶闸管 VT_1、VT_2 的 G 极无触发电压均截止。这时 3、4 端处于开路状态，相当于开关断开。

当 1、2 端有控制电压时，光耦合器内部的发光二极管发光，内部的光电晶体管导通，晶体管 VT_3 的基极电压被旁路，VT_3 截止，集电极电压很高，该较高的触发电压送到晶闸管 VT_1、VT_2 的 G 极。VT_1、VT_2 导通分下面两种情况：

1）若交流电压 U 的极性是左正右负，该电压对 VT_1 来说是正向电压（$U+$ 对应 VT_1 的

A 极），对 VT_2 来说是反向电压（$U-$对应 VT_2 的 A 极），VT_1、VT_2 虽然 G 极都有触发电压，但只有 VT_1 导通。VT_1 导通后，有电流流过负载 R_L，电流途径是：U 左正→VT_1→VD_2→R_L→U 右负。

2）若交流电压 U 的极性是左负右正，该电压对 VT_1 来说是负向电压，对 VT_2 来说是正向电压，在触发电压的作用下，只有 VT_2 导通。VT_2 导通后，有电流流过负载 R_L，电流途径是：U 右正→R_L→VT_2→VD_1→U 右负。

也就是说，当 1、2 端无控制电压时，3、4 端之间处于断开状态，电流无法通过，当 1、2 端加有控制电压时，3、4 端之间处于接通状态，电流可以通过 3、4 端。

（3）由单向晶闸管构成的交流调压电路

图 3-45 是由单向晶闸管与单结晶管（双基极二极管）构成的交流调压电路。

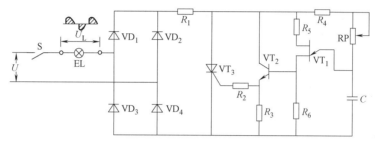

图 3-45　由单向晶闸管构成的交流调压电路

电路工作过程说明如下：

在合上电源开关 S 后，交流电压 U 通过 S、灯 EL 加到桥式整流电路输入端。当交流电压为正半周时，U 电压的极性是上正下负，VD_1、VD_4 导通，有较小的电流对电容 C 充电，电流途径是：U 上正→EL→VD_1→R_1→R_4→RP→C→VD_4→U 下负；当交流电压为负半周时，电压 U 的极性是上负下正，VD_2、VD_3 导通，有较小的电流对电容 C 充电，电流途径是：U 下正→VD_2→R_1→R_4→RP→C→VD_3→EL→U 上负。交流电压 U 经整流电路对 C 充得上正下负电压，随着充电的进行，C 上的电压逐渐上升，当电压达到单结晶管 VT_1 的峰值电压时，VT_1 的 E 极与 B_1 极之间马上导通，C 通过 VT_1 的 EB_1 极、R_6 和 VT_2 的发射结、R_3 放电，放电电流使 VT_2 的发射结导通，VT_2 的集-射极之间也导通，VT_2 发射极电压 u_{e2} 升高，U_{e2} 电压经 R_2 加到晶闸管 VT_3 的 G 极，VT_3 导通。VT_3 导通后，有大电流经整流电路和晶闸管 VT_3 流过灯 EL，在交流电压 U 过零时，流过 VT_3 的电流为 0，VT_3 自动关断。

从上面的分析可知，只有晶闸管导通时才有大电流流过负载，晶闸管导通时间越长，负载上的有效电压值 U_L 越大，也就是说，只要改变晶闸管的导通时间，就可以调节负载上交流电压有效值的大小。调节电位器 RP 可以改变晶闸管的导通时间，例如 RP 滑动端上移，RP 阻值变大，对 C 充电电流减小，C 上电压升高到 VT_1 的峰值电压所需时间延长，晶闸管 VT_3 截止时间会维持较长的时间，即晶闸管截止时间长，导通时间相对会缩短，负载上交流电压有效值会减小。

图 3-45 电路中的灯 EL 两端为交流可调电压，如果将 EL 与晶闸管 VT_3 直接串联在一起（接在 VT_3 的 A 极或 K 极），EL 两端得到的将会是直流可调电压。

3.4.2　门极关断晶闸管及电路

门极关断（GTO）晶闸管是晶闸管的一种派生器件，它除了具有普通晶闸管触发导通

功能外，还可以通过在 G、K 极之间加反向电压将晶闸管关断。

1. 外形、结构与符号

门极可关断（GTO）晶闸管如图 3-46 所示。从图中可以看出，GTO 与普通的晶闸管（SCR）结构相似，但为了实现关断功能，GTO 的两个等效晶体管的放大倍数较 SCR 的小，制造工艺上也有所改进。

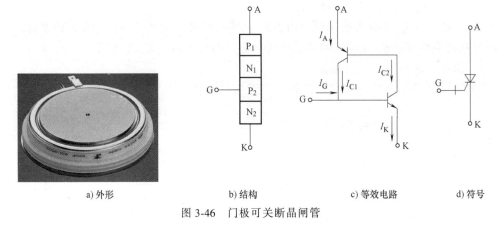

a) 外形　　　　　　b) 结构　　　　　　c) 等效电路　　　　d) 符号

图 3-46　门极可关断晶闸管

2. 用电路说明门极关断晶闸管的工作原理

门极关断晶闸管工作原理说明如图 3-47 所示。

电源 E_3 通过 R_3 为 GTO 的 A、K 极之间提供正向电压 U_{AK}，电源 E_1、E_2 通过开关 S 为 GTO 的 G 极提供正压或负压。当开关 S 置于"1"时，电源 E_1 为 GTO 的 G 极提供正压（$U_{GK}>0$），GTO 导通，有电流从 A 极流入，从 K 极流出；当开关 S 置于"2"时，电源 E_2 为 GTO 的 G 极提供负压（$U_{GK}<0$），GTO 马上关断，电流无法从 A 极流入。

普通晶闸管（SCR）和 GTO 共同点是给 G 极加正电压后都会触发导通，撤去 G 极电压会继续处于导通；不同点在于 SCR 的 G 极加负电压时仍会导通，而 GTO 的 G 极加负电压时会关断。

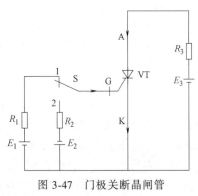

图 3-47　门极关断晶闸管
工作原理说明电路

3. 应用电路

门极关断晶闸管主要用于高电压、大功率的直流交换电路（斩波电路）和逆变电路中。GTO 导通需要开通信号，截止需要关断信号，图 3-48 是一种典型的门极关断晶闸管驱动电路。

（1）开通控制

要让 GTO 导通，可将开通信号送到晶体管 VT_1 的基极，VT_1 导通，有电流流过变压器 T_1 的一次绕组 L_{11}，L_{11} 产生上负下正电动势，T_1 二次绕组 L_{12} 感应出上负下正的电动势（标小圆点的同名端电压极性相同），该电动势使二极管 VD_2 导通，有电流流过电阻 R_3，电流途径是 L_{12} 下正 $\rightarrow VD_2 \rightarrow R_4 \rightarrow R_3 \rightarrow L_{12}$ 上负，该电流从右往左流过 R_3，R_3 上得到左负右正电压，该电压即为 GTO 的 U_{GK} 电压，其对 G、K 极而言是一个正向电压，故 GTO 导通。

（2）关断控制

要让 GTO 截止，可将关断信号送到晶体管 VT_2 的基极，VT_2 导通，有电流流过变压器 T_2 的一次绕组 L_{21}，L_{21} 产生上负下正电动势，T_2 二次绕组 L_{22} 感应出上正下负的电动势（标小圆点的同名端电压极性相同），该电动势经 R_6 加到单向晶闸管 SCR 的 G、K 极，为 SCR 提供一个正向 U_{GK} 电压，

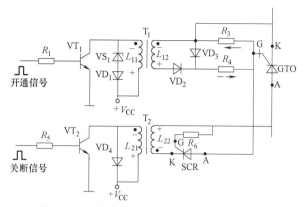

图 3-48 一种典型的门极关断晶闸管驱动电路

SCR 触发导通，马上有电流流过 GTO、SCR，电流途径是 L_{22} 上正→GTO 的 A、K 极→VD_3→R_4→SCR 的 A、K 极→L_{22} 的下负，此电流从左往右流过 R_4，R_4 上得到左正右负电压，该电压与 VD_3 两端电压（电压极性是上正下负，约为 0.7V）叠加后即为 GTO 的 U_{GK} 电压，该电压对 G、K 极而言是一个反向电压，故 GTO 关断。

VS_1、VD_1 为阻尼吸收电路，开通信号去除后，晶体管 VT_1 由导通转为截止，流过 L_{11} 的电流突然减小（变为 0），L_{11} 马上产生上正下负的反电动势（又称反峰电压），该电动势很高，容易击穿 VT_1，在 L_{11} 两端并联 VS_1 和 VD_1 后，反电动势先击穿稳压二极管 VS_1（VS_1 击穿导通后，电压下降又会恢复截止），同时 VD_1 也导通，反电动势迅速被消耗而下降，不会击穿晶体管 VT_1。VD_4 的功能与 VS_1、VD_1 相同，用于保护晶体管 VT_2 不被 L_{21} 产生的反电动势击穿。

3.4.3 双向晶闸管及电路

1. 符号与结构

双向晶闸管符号与结构如图 3-49 所示，**双向晶闸管有三个电极：主电极 T_1、主电极 T_2 和控制极 G。**

2. 用电路说明双向晶闸管的工作原理

单向晶闸管只能单向导通，而双向晶闸管可以双向导通。下面以图 3-50a 来说明说明双向晶闸管的工作原理。

1）当 T_2、T_1 极之间加正向电压（即 $U_{T2}>U_{T1}$）时，如图 3-50a 所示。

在这种情况下，若 G 极无电压，则 T_2、T_1 极之间不导通；若在 G、T_1 极之间加正向电压（即 $U_G>U_{T1}$），T_2、T_1 极之间马上导通，电流由 T_2 极流入，从 T_1 极流出，此时撤去 G 极电压，T_2、T_1 极之间仍处于导通状态。

也就是说，**当 $U_{T2}>U_G>U_{T1}$ 时，双向晶闸管导通，电流由 T_2 极流向 T_1 极，撤去 G 极电压后，晶闸管继续处于导通状态。**

2）当 T_2、T_1 极之间加反向电压（即 $U_{T2}<U_{T1}$）时，如图 3-50b 所示。

在这种情况下，若 G 极无电压，则 T_2、T_1 极之间不导通；若在 G、T_1 极之间加反向电压（即 $U_G<U_{T1}$），T_2、T_1 极之间马上导通，电流由 T_1 极流入，从 T_2 极流出，此时撤去 G

极电压，T_2、T_1 极之间仍处于导通状态。

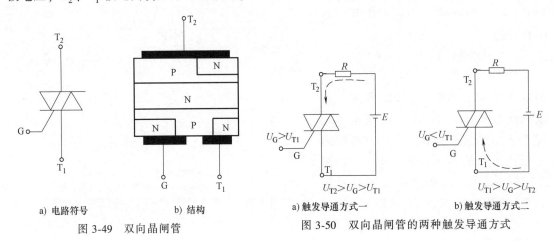

| a) 电路符号 | b) 结构 | a) 触发导通方式一 | b) 触发导通方式二 |

图 3-49　双向晶闸管　　　　　　　图 3-50　双向晶闸管的两种触发导通方式

也就是说，当 $U_{T1}>U_G>U_{T2}$ 时，双向晶闸管导通，电流由 T_1 极流向 T_2 极，撤去 G 极电压后，晶闸管继续处于导通。

双向晶闸管导通后，撤去 G 极电压，会继续处于导通状态，在这种情况下，要使双向晶闸管由导通进入截止，可采用以下任意一种方法：

① 让流过主电极 T_1、T_2 的电流减小至维持电流以下。

② 让主电极 T_1、T_2 之间电压为 0 或改变两极间电压的极性。

3. 应用电路

图 3-51 是一种由双向晶闸管和双向触发二极管构成的交流调压电路。

电路工作过程说明如下：

当交流电压 U 正半周来时，U 的极性是上正下负，该电压经负载 R_L、电位器 RP 对电容 C 充得上正下负的电压，随着充电的进行，当 C 的上正下负电压达到一定值时，该电压使双向二极管 VD 导通，电容 C 的正电压经 VD 送到 VT 的 G 极，VT 的 G 极电压较主极 T_1 的电压高，VT 被正向触发，两主极 T_2、T_1 之间随之导通，有电流流过负载 R_L。在交流电压 U 过零时，流过晶闸管 VT 的电流为 0，VT 由导通转入截止。

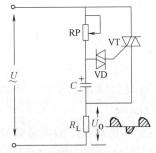

图 3-51　由双向二极管和双向晶闸管构成的交流调压电路

当交流电压 U 负半周来时，U 的极性是上负下正，该电压对电容 C 反向充电，先将上正下负的电压中和，然后再充得上负下正电压，随着充电的进行，当 C 的上负下正电压达到一定值时，该电压使双向二极管 VD 导通，上负电压经 VD 送到 VT 的 G 极，VT 的 G 极电压较主极 T_1 电压低，VT 被反向触发，两主极 T_1、T_2 之间随之导通，有电流流过负载 R_L。在交流电压 U 过零时，VT 由导通转入截止。

从上面的分析可知，只有在双向晶闸管导通期间，交流电压才能加到负载两端，双向晶闸管导通时间越短，负载两端得到的交流电压有效值越小，而调节电位器 RP 的值可以改变双向晶闸管导通时间，进而改变负载上的电压。例如 RP 滑动端下移，RP 阻值变小，交流电压 U 经 RP 对电容 C 充电，C 上的电压很快上升到使双向二极管导通的电压值，晶闸管导通提前，导通时间长，负载上得到的交流电压有效值高。

3.5 场效应晶体管及电路

3.5.1 结型场效应晶体管及电路

场效应晶体管与晶体管一样具有放大能力，晶体管是电流控制型元器件，而场效应晶体管是电压控制型器件。场效应晶体管主要有结型场效应晶体管和绝缘栅型场应晶体管，它们除了可参与构成放大电路外，还可当作电子开关使用。

1. 外形与符号

结型场效应晶体管外形与符号如图 3-52 所示。

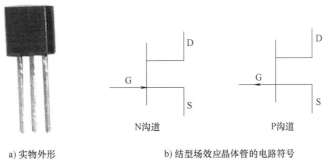

a) 实物外形　　　　b) 结型场效应晶体管的电路符号

图 3-52　场效应晶体管

2. 结构

与晶体管一样，结型场效应晶体管也是由 P 型半导体和 N 型半导体组成，晶体管有 PNP 型和 NPN 型两种，场效应晶体管则分 P 沟道和 N 沟道两种。两种沟道的结型场效应晶体管的结构如图 3-53 所示。

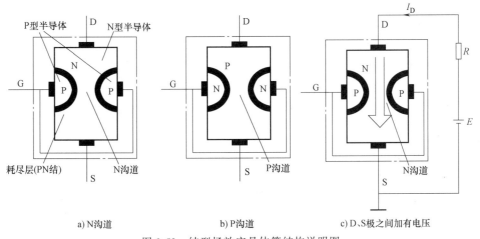

a) N沟道　　　　b) P沟道　　　　c) D、S极之间加有电压

图 3-53　结型场效应晶体管结构说明图

图 3-53a 为 N 沟道结型场效应晶体管的结构图。从图中可以看出，场效应晶体管内部有两块 P 型半导体，它们通过导线内部相连，再引出一个电极，该电极称栅极 G，两块 P 型半导体以外的部分均为 N 型半导体，在 P 型半导体与 N 型半导体交界处形成两个耗尽层（即 PN 结），耗尽层中间区域为沟道，由于沟道由 N 型半导体构成，所以称为 N 沟道，漏极 D 与源极 S 分别接在沟道两端。

图 3-53b 为 P 沟道结型场效应晶体管的结构图。P 沟道场效应晶体管内部有两块 N 型半导体，栅极 G 与它们连接，两块 N 型半导体与邻近的 P 型半导体在交界处形成两个耗尽层，耗尽层中间区域为 P 沟道。

如果在 N 沟道场效应晶体管 D、S 极之间施加电压，如图 3-53c 所示，电源正极输出的电流就会由场效应晶体管 D 极流入，在内部通过沟道从 S 极流出，回到电源的负极。场效应晶体管中流过电流的大小与沟道的宽窄有关，沟道越宽，能通过的电流越大。

3. 用电路说明结型场效应晶体管的工作原理

结型场效应晶体管在电路中主要用作放大信号电压。下面通过图 3-54 所示电路来说明结型场效应晶体管的工作原理。

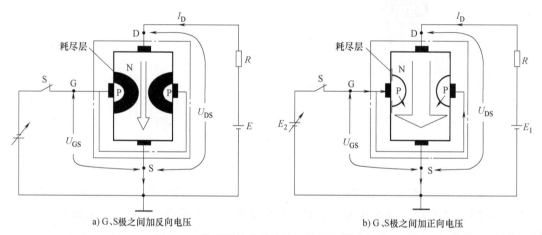

a) G、S极之间加反向电压   b) G、S极之间加正向电压

图 3-54   结型场效应晶体管工作原理说明电路

在图 3-54 点画线框内为 N 沟道结型场效应晶体管结构图。当在 D、S 极之间加上正向电压 U_{DS}，会有电流从 D 极流向 S 极，若再在 G、S 极之间加上反向电压 U_{GS}（P 型半导体接低电位，N 型半导体接高电位），场效应晶体管内部的两个耗尽层变厚，沟道变窄，由 D 极流向 S 极的电流 I_D 就会变小，反向电压越高，沟道越窄，I_D 越小。

由此可见，改变 G、S 极之间的电压 U_{GS}，就能改变从 D 极流向 S 极的电流 I_D 的大小，并且 I_D 电流变化较 U_{GS} 电压变化大得多，这就是场效应晶体管的放大原理。场效应晶体管的放大能力大小用跨导 g_m 表示，即

$$g_m = \frac{\Delta I_D}{\Delta U}$$

g_m 反映了栅源电压 U_{GS} 对漏极电流 I_D 的控制能力，是表征场效应晶体管放大能力的一个重要的参数（相当于晶体管的 β），g_m 的单位是西门子（S），也可以用 A/V 表示。

若给 N 沟道结型场效应晶体管的 G、S 极之间加正向电压，如图 3-54b 所示。场效应晶

体管内部两个耗尽层都会导通，耗尽层消失，不管如何增大 G、S 间的正向电压，沟道宽度都不变，I_D 也不变化。也就是说，当给 N 沟道结型场效应晶体管 G、S 极之间加正向电压时，无法控制 I_D 电流变化。

在正常工作时，**N 沟道结型场效应晶体管 G、S 极之间应加反向电压，即 $U_G < U_S$，$U_{GS} = U_G - U_S$ 为负电压；P 沟道结型场效应管 G、S 极之间应加正向电压，即 $U_G > U_S$，$U_{GS} = U_G - U_S$ 为正电压。**

4. 应用电路

结型场效应晶体管工作时不需要输入信号提供电流，具有很高的输入阻抗，通常用作对微弱信号进行放大。图 3-55 是两种常见的结型场效应晶体管放大电路。

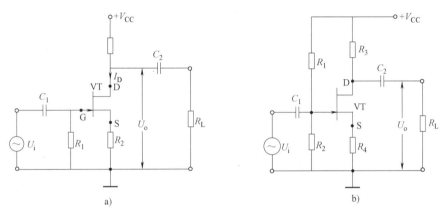

图 3-55　两种常见的结型场效应晶体管放大电路

在图 3-55a 所示电路中，结型场效应晶体管 VT 的 G 极通过 R_1 接地，G 极电压 $U_G = 0V$，而 VT 的 I_D 电流不为 0（结型场效应晶体管在 G 极不加电压时，内部就有沟道存在），I_D 电流在流过电阻 R_2 时，R_2 上有电压 U_{R2}；VT 的 S 极电压 U_S 不为 0，$U_S = U_{R2}$，场效应晶体管的栅源电压 $U_{GS} = U_G - U_S$ 为负压，该电压满足场效应晶体管工作需要。如果交流信号电压 U_i 经 C_1 送到 VT 的 G 极，G 极电压 U_G 会发生变化，场效应晶体管内部沟道宽度就会变化，I_D 的大小就会变化，VT 的 D 极电压有很大的变化（如 I_D 增大时，U_D 会下降），该变化的电压就是放大的交流信号电压，它通过 C_2 送到负载。

在图 3-55b 所示电路中，电源通过 R_1 为结型场效应晶体管 VT 的 G 极提供 U_G 电压，此电压较 VT 的 S 极电压 U_S 低，这里的 U_S 电压是 I_D 电流流过 R_4，在 R_4 上得到的电压，VT 的栅源电压 $U_{GS} = U_G - U_S$ 为负压，该电压能让场效应晶体管正常工作。

3.5.2　绝缘栅型场效应晶体管及电路

绝缘栅型场效应晶体管（MOSFET）简称 MOS 管，绝缘栅型场效应晶体管分为耗尽型和增强型，每种类型又分为 P 沟道和 N 沟道。

1. 增强型 MOS 管及电路

（1）外形与符号

增强型 MOS 管分为 N 沟道 MOS 管和 P 沟道 MOS 管，增强型 MOS 管外形与符号如图 3-56 所示。

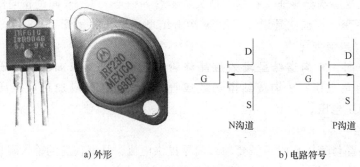

a) 外形   b) 电路符号

图 3-56　增强型 MOS 管

（2）结构

增强型 MOS 管有 N 沟道和 P 沟道之分，分别称为增强型 NMOS 管和增强型 PMOS 管，其结构与工作原理基本相似，在实际中增强型 NMOS 管更为常用。增强型 NMOS 管的结构与等效符号如图 3-57 所示。

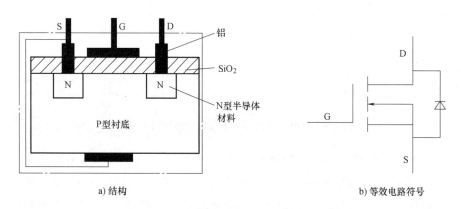

a) 结构   b) 等效电路符号

图 3-57　N 沟道增强型绝缘栅场效应晶体管

增强型 NMOS 场效应晶体管是以 P 型硅片作为基片（又称衬底），在基片上制作两个含很多杂质的 N 型材料，再在上面制作一层很薄的二氧化硅（SiO_2）绝缘层，在两个 N 型材料上引出两个铝电极，分别称为漏极（D）和源极（S），在两极中间的二氧化硅绝缘层上制作一层铝制导电层，从该导电层上引出电极称为 G 极。**P 型衬底与 D 极连接的 N 型半导体会形成二极管结构（称为寄生二极管）**，由于 P 型衬底通常与 S 极连接在一起，所以增强型 NMOS 管又可用图 3-57b 所示的符号表示。

（3）用电路说明增强型 NMOS 场效应晶体管的工作原理

增强型 NMOS 场效应晶体管需要加合适的电压才能工作。加有电压的增强型 NMOS 场效应晶体管如图 3-58 所示。

如图 3-58a 所示，电源 E_1 通过 R_1 接场效应晶体管 D、S 极，电源 E_2 通过开关 S 接场效应晶体管的 G、S 极。在开关 S 断开时，场效应管的 G 极无电压，D、S 极所接的两个 N 区之间没有导电沟道，所以两个 N 区之间不能导通，I_D 为 0；如果将开关 S 闭合，场效应晶体管的 G 极获得正电压，与 G 极连接的铝电极有正电荷，它产生的电场穿过 SiO_2 层，将 P 衬底很多电子吸引靠近 SiO_2 层，从而在两个 N 区之间出现导电沟道，由于此时 D、S 极之间

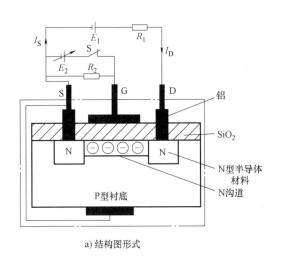

a) 结构图形式

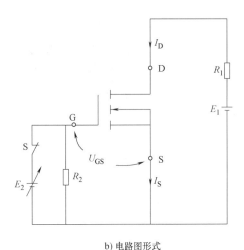

b) 电路图形式

图 3-58　加有电压的增强型 NMOS 场效应晶体管

加上正向电压，就有 I_D 从 D 极流入，再经导电沟道从 S 极流出。

如果改变 E_2 电压的大小，也即是改变 G、S 极之间的电压 U_{GS}，与 G 极相通的铝层产生的电场大小就会变化，SiO_2 下面的电子数量就会变化，两个 N 区之间沟道宽度就会变化，流过的 I_D 大小就会变化。U_{GS} 电压越高，沟道就会越宽，I_D 就会越大。

增强型绝缘栅场效应晶体管的特点有：在 G、S 极之间未加电压（即 $U_{GS}=0$）时，D、S 极之间没有沟道，$I_D=0$；当 G、S 极之间加上合适电压（大于开启电压 U_T）时，D、S 极之间有沟道形成，U_{GS} 电压变化时，沟道宽窄会发生变化，I_D 也会变化。

对于 N 沟道增强型绝缘栅场效应晶体管，G、S 极之间应加正电压（即 $U_G>U_S$，$U_{GS}=U_G-U_S$ 为正压），D、S 极之间才会形成沟道；对于 P 沟道增强型绝缘栅场效应晶体管，G、S 极之间须加负电压（即 $U_G<U_S$，$U_{GS}=U_G-U_S$ 为负压），D、S 极之间才有沟道形成。

（4）应用电路

图 3-59 是 N 沟道增强型 MOS 管放大电路。在电路中，电源通过 R_1 为 MOS 管 VT 的 G 极提供 U_G，此电压较 VT 的 S 极电压 U_S 高，VT 的栅源电压 $U_{GS}=U_G-U_S$ 为正压，该电压能让场效应晶体管正常工作。

如果交流信号通过 C_1 加到 VT 的 G 极，U_G 会发生变化，VT 内部沟道宽窄也会变化，I_D 的大小会有很大的变化，电阻 R_3 上的电压 U_{R3}（$U_{R3}=I_D R_3$）有很大的变化，VT 的 D 极电压 U_D 也有很大的变化（$U_D=V_{CC}-U_{R3}$，U_{R3} 变化，U_D 就会变化），该变化很大的电压即为放大的信号电压，它通过 C_2 送到负载。

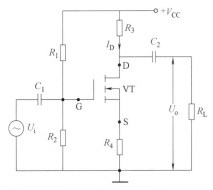

图 3-59　N 沟道增强型 MOS 管放大电路

2. 耗尽型 MOS 管及电路

（1）外形与符号

耗尽型 MOS 管也有 N 沟道和 P 沟道之分。耗尽型 MOS 管的外形与符号如图 3-60 所示。

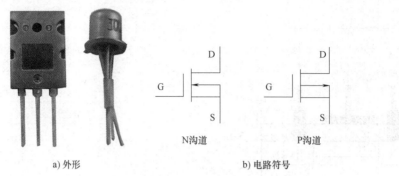

a) 外形   b) 电路符号

图 3-60　耗尽型 MOS 管

（2）结构与原理

P 沟道和 N 沟道的耗尽型场效应晶体管工作原理基本相同，下面以 N 沟道耗尽型 MOS 管（简称耗尽型 NMOS 管）为例来说明其结构与原理。耗尽型 NMOS 管的结构与等效符号如图 3-61 所示。

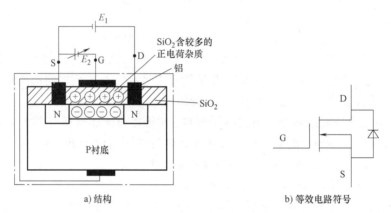

a) 结构   b) 等效电路符号

图 3-61　N 沟道耗尽型绝缘栅场效应晶体管

N 沟道耗尽型绝缘栅场效应晶体管是以 P 型硅片作为基片（又称衬底），在基片上再制作两个含很多杂质的 N 型材料，再在上面制作一层很薄的二氧化硅（SiO_2）绝缘层，在两个 N 型材料上引出两个铝电极，分别称为漏极（D）和源极（S），在两极中间的二氧化硅绝缘层上制作一层铝制导电层，从该导电层上引出电极称为 G 极。

与增强型绝缘栅场效应晶体管不同的是，在耗尽型绝缘栅场效应晶体管内的 SiO_2 中掺入大量的杂质，其中含有大量的正电荷，它将衬底中大量的电子吸引靠近 SiO_2 层，从而在两个 N 区之间出现导电沟道。

当场效应晶体管 D、S 极之间加上电源 E_1 时，由于 D、S 极所接的两个 N 区之间有导电沟道存在，所以有 I_D 流过沟道；如果再在 G、S 极之间加上电源 E_2，E_2 的正极除了接 S 极外，还与下面的 P 衬底相连，E_2 的负极则与 G 极的铝层相通，铝层负电荷电场穿过 SiO_2 层，排斥 SiO_2 层下方的电子，从而使导电沟道变窄，流过导电沟道的 I_D 减小。

如果改变 E_2 电压的大小，与 G 极相通的铝层产生的电场就会变化，SiO_2 下面的电子数量就会变化，两个 N 区之间沟道宽度就会变化，流过的 I_D 大小就会变化。例如 E_2 增大，G

极负电压更低，沟道就会变窄，I_D 就会减小。

耗尽型绝缘栅场效应晶体管的特点有：在 **G、S** 极之间未加电压（即 $U_{GS}=0$）时，**D、S 极之间就有沟道存在，I_D 不为 0**；当 **G、S** 极之间加上负电压 U_{GS} 时，如果 U_{GS} 变化，沟道宽窄会发生变化，I_D 就会变化。

在工作时，**N** 沟道耗尽型绝缘栅场效应晶体管 **G、S** 极之间应加负电压，即 $U_G < U_S$，$U_{GS}=U_G-U_S$ 为负压；**P** 沟道耗尽型绝缘栅场效应晶体管 **G、S** 极之间应加正电压，即 $U_G > U_S$，$U_{GS}=U_G-U_S$ 为正压。

3. 应用电路

图 3-62 是 N 沟道耗尽型绝缘栅场效应管放大电路。在电路中，电源通过 R_1、R_2 为场效应晶体管 VT 的 G 极提供 U_G 电压，VT 的 I_D 在流过电阻 R_5 时，在 R_5 上得到电压 U_{R5}，U_{R5} 与 S 极电压 U_S 相等，这里让 $U_S > U_G$，VT 的栅源电压 $U_{GS}=U_G-U_S$ 为负压，该电压能让场效应晶体管正常工作。

如果交流信号通过 C_1 加到 VT 的 G 极，U_G 会发生变化，VT 的导通沟道宽窄也会变化，I_D 的会有很大的变化，电阻 R_4 上的电压 U_{R4}（$U_{R4}=I_D R_4$）也有很大的变化，VT 的 D 极电压 U_D 会有很大变化，该变化的电压即为放大的交流信号电压，它经 C_2 送给负载 R_L。

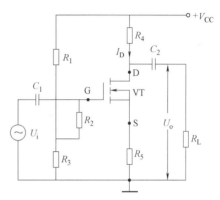

图 3-62　N 沟道耗尽型绝缘栅场效应晶体管放大电路

3.6　绝缘栅双极型晶体管及电路

绝缘栅双极型晶体管是一种由场效应晶体管和晶体管组合成的复合元件，简称为 **IGBT** 或 **IGT**，它综合了晶体管和 MOS 管的优点，有很好的特性，因此广泛应用在各种中小功率的电力电子设备中。

3.6.1　外形、结构与符号

IGBT 的外形、结构及等效图和符号如图 3-63 所示。从等效图可以看出，**IGBT** 相当于**一个 PNP 型晶体管和增强型 NMOS 管组合而成**。IGBT 有三个极：C 极（集电极）、G 极（栅极）和 E 极（发射极）。

3.6.2　用电路说明 IGBT 的工作原理

图 3-63 中的 IGBT 是由 PNP 型晶体管和 N 沟道 MOS 管组合而成，这种 IGBT 称为 N-IG-BT，用图 3-63d 符号表示，相应的还有 P 沟道 IGBT，称为 P-IGBT，将图 3-63d 符号中的箭头改为由 E 极指向 G 极即为 P-IGBT 的电路符号。

由于电力电子设备中主要采用 N-IGBT，下面以图 3-64 所示电路来说明 N-IGBT 工作原理。

电源 E_2 通过开关 S 为 IGBT 提供 U_{GE}，电源 E_1 经 R_1 为 IGBT 提供 U_{CE}。当开关 S 闭合

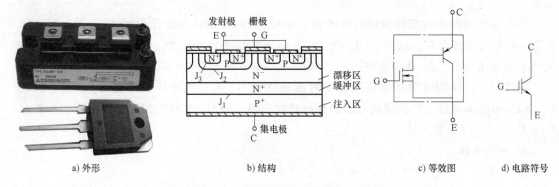

| a) 外形 | b) 结构 | c) 等效图 | d) 电路符号 |

图 3-63　绝缘栅双极型晶体管 IGBT

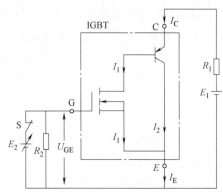

时，IGBT 的 G、E 极之间获得电压 U_{GE}，只要 U_{GE} 电压大于开启电压（$2\sim6V$），IGBT 内部的 NMOS 管就有导电沟道形成，MOS 管 D、S 极之间导通，为晶体管 I_b 电流提供通路，晶体管导通，有电流 I_C 从 IGBT 的 C 极流入，经晶体管发射极后分成 I_1 和 I_2 两路电流，I_1 流经 MOS 管的 D、S 极，I_2 从晶体管的集电极流出，I_1、I_2 汇合成 I_E 从 IGBT 的 E 极流出，即 IGBT 处于导通状态。当开关 S 断开后，U_{GE} 为 0，MOS 管导电沟道夹断（消失），I_1、I_2 都为 0，I_C、I_E 也为 0，即 IGBT 处于截止状态。

图 3-64　N-IGBT 工作原理说明电路

　　调节电源 E_2 可以改变 U_{GE} 的大小，IGBT 内部的 MOS 管的导电沟道宽度会随之变化，I_1 大小会发生变化，由于 I_1 实际上是晶体管的 I_b，I_1 细小的变化会引起 I_2（I_2 为晶体管的 I_c）的急剧变化。例如当 U_{GE} 增大时，MOS 管的导通沟道变宽，I_1 增大，I_2 也增大，即 IGBT 的 C 极流入、E 极流出的电流增大。

3.6.3　应用电路

　　IGBT 在电路中多工作在开关状态（导通截止状态），工作时需要脉冲信号驱动。图 3-65 是一种典型的 IGBT 驱动电路。

　　开关电源工作时，在开关变压器 T_1 的一次绕组 L_1 上有电动势产生，该电动势感应到二次绕组 L_2。当 L_2 电动势为上正下负时，会经 VD_1 对 C_1、C_2 充电，在 C_1、C_2 两端充得总电压约为 22.5V，稳压二极管 VS_1 的稳压值为 7.5V，VS_1 两端电压维持 7.5V 不变（超过该值 VS_1 会反向击穿导通），电阻 R 两端电压则为 15V，a、b、c 点电压关系为 $U_a>U_b>U_c$，如果将 b 点电位当作 0V，那么 a 点电压为 +15V，c 点电压为 -7.5V。

　　在电路工作时，CPU 产生的驱动脉冲送到驱动芯片内部，当脉冲高电平来时，驱动芯片内部等效开关接 "1"，a 点电压经开关送到 IGBT 的 G 极，IGBT 的 E 极固定接 b 点，IGBT 的 G、E 之间电压 $U_{GE}=+15V$，正电压 U_{GE} 使 IGBT 导通，当脉冲低电平到来时，驱动芯片内部等效开关接 "2"，c 点电压经开关送到 IGBT 的 G 极，IGBT 的 E 极固定接 b 点，故

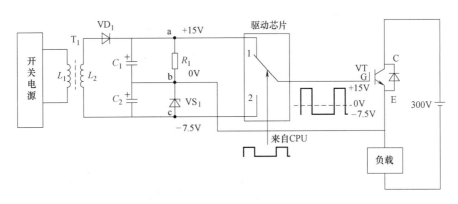

图 3-65 一种典型的 IGBT 驱动电路

IGBT 的 G、E 之间的 $U_{GE} = -7.5V$，负电压 U_{GE} 可以有效地使 IGBT 截止。

　　从理论上讲，IGBT 的 $U_{GE} = 0V$ 时就能截止，但实际上 IGBT 的 G、E 极之间存在结电容，当正驱动脉冲加到 IGBT 的 G 极时，正的 U_{GE} 会对结电容充电，正驱动脉冲过后，结电容上的电压使 G 极仍高于 E 极，IGBT 会继续导通，这时如果送负驱动脉冲到 IGBT 的 G 极，可以迅速中和结电容上的电荷而让 IGBT 由导通变为截止。

第4章

其他电子元器件及电路识图

4.1 光电器件及电路

4.1.1 发光二极管及电路

1. 外形与符号

发光二极管是一种电-光转换器件，能将电信号转换成光。图 4-1a 是一些常见的发光二极管的实物外形，图 4-1b 为发光二极管的电路符号。

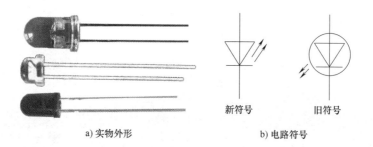

a) 实物外形   b) 电路符号

图 4-1 发光二极管

2. 用电路说明发光二极管的性质

发光二极管在电路中需要正接才能工作。下面以图 4-2 所示的电路来说明发光二极管的性质。

在图 4-2 中，可调电源 E 通过电阻 R 将电压加到发光二极管 VL 两端，电源正极对应 VL 的正极，负极对应 VL 的负极。将电源 E 的电压由 0 开始慢慢调高，发光二极管两端电压 U_{VL} 也随之升高，在电压较低时发光二极管并不导通，只有 U_{VL} 达到一定值时，VL 才导通，此时的 U_{VL} 电压称为发光二极管的导通电压。发光二极管导通后有电流流过，就开始发光，流过的电流越大，发出光越强。

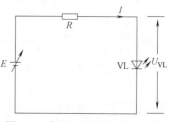

图 4-2 发光二极管的应用电路

不同颜色的发光二极管，其导通电压有所不同，红外线发光二极管最低，略高于 **1V**，红光二极管为 **1.5~2V**，黄光二极管为 **2V** 左右，绿光二极管为 **2.5~2.9V**，高亮度蓝光、白光二极管导通电压一般达到 **3V** 以上。

发光二极管正常工作时的电流较小，小功率的发光二极管工作电流一般在 **3~20mA**，若流过发光二极管的电流过大，容易被烧坏。**发光二极管的反向耐压也较低，一般在 10V 以下**。在焊接发光二极管时，应选用功率在 25W 以下的电烙铁，焊接点应离管帽 4mm 以上。焊接时间不要超过 4s，最好用镊子夹住引脚散热。

3. 两种常见的驱动电路及限流电阻的阻值计算

由于发光二极管的工作电流小、耐压低，故使用时需要连接限流电阻，图 4-3 是发光二极管的两种常用驱动电路，在采用图 4-3b 所示的晶体管驱动时，晶体管相当于一个开关（电子开关），当基极为高电平时晶体管会导通，相当于开关闭合，发光二极管有电流通过而发光。

发光二极管的限流电阻的阻值可按 $R = (U-U_F)/I_F$ 计算，U 为加到发光二极管和限流电阻两端的电压，U_F 为发光二极管的正向导通电压（1.5~3.5V，可用数字万用表二极管测量获得），I_F 为发光二极管的正向工作电流（3~20mA，一般取 10mA）。

4.1.2 双色发光二极管及电路

1. 外形与符号

双色发光二极管可以发出多种颜色的光线。双色发光二极管有两引脚和三引脚之分，常见的双色发光二极管实物外形如图 4-4a 所示，图 4-4b 为双色发光二极管的电路符号。

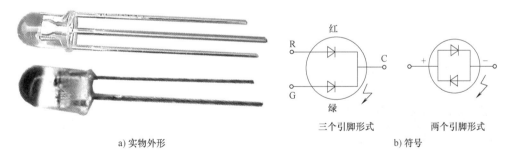

a) 直接电源驱动　　　　b) 晶体管驱动

图 4-3　发光二极管的两种常用驱动电路

a) 实物外形　　　　三个引脚形式　　两个引脚形式

b) 符号

图 4-4　双色发光二极管

2. 应用电路

双色发光二极管是将两种颜色的发光二极管制作封装在一起构成的，常见的有红绿双色发光二极管。双色发光二极管内部两个二极管的连接方式有两种：一种是共阳或共阴形式（即正极或负极连接成公共端）；另一种是正负连接形式（即一只二极管正极与另一只二极管负极连接）。共阳或共阴式双色二极管有三个引脚，正负连接式双色二极管有两个引脚。

下面以图 4-5 所示的电路来说明双色发光二极管工作原理。

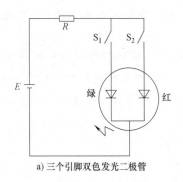

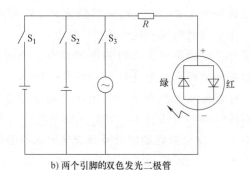

a) 三个引脚双色发光二极管　　　　　　　　b) 两个引脚的双色发光二极管

图 4-5　双色发光二极管的应用电路

图 4-5a 为三个引脚的双色发光二极管应用电路。当闭合开关 S_1 时，有电流流过双色发光二极管内部的绿色发光二极管，双色发光二极管发出绿色光；当闭合开关 S_2 时，电流通过内部红色发光二极管，双色发光二极管发出红光，若两个开关都闭合，红色、绿色发光二极管都亮，双色二极管发出的混合色光（即黄光）。

图 4-5b 为两个引脚的双色发光二极管应用电路。当闭合开关 S_1 时，有电流流过红色发光二极管，双色发光二极管发出红色光；当闭合开关 S_2 时，电流通过内部绿色发光二极管，双色发光二极管发出绿光；当闭合开关 S_3 时，由于交流电源极性周期性变化，它产生的电流交替流过红色、绿色发光二极管，两管都亮，双色二极管发出的光线呈红、绿混合色（即黄色）。

4.1.3　全彩发光二极管及电路

1. 外形与图形符号
全彩发光二极管又称全彩发光二极管，其外形和图形符号如图 4-6 所示。

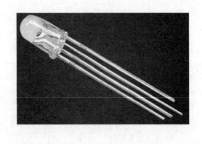

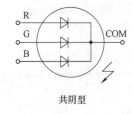
共阴型

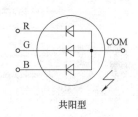
共阳型

a) 外形　　　　　　　　　　　　　　　　b) 图形符号

图 4-6　全彩发光二极管

2. 全彩发光二极管的应用电路
全彩发光二极管是将红、绿、蓝三种颜色的发光二极管制作并封装在一起构成的，在内部将三个发光二极管的负极（共阴型）或正极（共阳型）连接在一起，再接一个公共引脚。下面以图 4-7 所示的电路来说明共阴极全彩发光二极管的工作原理。

当闭合开关 S_1 时，有电流流过内部的 R 发光二极管，全彩发光二极管发出红光；当闭合开关 S_2 时，有电流流过内部的 G 发光二极管，全彩发光二极管发出绿光；若 S_1、S_3 两个开关都闭合，R、B 发光二极管都亮，三基色二极管发出混合色光（即紫光）。

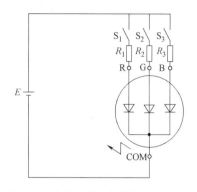

图 4-7　全彩发光二极管的应用电路

4.1.4　闪烁发光二极管及电路

1. 外形与结构

闪烁发光二极管在通电后会时亮时暗闪烁发光。图 4-8a 为常见的闪烁发光二极管，图 4-8b 为闪烁发光二极管的结构。

a) 实物外形　　　　　　　b) 结构

图 4-8　闪烁发光二极管

2. 应用电路

闪烁发光二极管是将集成电路（IC）和发光二极管制作并封装在一起。下面以图 4-9 所示的电路来说明闪烁发光二极管的工作原理。

当闭合开关 S 后，电源电压通过电阻 R 和开关 S 加到闪烁发光二极管两端，该电压提供给内部的 IC 作为电源，IC 马上开始工作，输出时高时低的电压（即脉冲信号），发光二极管时亮时暗，闪烁发光。常见的闪烁发光二极管有红、绿、橙、黄四种颜色，它们的正常工作电压为 3~5.5V。

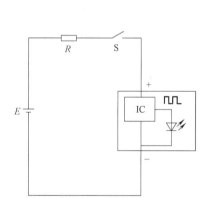

图 4-9　闪烁发光二极管应用电路

4.1.5　红外发光二极管及电路

1. 外形与图形符号

红外发光二极管通电后会发出人眼无法看见的红外光，家用电器的遥控器采用红外发光二极管发射遥控信号。红外发光二极管的外形与图形符号如图 4-10 所示。

2. 应用电路

红外发光二极管在电路中需要正接才能工作。图 4-11 是红外发光二极管的应用电路。电源 E 通过电位器将电压加到红外发光二极管 VL 两端，该电压对 VL 是正向电压，VL 有电流流过而发出红外光，电位器滑动端右移，阻值变小，VL 流过的电流增大，发出的光线更强。由于红外光是不可见光，人眼是观察不到的。

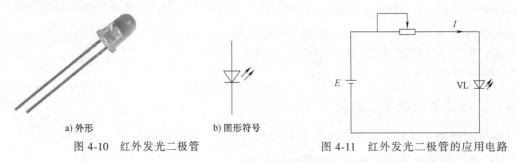

图 4-10 红外发光二极管

图 4-11 红外发光二极管的应用电路

4.1.6 激光二极管及电路

1. 外形与内部电路结构类型

影碟机的激光头就是依靠内部的激光二极管发出激光，使整机开始工作的。为了防止激光二极管发光过强而损坏，有的激光二极管内部除了有激光二极管（LD）外，还有一个用于检测激光强弱的光电二极管（PD）。常见的激光二极管外形及内部电路结构如图 4-12 所示，A、B、C 型激光二极管内部只有一个激光二极管，而 D、E、F 型激光二极管内部除了有一个激光二极管外，还有一个用作检测激光强弱的光电二极管。在使用时，应给激光二极管加限流电阻或使用供电电路，如果直接将高电压电源接到激光二极管两端，激光二极管会因电流过大而烧坏。

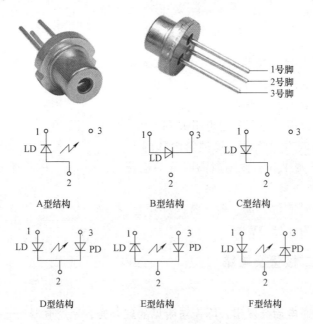

图 4-12 常见的激光二极管外形及内部电路结构类型

2. 应用电路

激光二极管的应用电路如图 4-13 所示。该激光二极管内部含用监控光电二极管。+5V 电源经供电电路降压限流后提供给激光二极管 LD，LD 发出激光，激光一部分射向内部的光

电二极管 PD，激光越强，PD 反向导通越深，PD 通
过 APC（自动功率控制）电路，控制 LD 的供电电
路，使之将提供给 LD 的电流减小，让 LD 发出的激
光变弱，从而避免激光二极管因电流过大而烧坏。

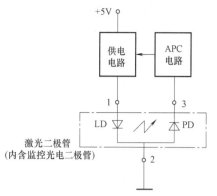

图 4-13 激光二极管的应用电路

4.1.7 光电二极管及电路

1. 外形与符号

**光电二极管是一种光-电转换器件，能将光转换
成电信号**。图 4-14a 是一些常见的光电二极管的实物
外形，图 4-14b 为光电二极管的电路符号。

a) 实物外形

b) 电路符号

图 4-14 光电二极管

2. 应用电路

光电二极管在电路中需要反向连接才能正常工作。下面以图 4-15 所示的电路来说明光
电二极管的性质。

在图 4-15 中，当无光线照射时，光电二极管 VD_1 不导
通，无电流流过发光二极管 VD_2，VD_2 不亮。如果用光线照
射 VD_1，VD_1 导通，电源输出的电流通过 VD_1 流经发光二极
管 VD_2，VD_2 亮，照射光电二极管的光线越强，光电二极管
导通程度越深，自身的电阻变得越小，经它流到发光二极管
的电流越大，发光二极管发出的光线越亮。

图 4-15 光电二极管的应用电路

4.1.8 红外接收二极管与红外接收组件

1. 红外接收二极管

红外接收二极管又称红外线光电二极管，简称红外线接
收管，能将红外光转换成电信号，为了减少可见光的干扰，常采用黑色树脂材料封装。红外
接收二极管的外形与图形符号如图 4-16 所示。

2. 红外线接收组件

红外线接收组件又称红外线接收头，广泛用在各种具有红外线遥控接收功能的电子产品
中。图 4-17 给出了三种常见的红外线接收组件。

3. 红外线接收组件的内部电路结构及原理

红外线接收组件内部由红外接收二极管和接收集成电路组成。接收集成电路内部主要由

放大、选频及解调电路组成，红外线接收组件内部电路结构如图4-18所示。

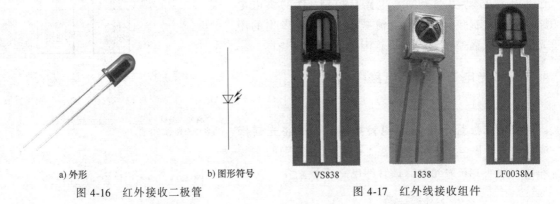

a) 外形　　　　　　b) 图形符号

图4-16　红外接收二极管

VS838　　　1838　　　LF0038M

图4-17　红外线接收组件

接收头内的红外接收二极管将遥控器发射来的红外光转换成电信号，送入接收集成电路进行放大，然后经选频电路选出特定频率的信号（频率大多为38kHz），再由解调电路从该信号中取出遥控指令信号，从OUT端输出去单片机。

4. 红外线接收组件的应用电路

图4-19是空调器按键输入和遥控接收电路。R_1、R_2、$VD_1 \sim VD_3$、$SW_1 \sim SW_6$构成按键输入电路。单片机通电工作后，会从9、10脚输出图示的扫描脉冲信号，当按下SW_2时，9脚输出的脉冲信号通过SW_2、VD_1进入11脚，单片机根据11脚有脉冲输入判断出按下了SW_2，由于单片机内部程序已对SW_2功能进行了定义，故单片机识别SW_2按下后会做出与该键对应的

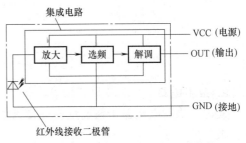

图4-18　红外线接收头内部电路结构

控制。当按下SW_1时，虽然11脚也有脉冲信号输入，但由于脉冲信号来自10脚，与9脚脉冲出现的时间不同，单片机可以区分出是SW_1被按下而不是SW_2被按下。

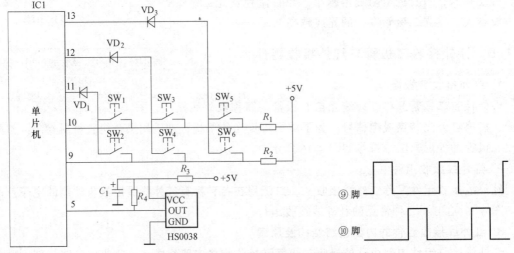

图4-19　空调器的按键输入和遥控接收电路

HS0038 是红外线接收组件，内部含有红外线接收二极管和接收电路，封装后引出三个引脚。在按压遥控器上的按键时，按键信号转换成红外线后由遥控器的红外发光二极管发出，红外线被 HS0038 内的红外接收二极管接收并转换成电信号，经内部电路处理后送入单片机，单片机根据输入信号可识别出用户操作了哪个按键，从而马上做出相应的控制。

4.1.9 光电晶体管及电路

1. 外形与符号

光电晶体管是一种对光线敏感且具有放大能力的晶体管。光电晶体管大多只有两个引脚，少数有三个引脚。图 4-20a 是一些常见的光电晶体管的实物外形，图 4-20b 为光电晶体管的电路符号。

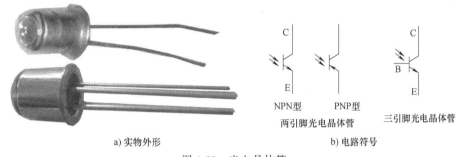

a) 实物外形

NPN型　　PNP型
两引脚光电晶体管　　三引脚光电晶体管

b) 电路符号

图 4-20　光电晶体管

2. 应用电路

光电晶体管与光电二极管区别在于，除了具有光敏性外，还具有放大能力。两引脚的光电晶体管的基极是一个受光面，没有引脚，三引脚的光电晶体管基极既作为受光面，又引出电极。下面通过图 4-21 所示的电路来说明光电晶体管的性质。

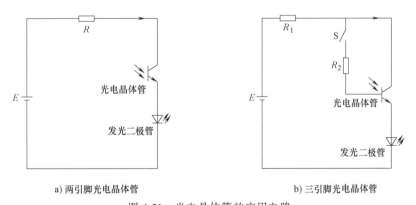

a) 两引脚光电晶体管　　　　　　　　b) 三引脚光电晶体管

图 4-21　光电晶体管的应用电路

在图 4-21a 中，两引脚光电晶体管与发光二极管串联在一起。在无光照射时，光电晶体管不导通，发光二极管不亮。当光线照光电晶体管受光面（基极）时，受光面将入射光转换成电流 I_b，该电流控制光敏晶体管 C、E 极之间导通，有电流 I_c 流过，光线越强，I_b 越大，I_c 越大，发光二极管越亮。

图 4-21b 中，三引脚光电晶体管与发光二极管串联在一起。光电晶体管 C、E 间导通可由三种方式控制：一是用光线照射受光面；二是给基极直接通入电流 I_b；三是既通电流 I_b

又用光线照射。

由于光电晶体管具有放大能力，比较适合用在光线微弱的环境中，它能将微弱光线产生的小电流进行放大，控制光电晶体管导通效果比较明显，而光电二极管对光线的敏感度较差，常用在光线较强的环境中。

4.1.10 光耦合器及电路

1. 外形与符号

光耦合器是将发光二极管和光电晶体管组合在一起并封装起来构成的。图 4-22a 是一些常见的光耦合器的实物外形，图 4-22b 为光耦合器的电路符号。

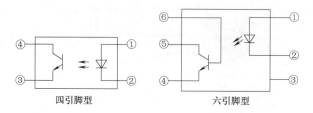

a) 实物外形   四引脚型   六引脚型   b) 电路符号

图 4-22 光耦合器

2. 应用电路

光耦合器内部集成了发光二极管和光电晶体管。下面以图 4-23 所示的电路来说明光耦合器的工作原理。

在图 4-23 中，当闭合开关 S 时，电源 E_1 经开关 S 和电位器 RP 为光耦合器内部的发光二极管提供电压，有电流流过发光管，发光二极管发出光线，光线照射到内部的光电晶体管，光电晶体管导通，电源 E_2 输出的电流经电阻 R、发光二极管 VL 流入光耦合器的 C 极，然后从 E 极流出回到 E_2 的负极，有电流流过发光二极管 VL，使 VL 发光。

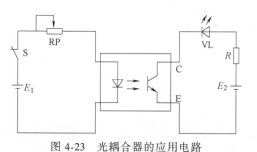

图 4-23 光耦合器的应用电路

调节电位器 RP 可以改变发光二极管 VL 的光线亮度。当 RP 滑动端右移时，其阻值变小，流入光耦合器内发光管的电流大，发光二极管光线强，光电晶体管导通程度深，其 C、E 极之间电阻变小，电源 E_2 的回路总电阻变小，流经发光二极管 VL 的电流大，VL 变得更亮。

若断开开关 S，无电流流过光耦合器内的发光二极管，发光二极管不亮，光电晶体管无光照射不能导通，电源 E_2 回路切断，发光二极管 VL 无电流通过而熄灭。

4.1.11 光遮断器及电路

光遮断器又称光断续器、穿透型光电感应器，它与光耦合器一样，都是由发光二极管和光电晶体管组成，但光电遮断器的发光二极管和光电晶体管并没有封装成一体，而是相互独立。

1. 外形与符号

光遮断器外形与符号如图 4-24 所示。

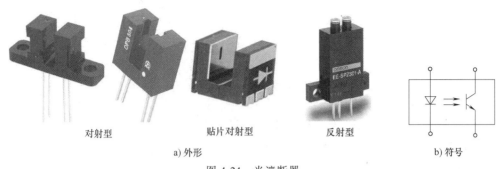

a) 外形

a) 符号

图 4-24 光遮断器

2. 应用电路

光遮断器可分为对射型和反射型，下面以图 4-25 电路为例来说明这两种光遮断器的工作原理。

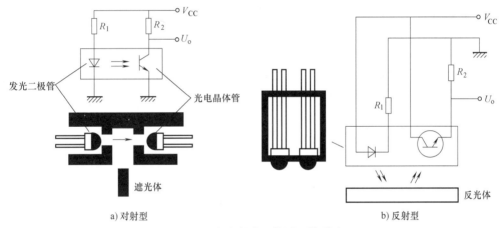

a) 对射型

b) 反射型

图 4-25 光遮断器工作原理说明图

图 4-25a 为对射型光遮断器的结构及应用电路。当电源通过 R_1 为发光二极管供电时，发光二极管发光，其光线通过小孔照射到光电晶体管，光电晶体管受光导通，输出电压 U_o 为低电平，如果用一个遮光体放在发光二极管和光电晶体管之间，发光二极管的光线无法照射到光电晶体管，光电晶体管截止，输出电压 U_o 为高电平。

图 4-25b 为反射型光遮断器的结构及应用电路。当电源通过 R_1 为发光二极管供电时，发光二极管发光，其光线先照射到反光体上，再反射到光电晶体管，光电晶体管受光导通，输出电压 U_o 为高电平，如果无反光体存在，发光二极管的光线无法反射到光电晶体管，光电晶体管截止，输出电压 U_o 为低电平。

4.2 显示器件及电路

4.2.1 一位 LED 数码管及电路

1. 外形与引脚排列

一位 LED 数码管如图 4-26 所示，它将 a、b、c、d、e、f、g、dp 共 8 个发光二极管排成图示的""字形，通过让 a、b、c、d、e、f、g 不同的段发光来显示数字 0~9。

2. 内部连接方式

由于 **8 个发光二极管共有 16 个引脚**，为了减少数码管的引脚数，在数码管内部将 **8 个发光二极管正极或负极引脚连接起来，接成一个公共端（com 端）**，根据公共端是发光二极管正极还是负极，可分为共阳极接法（正极相连）和共阴极接法（负极相连），如图 4-27 所示。

对于共阳极接法的数码管，需要给发光二极管加低电平才能发光；对于共阴极接法的数码管，需要给发光二极管加高电平才能

a) 外形

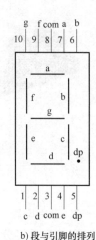

b) 段与引脚的排列

图 4-26　一位 LED 数码管

发光。假设图 4-26 是一个共阴极接法的数码管，如果让它显示一个"5"字，那么需要给 a、c、d、f、g 引脚加高电平（即这些引脚为 1），b、e 引脚加低电平（即这些引脚为 0），这样 a、c、d、f、g 段的发光二极管有电流通过而发光，b、e 段的发光二极管不发光，数码管就会显示出数字"5"。

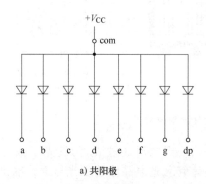

a) 共阳极

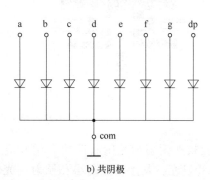

b) 共阴极

图 4-27　一位 LED 数码管内部发光二极管的连接方式

3. 应用电路

图 4-28 所示为数码管译码控制器的电路图。5161BS 为共阳极七段数码管，74LS47 为 BCD 七段显示译码器芯片，能将 $A_3 \sim A_0$ 引脚输入的二进制数转换成七段码来驱动数码管显示对应的十进制数。表 4-1 为 74LS47 的输入输出关系表，表中的 H 表示高电平，L 表示低电平。按钮 $S_3 \sim S_0$ 分别为 74LS47 的 $A_3 \sim A_0$ 引脚提供输入信号，按钮未按下时，输入为低电平（常用 0 表示），按下时输入为高电平（常用 1 表示）。

根据数码管译码控制器电路图和 74LS47 输入输出关系表可知，当 $S_3 \sim S_0$ 按钮均未按下时，$A_3 \sim A_0$ 引脚都为低电平，相当于 $A_3 A_2 A_1 A_0 = 0000$，74LS47 对二进制数"0000"译码后从 a~g 引脚输出七段码 0000001，因为 5161BS 为共阳极数码管，g 引脚为高电平，数码管的 g 段发光二极管不亮，其他段均亮，数码管显示的数字为"0"；当按下按钮 S_2 时，A_2

引脚为高电平，相当于 $A_3 A_2 A_1 A_0 = 0100$，74LS47 对"0100"译码后从 a~g 引脚输出七段码"1001100"，数码管显示的数字为"4"。

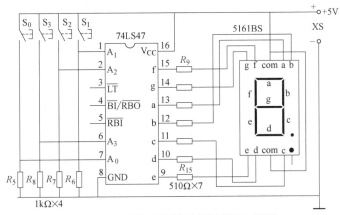

图 4-28　一位数码管译码控制器的电路图

表 4-1　74LS47 输入输出关系表

输入				输出							显示的数字
A_3	A_2	A_1	A_0	a	b	c	d	e	f	g	
L	L	L	L	L	L	L	L	L	L	H	0
L	L	L	H	H	L	L	H	H	H	H	1
L	L	H	L	L	L	H	L	L	H	L	2
L	L	H	H	L	L	L	L	H	H	L	3
L	H	L	L	H	L	L	H	H	L	L	4
L	H	L	H	L	H	L	L	H	L	L	5
L	H	H	L	H	H	L	L	L	L	L	6
L	H	H	H	L	L	L	H	H	H	H	7
H	L	L	L	L	L	L	L	L	L	L	8
H	L	L	H	L	L	L	H	H	L	L	9

4.2.2　多位 LED 数码管及电路

1. 外形与类型

图 4-29 是四位 LED 数码管，它有两排共 12 个引脚，其内部发光二极管有共阳极和共阴极两种连接方式，如图 4-30 所示。12、9、8、6 脚分别为各位数码管的公共极，也称位极，11、7、4、2、1、10、5、3 脚同时接各位数码管的相应段，称为段极。

图 4-29　四位 LED 数码管

2. 显示原理

多位 LED 数码管采用了扫描显示方式，又称动态驱动方式。为了让大家理解该显示原

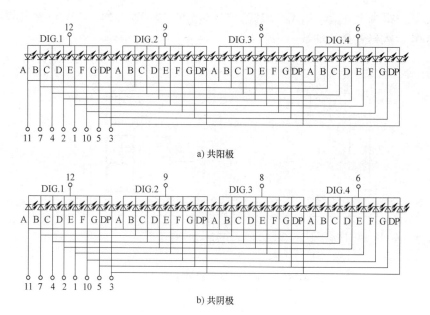

图 4-30 四位 LED 数码管内部发光二极管的连接方式

理，下面以在图 4-29 所示的四位 LED 数码管上显示"1278"为例来说明，假设其内部发光二极管为图 4-30b 所示的连接方式。

先给数码管的 12 脚加一个低电平（9、8、6 脚为高电平），再给 7、4 脚加高电平（11、2、1、10、5 脚均低电平），结果第一位的 B、C 段发光二极管点亮，第一位显示"1"，由于 9、8、6 脚均为高电平，故第二、三、四位中的所有发光二极管均无法导通而不显示；然后给 9 脚加一个低电平（12、8、6 脚为高电平），给 11、7、2、1、5 脚加高电平（4、10 脚为低电平），第二位的 A、B、D、E、G 段发光二极管点亮，第二位显示"2"，同样原理，在第三位和第四位分别显示数字"7"、"8"。

多位数码管的数字虽然是一位一位地显示出来的，但人眼具有视觉暂留特性（所谓视觉暂留特性是指当人眼看见一个物体后，如果物体消失，人眼还会觉得物体仍在原位置，这种感觉约保留 0.04s 的时间），当数码管显示到最后一位数字"8"时，人眼会感觉前面 3 位数字还在显示，故看起来好像是一下子显示"1278"四位数。

3. 应用电路

图 4-31a 是壁挂式空调器室内机的显示器，其对应电路如图 4-31b 所示。该电路使用 4 个发光二极管分别显示制冷、制热、除湿和送风状态，使用两位 LED 数码管显示温度值或代码，由于 LED 数码管的公共端通过三极管接电源的正极，故其类型为共阳极数码管，段极加低电平才能使该段的发光二极管点亮。下面以显示"制冷、32℃"为例来说明显示电路的工作原理。

在显示时，先让制冷指示发光二极管 VL_1 亮，然后切断 VL_1 供电并让第一位数码管显示"3"，再切断第一位数码管的供电并让第二位数码管显示"2"，当第二位数码管显示"2"时，虽然 VL_1 和前一位数码管已切断了电源，由于两者有余辉，仍有亮光，故它们虽然是分时显示的，但人眼会感觉它们是同时显示出来的。两位数码管显示完最后一位"2"后，必须马上重新依次让 VL_1 亮、第一位数码管显示"3"，并且不断反复，这样人眼才会

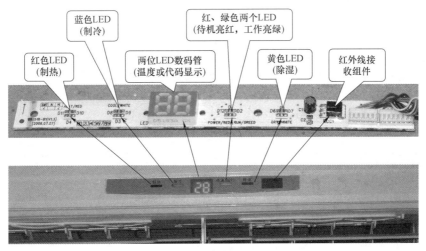

a) 显示器

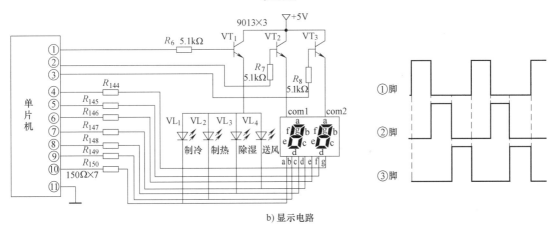

b) 显示电路

图4-31　壁挂式空调器室内机的显示器及显示电路

觉得这些信息是同时显示出来的。

显示电路的工作过程：首先单片机①脚输出高电平、⑩脚输出低电平，晶体管 VT$_1$ 导通，制冷指示发光二极管 VL$_1$ 也导通，有电流流过 VL$_1$，电流途径是+5V→VT$_1$ 的 c 极→e 极→VL$_1$→单片机⑩脚→内部电路→⑪脚输出→地，VL$_1$ 发光，指示空调器当前为制冷模式；然后单片机①脚输出变为低电平，VT$_1$ 截止，VL$_1$ 无电流流过，由于 VL$_1$ 有一定的余辉时间，故 VL$_1$ 短时仍会亮，与此同时，单片机的②脚输出高电平，④、⑦~⑩脚输出低电平（无输出时为高电平），VT$_2$ 导通，+5V 电压经 VT$_2$ 加到数码管的 com1 引脚，④、⑦~⑩脚的低电平使数码管的 a~d、g 引脚也为低电平，第一位数码管的 a~d、g 段的发光二极管均有电流通过而发光，该位数码管显示 "3"；接着单片机③脚输出高电平（②脚变为低电平），④、⑥、⑦、⑨、⑩脚输出低电平，VT$_3$ 导通，+5V 电压经 VT$_3$ 加到数码管的 com2 引脚，④、⑥、⑦、⑨、⑩脚的低电平使数码管的 a、b、d、e、g 引脚也为低电平，第二位数码管的 a、b、d、e、g 段的发光二极管均有电流通过而发光，第二位数码管显示 "2"，以后不断重复上述过程。

4.2.3　单色点阵显示器

1. 外形与结构

图 4-32a 为 LED 单色点阵显示器的实物外形，图 4-32b 为 8×8 LED 单色点阵显示器内部结构，它是由 8×8＝64 个发光二极管组成，每个发光二极管相当于一个点。当发光二极管为单色发光二极管时可构成单色点阵显示器；当发光二极管为双色发光二极管或三基色发光二极管时，则能构成彩色点阵显示器。

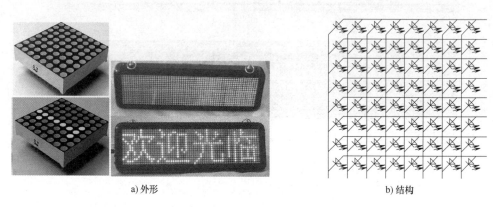

a) 外形　　　　　　　　　　　　　　　　b) 结构

图 4-32　LED 单色点阵显示器

2. 类型与工作原理

（1）类型

根据内部发光二极管连接方式不同，LED 点阵显示器可分为共阴型和共阳型，其结构如图 4-33 所示。对于单色 LED 点阵显示器来说，若第一个引脚（引脚旁通常标有 1）接发光二极管的阴极，该点阵显示器叫作共阴型点阵显示器（又称行共阴列共阳点阵显示器），反之则为共阳点阵显示器（又称行共阳列共阴点阵显示器）。

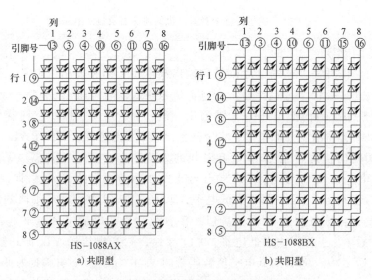

HS-1088AX　　　　　　　　　　　　　HS-1088BX

a) 共阴型　　　　　　　　　　　　　　　b) 共阳型

图 4-33　单色 LED 点阵显示器的结构类型

（2）工作原理

下面以在图4-34所示的5×5点阵显示器中显示"△"图形为例进行说明。

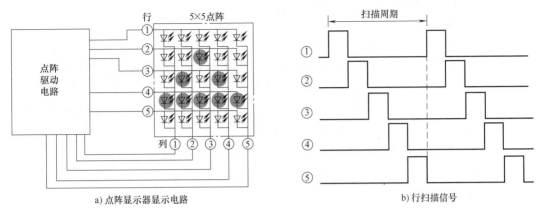

a) 点阵显示器显示电路   b) 行扫描信号

图4-34 点阵显示器显示原理说明

点阵显示器显示采用扫描显示方式，具体又可分为三种方式：行扫描、列扫描和点扫描。

1）行扫描方式。在显示前让点阵显示器所有行线为低电平（0）、所有列线为高电平（1），点阵显示器中的发光二极管均截止，不发光。在显示时，首先让行①线为1，如图4-34b所示，列①～⑤线为11111，第一行LED都不亮，然后让行②线为1，列①～⑤线为11011，第二行中的第3个LED亮，再让行③线为1，列①～⑤线为10101，第3行中的第2、4个LED亮，接着让行④线为1，列①～⑤线为00000，第4行中的所有LED都亮，最后让行⑤线为1，列①～⑤为11111，第5行中的所有LED都不亮。第5行显示后，由于人眼的视觉暂留特性，会觉得前面几行的LED还在亮，整个点阵显示器显示一个"△"图形。

当点阵显示器工作在行扫描方式时，为了让显示的图形有整体连续感，要求从第①行扫到最后一行的时间不应超过0.04s（人眼视觉暂留时间），即行扫描信号的周期不要超过0.04s，频率不要低于25Hz。若行扫描信号周期为0.04s，则每行的扫描时间为0.008s，即每列数据持续时间为0.008s，列数据切换频率为125Hz。

2）列扫描方式。列扫描与行扫描的工作原理大致相同，其不同在于列扫描是从列线输入扫描信号，并且为低电平有效，行线输入行数据。以图4-34a所示电路为例，在列扫描时，首先让列①线为低电平（0），从行①～⑤线输入00010，然后让列②线为0，从行①～⑤线输入00110。

3）点扫描方式。点扫描方式的工作过程是：首先让行①线为高电平，让列①～⑤线逐线依次输出1、1、1、1、1，然后让行②线为高电平，让列①～⑤线逐线依次输出1、1、0、1、1，再让行③线为高电平，让列①～⑤线逐线依次输出1、0、1、0、1，接着让行④线为高电平，让列①～⑤线逐线依次输出0、0、0、0、0，最后让行⑤线为高电平，让列①～⑤线逐线依次输出1、1、1、1、1，结果在点阵显示器上显示出"△"图形。

从上述分析可知，点扫描是从前往后让点阵显示器中的每个LED逐个显示，由于是逐点输送数据，这样就要求列数据的切换频率很高，以5×5点阵显示器为例，如果整个点阵显示器的扫描周期为0.04s，那么每个LED显示时间为0.04/25＝0.0016s，即1.6ms，列数据切换频率为625Hz。对于128×128点阵显示器，若采用点扫描方式显示，其数据切换频率更达 409600Hz，每个 LED 通电时间约为 2μs，这不但要求点阵显示器驱动电路很高的数据处理速度，而且由于每个 LED 通电时间很短，会造成整个点阵显示器显示的图形偏暗，故像素很多的点阵显示器很少采用点扫描方式。

3. 应用电路

图 4-35 是一个单片机驱动的 8×8 点阵显示器电路。U1 为 8×8 共阳型 LED 单色点阵显示器，其列引脚低电平输入有效，不显示时这些引脚为高电平，需要点阵显示器某列显示时可让对应列引脚为低电平，U2 为 AT89S51 型单片机，S、C_1、R_2 构成单片机的复位电路，Y1、C_2、C_3 为单片机的时钟电路外接定时元件，R_1 为 1kΩ 的排阻，1 脚与 2～9 脚之间分别接有 8 个 1kΩ 的电阻。如果希望在点阵显示器上显示字符或图形，可在计算机中用编程软件编写相应的程序，然后通过编程器将程序写入单片机 AT89S51，再将单片机安装在图 4-35 所示的电路中，单片机就能输出扫描信号和显示数据，驱动点阵显示器显示相应的字符或图形，该点阵显示器的扫描方式由编写的程序确定，具体可参阅有关单片机方面的书籍。

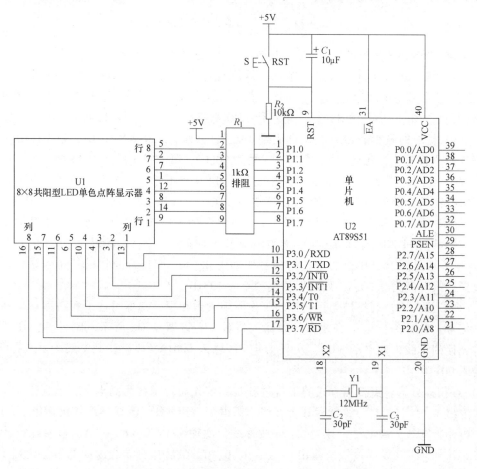

图 4-35　一个单片机驱动的 8×8 点阵显示器电路

4.2.4　真空荧光显示器及电路

真空荧光显示器简称 VFD，是一种真空显示器件，常用在一些家用电器（如影碟机、录像机和音响设备）、办公自动化设备、工业仪器仪表及汽车等领域中，用来显示机器的状态和时间等信息。

1. 外形

真空荧光显示器外形如图 4-36 所示。

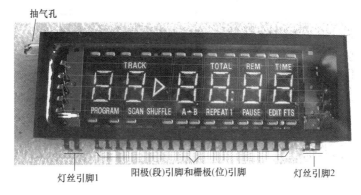

图 4-36　真空荧光显示器

2. 结构与工作原理

真空荧光显示器分为一位荧光显示器和多位荧光显示器。

（1）一位真空荧光显示器

图 4-37 为一位数字显示荧光显示器的结构示意图，它内部有灯丝、栅极（控制极）和 a、b、c、d、e、f、g 七个阳极，这七个阳极上都涂有荧光粉并排列成"⊡"字样，灯丝的作用是发射电子，栅极（金属网格状）处于灯丝和阳极之间，灯丝发射出来的电子能否到达阳极受栅极的控制，阳极上涂有荧光粉，当电子轰击荧光粉时，阳极上的荧光粉发光。

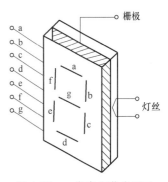

图 4-37　一位真空荧光显示器的结构示意图

在真空荧光显示器工作时，要给灯丝提供 3V 左右的交流电压，灯丝发热后才能发射电子，栅极加上较高的电压才能吸引电子，让它穿过栅极并往阳极方向运动。电子要轰击某个阳极，该阳极必须有高电压。

当要显示"3"字样时，由驱动电路给真空荧光显示器的 a、b、c、d、e、f、g 七个阳极分别送 1、1、1、1、0、0、1，即给 a、b、c、d、g 五个阳极送高电压，给栅极也加上高电压，于是灯丝发射的电子穿过网格状的栅极后轰击加有高电压的 a、b、c、d、g 阳极，由于这些阳极上涂有荧光粉，在电子的轰击下，这些阳极发光，显示器显示"3"的字样。

（2）多位真空荧光显示器

一位真空荧光显示器能显示一位数字，若需要同时显示多位数字或字符，可使用多位真空荧光显示器。图 4-38a 为四位真空荧光显示器的结构示意图。

图 4-38 中的真空荧光显示器有 A、B、C、D 四个位区，每个位区都有单独的栅极，四个位区的栅极引出脚分别为 G_1、G_2、G_3、G_4；每个位区的灯丝在内部以并联的形式连接，

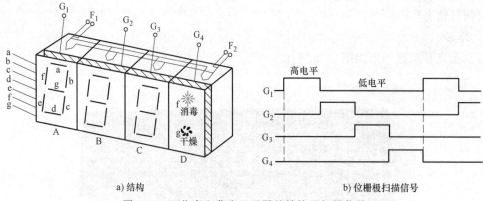

a) 结构   b) 位栅极扫描信号

图 4-38　四位真空荧光显示器的结构及扫描信号

对外只引出两个引脚；A、B、C 位区数字的相应各段的阳极都连接在一起，再与外面的引脚相连，例如 C 位的阳极段 a 与 B、A 位区的阳极段 a 都连接起来，再与显示器引脚 a 连接，D 位区两个阳极为图形和文字形状，消毒图形与文字为一个阳极，与引脚 f 相连，干燥图形与文字为一个阳极，与引脚 g 连接。

多位真空荧光显示器与多位 LED 数码管一样，都采用扫描显示原理。下面以在图 4-38所示的显示器上显示"127 消毒"为例来说明。

首先给灯丝引脚 F_1、F_2 通电，再给 G_1 引脚加一个高电平，此时 G_2、G_3、G_4 均为低电平，然后分别给 b、c 引脚加高电平，灯丝通电发热后发射电子，电子穿过 G_1 栅极轰击 A 位阳极 b、c，这两个电极的荧光粉发光，在 A 位显示"1"字样，这时虽然 b、c 引脚的电压也会加到 B、C 位的阳极 b、c 上，但因为 B、C 位的栅极为低电平，B、C 位的灯丝发射的电子无法穿过 B、C 位的栅极轰击阳极，故 B、C 位无显示；接着给 G_2 脚加高电平，此时G_1、G_3、G_4 引脚均为低电平，再给阳极 a、b、d、e、g 加高电平，灯丝发射的电子轰击 B位阳极 a、b、d、e、g，这些阳极发光，在 B 位显示"2"字样。同样原理，在 C 位和 D 位分别显示"7"、"消毒"字样，G_1、G_2、G_3、G_4 极的电压变化关系如图 4-38b 所示。

显示器的数字虽然是一位一位地显示出来的，但由于人眼视觉暂留特性，当显示器显示最后"消毒"字样时，人眼仍会感觉前面 3 位数字还在显示，故看起好像是一下子显示"127 消毒"。

3. 应用电路

图 4-39 为 DVD 机的操作显示电路，显示器采用真空荧光显示器（VFD），IC_1 为微处理器芯片，内部含有显示器驱动电路，DVD 机在工作时，IC_1 会输出有关的位栅极扫描信号1G~12G 和段阳极信号 P1~P15，使 VFD 显示机器的工作状态和时间等信息。

4.2.5　液晶显示屏及电路

液晶显示屏简称 LCD 屏，其主要材料是液晶。液晶是一种有机材料，在特定的温度范围内，既有液体的流动性，又有某些光学特性，其透明度和颜色随电场、磁场、光及温度等外界条件的变化而变化。液晶显示器是一种被动式显示器件，液晶本身不会发光，它是通过反射或透射外部光线来显示，光线越强，其显示效果越好。液晶显示屏是利用液晶在电场作

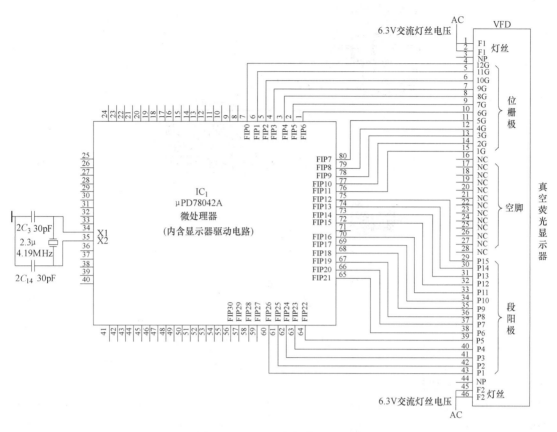

图 4-39　DVD 机的操作显示电路

用下光学性能变化的特性制成的，**可分为笔段式显示屏和点阵式显示屏**。

1. 笔段式液晶显示屏

（1）外形

笔段式液晶显示屏外形如图 4-40 所示。

图 4-40　笔段式液晶显示屏

（2）结构与工作原理

图 4-41 是一位笔段式液晶显示屏的结构。

　　一位笔段式液晶显示屏是将液晶材料封装在两块玻璃之间，在上玻璃内表面涂上"⊟"字形的七段透明电极，在下玻璃内表面整个涂上导电层作公共电极（或称背电极）。

　　当给液晶显示屏上玻璃板的某段透明电极与下玻璃的公共电极之间加上适当大小的电压

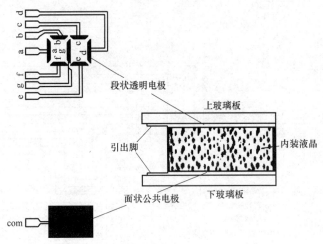

图 4-41　一位笔段式液晶显示屏的结构

时，该段极与下玻璃上的公共电极之间夹持的液晶会产生"散射效应"，夹持的液晶不透明，就会显示出该段的形状。例如给下玻璃上的公共电极加一个低电压，而给上玻璃板内表面的 a、b 段透明电极加高电压，a、b 段极与下玻璃上的公共电极存在电压差，它们中间夹持的液晶特性改变，a、b 段下面的液晶变得不透明，呈现出"1"字样。

如果在上玻璃板内表面涂覆某种形状的透明电极，只要给该电极与下面的公共电极之间加一定的电压，液晶屏就能显示该形状。笔段式液晶显示屏上玻璃板内表面可以涂覆各种形状的透明电极，如图 4-41 所示横、竖、点状和雪花状，由于这些形状的电极是透明的，且液晶未加电压时也是透明的，故未加电时显示屏无任何显示，只要给这些电极与公共极之间加电压，就可以将这些形状显示出来。

（3）多位笔段式 LCD 屏的驱动方式

多位笔段式液晶显示屏有静态和动态（扫描）两种驱动方式。 在采用静态驱动方式时，整个显示屏使用一个公共背电极并接出一个引脚，而各段电极都需要独立接出引脚，如图 4-42 所示。在采用动态驱动（即扫描方式）时，各位都要有独立的背极，各位相应的段电极在内部连接在一起再接出一个引脚，动态驱动方式的显示屏引脚数量较少。

动态驱动方式的多位笔段式液晶显示屏的工作原理与多位 LED 数码管、多位真空荧光显示器一样，采用逐位快速显示的扫描方式，利用人眼的视觉暂留特性来产生屏幕整体显示的效果。如果要将图 4-42 所示的静态驱动显示屏改成动态驱动显示屏，只需将整个公共背极切分成五个独立的背极，并引出 5 个引脚，然后将五个位中相同的段极在内部连接起来并接出 1 个引脚，共接出 8 个引脚，这样整个显示屏只需 13 个引脚。在工作时，先给第 1 位背极加电压，同时给各段极传送相应电压，显示屏第 1 位会显示出需要的数字，然后给第 2 位背极加电压，同时给各段极传送相应电压，显示屏第 2 位会显示出需要的数字，如此工作，直至第 5 位显示出需要的数字，然后再从第 1 位开始显示。

2. 点阵式液晶显示屏

（1）外形

笔段式液晶显示屏结构简单，价格低廉，但显示的内容简单且可变化性小，而点阵式液晶显示屏以点的形式显示，几乎可显示任何字符图形内容。 点阵式液晶显示屏外形如图 4-43 所示。

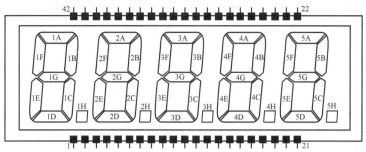

各引脚对应的段极

1	2	3	4	5	6	7	8	9	10	11	12	13	14	15	16	17	18	19	20	21
COM	1A	1B	1C	1D	1E	1F	1G	1H	2A	2B	2C	2D	2E	2F	2G	2H	3A	3B	3C	3D
22	23	24	25	26	27	28	29	30	31	32	33	34	35	36	37	38	39	40	41	42
3E	3F	3G	3H	4A	4B	4C	4D	4E	4F	4G	4H	5A	5B	5C	5D	5E	5F	5G	5H	/

a) 外形及各引脚对应的段极

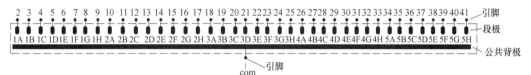

b) 等效图

图 4-42 静态驱动方式的多位笔段式液晶显示屏

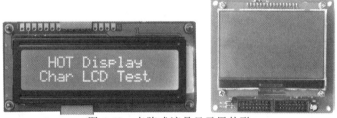

图 4-43 点阵式液晶显示屏外形

（2）工作原理

图 4-44a 为 5×5 点阵式液晶显示屏的结构示意图，它是在封装有液晶的下玻璃内表面涂有 5 条行电极，在上玻璃内表面涂有 5 条透明列电极，从上往下看，行电极与列电极有 25 个交点，每个交点相当于一个点（又称像素）。

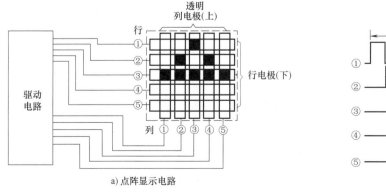

a) 点阵显示电路

b) 行扫描信号

图 4-44 点阵式液晶屏显示原理说明

点阵式液晶屏与点阵 LED 显示屏一样，也采用扫描方式，也可分为三种方式，即行扫描、列扫描和点扫描。下面以显示"△"图形为例来说明最为常用的行扫描方式。

在显示前，让点阵所有行、列线电压相同，这样下行线与上排线之间不存在电压差，中间的液晶处于透明状态。在显示时，首先让行①线为 1（高电平），如图 4-44b 所示，列①~⑤线为 11011，第①行电极与第③列电极之间存在电压差，其夹持的液晶不透明；然后让行②线为 1，列①~⑤线为 10101，第②行与第②、④列夹持的液晶不透明；再让行③线为 1，列①~⑤线为 00000，第③行与第①~⑤列夹持的液晶都不透明；接着让行④线为 1，列①~⑤线为 11111，第 4 行与第①~⑤列夹持的液晶全透明，最后让行⑤线为 1，列①~⑤为 11111，第 5 行与第①~⑤列夹持的液晶全透明。第 5 行显示后，由于人眼的视觉暂留特性，会觉得前面几行内容还在亮，从而整个点阵显示一个"△"图形。

点阵式液晶显示屏由反射型和透射型之分，如图 4-45 所示。反射型 LCD 屏依靠液晶不透明来反射光线显示图形，如电子表显示屏、数字万用表的显示屏等都是利用液晶不透明（通常为黑色）来显示数字，透射型 LCD 屏依靠光线透过透明的液晶来显示图像，如手机显示屏、液晶电视显示屏等都是采用透射方式显示图像。

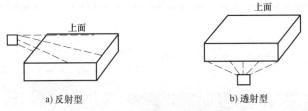

图 4-45　点阵式液晶显示屏的类型

图 4-45a 所示的点阵为反射型 LCD 屏，如果将它改成透射型 LCD 屏，行、列电极均需为透明电极，还要用光源（背光源）从下往上照射 LCD 屏，显示屏的 25 个液晶点像 25 个小门，液晶点透明相当于门打开，光线可透过小门从上玻璃射出，该点看起来为白色（背光源为白色），液晶点不透明相当于门关闭，该点看起来为黑色。

3. 1602 字符型液晶显示屏

（1）外形

1602 字符型液晶显示屏可以显示 2 行每行 16 个字符，为了使用方便，1602 字符型液晶显示屏已将显示屏和驱动电路制作在一块电路板上，其外形如图 4-46 所示。液晶显示屏安装在电路板上，电路板背面有驱动电路，驱动芯片直接制作在电路板上并用黑胶封装起来。

（2）引脚说明

1602 字符型液晶显示屏有 14 个引脚（不带背光电源的有 12 个引脚），各脚功能说明如图 4-47 所示。

（3）单片机驱动 1602 液晶显示屏的电路

单片机驱动 1602 液晶显示屏的电路如图 4-48 所示。当单片机对 1602 进行操作时，根据不同的操作类型，会从 P2.4、P2.5、P2.6 端送控制信号到 1602 的 RS、R/W 和 E 端，比如单片机要对 1602 写入指令时，会让 P2.4＝0、P2.5＝0、P2.6 端先输出高电平再变为低电平（下降沿），同时从 P0.7~P0.0 端输出指令代码去 1602 的 DB7~DB0 端，1602 根据指令代码进行相应的显示。

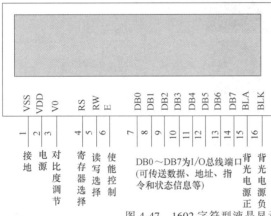

图 4-46　1602 字符型液晶显示屏的外形

图 4-47　1602 字符型液晶显示屏的各脚功能说明

各脚说明文字：

VSS(1) 接地　VDD(2) 电源　V0(3) 对比度调节　RS(4) 寄存器选择　RW(5) 读写选择　E(6) 使能控制　DB0～DB7(7～14) 背光电源正　BLA(15)　BLK(16) 背光电源负

DB0～DB7为I/O总线端口(可传送数据、地址、指令和状态信息等)

V0端：又称LCD偏压调整端，该端直接接电源时对比度最低，接地时对比度最高，一般在该端与地之间接一个10kΩ电位器，用来调LCD的对比度

RS端：为1时选中数据寄存器；为0时选中指令寄存器
R/W端：为1时从LCD读信息；为0时往LCD写信息
E端：为1时允许读信息；下降沿时允许写信息

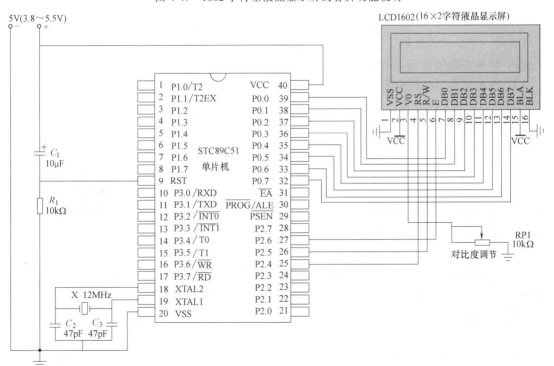

图 4-48　单片机驱动 1602 液晶显示屏的电路

4.3 电声器件及电路

4.3.1 扬声器及电路

1. 外形与符号

扬声器俗称喇叭，是一种最常用的电-声转换器件，其功能将电信号转换成声音。扬声器实物外形和电路符号如图 4-49 所示。

a) 实物外形   b) 电路符号

图 4-49　扬声器

2. 种类与工作原理

（1）种类

扬声器可按以下方式进行分类：

1）按换能方式可分为动圈式（即电动式）、电容式（即静电式）、电磁式（即舌簧式）和压电式（即晶体式）等。

2）按频率范围可分为低音扬声器、中音扬声器、高音扬声器。

3）按扬声器形状可分为纸盆式、号筒式和球顶式等。

（2）结构与工作原理

扬声器的种类很多，工作原理大同小异，这里介绍应用最为广泛的动圈式扬声器工作原理。动圈式扬声器的结构如图 4-50 所示。

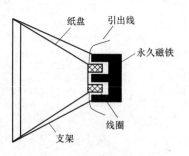

图 4-50　动圈式扬声器的结构

从图 4-50 可以看出，动圈式扬声器主要由永久磁铁、线圈（或称为音圈）和与线圈做在一起的纸盒等构成。当电信号通过引出线流进线圈时，线圈产生磁场，由于流进线圈的电流是变化的，故线圈产生的磁场也是变化的，线圈变化的磁场与磁铁的磁场相互作用，线圈和磁铁不断出现排斥和吸引，重量轻的线圈产生运动（时而远离磁铁，时而靠近磁铁），线圈的运动带动与它相连的纸盆振动，纸盆就发出声音，从而实现电-声转换。

3. 应用电路

图 4-51 是一个小功率集成立体声功放电路。该电路使用双声道功放集成电路对插孔输入的 L、R 声道音频信号进行放大，驱动左、右两个扬声器。

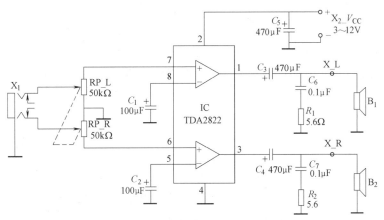

图 4-51 小功率集成立体声功放电路

（1）信号处理过程

L、R 声道音频信号（即立体声信号）通过插座 X_1 的双触点分别送到双联音量电位器 RP_L 和 RP_R 的滑动端，经调节后分别送到集成功放电路 TDA2822 的⑦、⑥脚，在内部放大后再分别从①、③脚送出，经 C_3、C_4 分别送入扬声器 B_1、B_2，推动扬声器发声。

（2）直流工作情况

电源电压通过接插件 X_2 送入电路，并经 C_5 滤波后送到 TDA2822 的②脚。电源电压可在 3~12V 范围内调节，电压越高，集成功放器的输出功率越大，扬声器发声越大。TDA2822 的④脚接地（电源的负极）。

（3）元器件说明

X_1 为 3.5mm 的立体声插座。RP 为音量电位器，它是一个 50kΩ 双联电位器，调节音量时，双声道的音量会同时改变。TDA2822 是一个双声道集成功放 IC，内部采用两组对称的集成功放电路。C_1、C_2 为交流旁路电容，可提高内部放大电路的增益。扬声器是一个感性元件（内部有线圈），在两端并联 R_1、C_6 可以改善扬声器高频性能。

4.3.2 耳机及内部电路

1. 外形与图形符号

耳机与扬声器一样，是一种电-声转换器件，其功能是将电信号转换成声音。耳机的实物外形和图形符号如图 4-52 所示。

a) 外形　　　　　　　　　　　　　　　　　　　　　　　b) 图形符号

图 4-52 耳机

2. 种类与工作原理

耳机的种类很多，可分为动圈式、动铁式、压电式、静电式、气动式、等磁式和驻极体式七类，其中以动圈式、动铁式和压电式耳机较为常见，其中动圈式耳机使用最为广泛。

动圈式耳机是一种最常用的耳机，其工作原理与动圈式扬声器相同，可以看作是微型动圈式扬声器，其结构与工作原理可参见动圈式扬声器。动圈式耳机的优点是制作相对容易，且线性好、失真小、频响宽。

动铁式耳机又称电磁式耳机，其结构如图4-53所示，一个铁片振动膜被永磁铁吸引，在永磁铁上绕有线圈，当线圈通入音频电流时会产生变化的磁场，它会增强或削弱永磁铁的磁场，磁铁变化的磁场使铁片振动膜发生振动而发声。动铁式耳机优点是使用寿命长、效率高，缺点是失真大、频响窄，在早期较为常用。

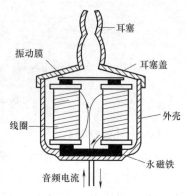

图4-53 电磁式耳机的结构

压电式耳机是利用用压电陶瓷的压电效应发声，压电陶瓷的结构如图4-54所示。在铜片和涂银层之间夹有压电陶瓷片，当给铜片和涂银层之间施加变化的电压时，压电陶瓷片会发生振动而发声。压电式耳机效率高、频率高，其缺点是失真大、驱动电压高、低频响应差，抗冲击力差。这种耳机远不及动圈式耳机应用广泛。

3. 双声道耳机的内部电路

图4-55是双声道耳机的接线示意图。从图中可以看出，耳机插头有L、R、公共三个导电节，由两个绝缘环隔开，三个导电节内部接出三根导线，一根导线引出后一分为二，三根导线变为四根后两两与左、右声道耳机线圈连接。

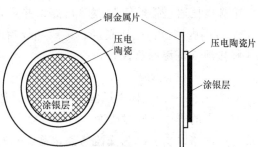

图4-54 压电陶瓷片的结构

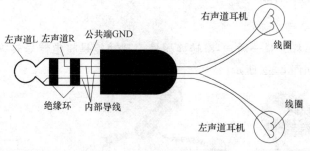

图4-55 双声道耳机的内部电路

4. 手机线控耳麦的内部电路

线控耳麦由耳机、话筒和控制按键组成。 图4-56a是一种常见的手机线控耳麦，该耳麦由左右声道耳机、话筒、控制按键和四节插头组成，其内部电路及接线如图4-56b所示。当按下话筒键时，话筒被短接，耳机插头的话筒端与公共端（接地端）之间短路，通过手机耳麦插孔给手机接入一个零电阻，控制手机接听电话或挂通电话；当按下"音量+"键时，话筒端与公共端之间接入一个200Ω左右的电阻（不同的耳麦电阻大小略有不同），该电阻通过耳麦插头接入手机，控制手机增大音量；当按下"音量-"键时，话筒端与公共端之间接入一个300~400Ω的电阻，该电阻通过耳麦插头接入手机，控制手机减小音量。

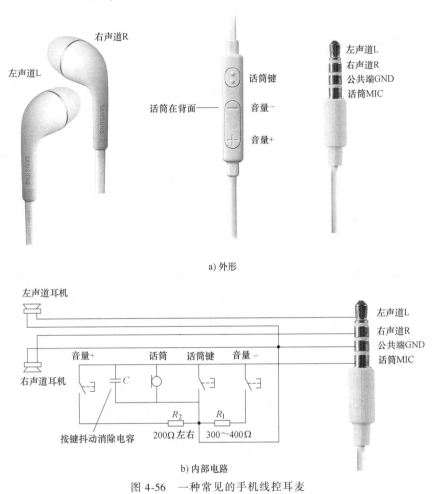

图 4-56 一种常见的手机线控耳麦

4.3.3 蜂鸣器及电路

蜂鸣器是一种一体化结构的电子讯响器，广泛应用于空调器、计算机、打印机、复印机、报警器、电子玩具、汽车电子设备、电话机、定时器等电子产品中作发声器件。

1. 外形与符号

蜂鸣器实物外形和符号如图 4-57 所示，蜂鸣器在电路中用字母"H"或"HA"表示。

2. 种类及结构原理

蜂鸣器种类很多，根据发声材料不同，可分为压电式蜂鸣器和电磁式蜂鸣器，根据是否含有音源电路，可分为无源蜂鸣器和有源蜂鸣器。

（1）压电式蜂鸣器

有源压电式蜂鸣器主要由音源电路（多谐振荡器）、压电蜂鸣片、阻抗匹配器及共鸣

通用蜂鸣器　　　　压电式蜂鸣器

a) 实物外形　　　　　　　　　　　　　　　　b) 符号

图 4-57　蜂鸣器

腔、外壳等组成。有的压电式蜂鸣器外壳上还装有发光二极管。多谐振荡器由晶体管或集成电路构成，只要提供直流电源（1.5~15V），音源电路就会产生 1.5~2.5kHz 的音频信号，经阻抗匹配器推动压电蜂鸣片发声。压电蜂鸣片由锆钛酸铅或铌镁酸铅压电陶瓷材料制成，在陶瓷片的两面镀上银电极，经极化和老化处理后，再与黄铜片或不锈钢片粘在一起。无源压电蜂鸣器内部不含音源电路，需要外部提供音频信号才能使之发声。

（2）电磁式蜂鸣器

有源电磁式蜂鸣器由音源电路、电磁线圈、磁铁、振动膜片及外壳等组成。接通电源后，音源电路产生的音频信号电流通过电磁线圈，使电磁线圈产生磁场。振动膜片在电磁线圈和磁铁的相互作用下，周期性地振动发声。无源电磁式蜂鸣器的内部不含音源电路，需要外部提供音频信号才能使之发声。

3. 应用电路

图 4-58 是两种常见的蜂鸣器电路。图 4-58a 电路采用了有源蜂鸣器，蜂鸣器内部含有音源电路，在工作时，单片机会从 15 脚输出高电平，晶体管 VT 饱和导通，晶体管饱和导通后 U_{ce} 为 0.1~0.3V，即蜂鸣器两端加有 5V 电压，其内部的音源电路工作，产生音频信号推动内部发声器件发声，不工作时，单片机 15 脚输出低电平，VT 截止，VT 的 $U_{ce}=5V$，蜂鸣器两端电压为 0V，蜂鸣器停止发声。

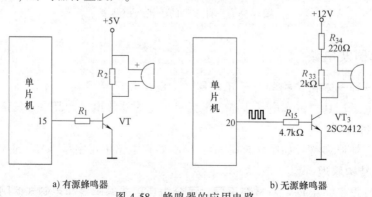

a) 有源蜂鸣器　　　　　　　　　　　　b) 无源蜂鸣器

图 4-58　蜂鸣器的应用电路

图 4-58b 电路采用了无源蜂鸣器，蜂鸣器内部无音源电路，在工作时，单片机会从 20脚输出音频信号（一般为 2kHz 矩形信号），经晶体管 VT_3 放大后从集电极输出，音频信号

送给蜂鸣器，推动蜂鸣器发声，不工作时，单片机20脚停止输出音频信号，蜂鸣器停止发声。

4.3.4 传声器及电路

1. 外形与符号

传声器俗称麦克风、话筒，是一种声-电转换器件，其功能是将声音转换成电信号。话筒实物外形和电路符号如图4-59所示。

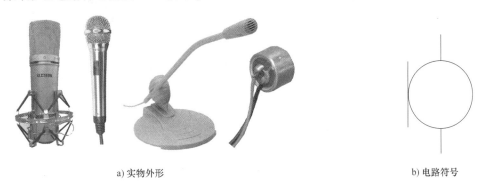

a) 实物外形   b) 电路符号

图4-59 话筒

2. 工作原理

话筒的种类很多，下面介绍最常用的动圈式话筒和驻极体式话筒的工作原理。

（1）动圈式话筒工作原理

动圈式话筒的结构如图4-60所示，主要由振动膜、线圈和永磁铁组成。

当声音传递到振动膜时，振动膜产生振动，与振动膜连在一起的线圈会随振动膜一起运动，由于线圈处于磁场中，当线圈在磁场中运动时，线圈会切割磁力线而产生与运动相对应的电信号，该电信号从引出线输出，从而实现声-电转换。

（2）驻极体式话筒工作原理

驻极体式话筒具有体积小、性能好，并且价格便宜，广泛用在一些小型具有录音功能的电子设备中。驻极体式话筒的结构如图4-61所示。

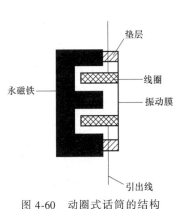

图4-60 动圈式话筒的结构

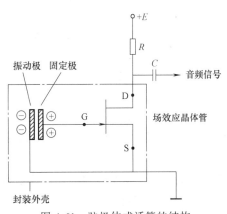

图4-61 驻极体式话筒的结构

点画线框内的为驻极体式话筒，由振动极、固定极和一个场效应晶体管构成。振动极与固定极形成一个电容，由于两电极是经过特殊处理的，所以它本身具有静电场（即两电极上有电荷），当声音传递到振动极时，振动极发生振动，振动极与固定极距离发生变化，引起容量发生变化，容量的变化导致固定电极上的电荷向场效应晶体管栅极 G 移动，移动的电荷就形成电信号，电信号经场效应晶体管放大后从 D 极输出，从而完成了声-电转换过程。

3. 应用电路

图 4-62 是话筒放大电路，该电路除了能为话筒提供工作电源外，还会对话筒转换来的音频信号进行放大。

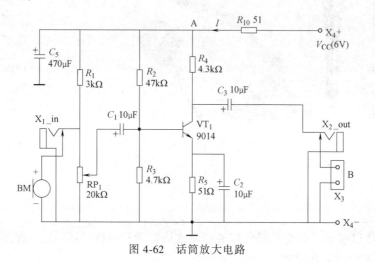

图 4-62　话筒放大电路

（1）信号处理过程

话筒 BM 将声音转换成电信号，这种由声音转换成的电信号称为音频信号。音频信号由音量电位器 RP_1 调节大小后，再通过 C_1 送到晶体管 VT_1 基极，音频信号经 VT_1 放大后从集电极输出，通过 C_3 送到耳机插座 $X_{2\_}$ out，如果将耳机插入 $X_{2\_}$ out 插孔，就可以听到声音。

（2）直流工作情况

6V 直流电压通过接插件 X_4 送入电路，+6V 电压经 R_{10} 降压后分成三路：第一路经 R_1、插座 X_1 的内部簧片为话筒提供工作电压，使话筒工作；第二路经 R_2、R_3 分压后为晶体管 VT_1 提供基极电压；第三路经 R_4 为 VT_1 提供集电极电压。晶体管 VT_1 提供电压后有 I_b、I_c、I_e 电流流过，VT_1 处于放大状态，可以放大送到基极的信号并从集电极输出。

（3）元器件说明

BM 有正、负极之分，不能接错极性。X_1 为外接输入插座，当外接音源设备（如收音机、MP3 等）时，应将音源设备的输出插头插入该插座，插座内的簧片断开，内置话筒 BM 被切断，而外部音源设备送来的信号经 X_1 簧片、RP_1 和 C_1 送到晶体管 VT_1 基极进行放大。X_3 为扬声器接插件，当使用外接扬声器时，可将扬声器的两根引线与 X_3 连接。X_2 为外接耳机（又称受话器）插座，当插入耳机插头后，插座内的簧片断开，扬声器接插件 X_3 被切断。

R_{10}、C_5 构成电源退耦电路，用于滤除电源供电中的波动成分，使电路能得到较稳定的供电电压。在电路工作时，+6V 电源经 R_{10} 为晶体管 VT_1 供电，同时还会对 C_5 充电，在 C_5 上充得上正下负电压。在静态时，VT_1 无信号输入，VT_1 导通程度不变（即 I_e 保持不变），流过

R_{10}的电流I基本稳定，U_A电压保持不变，在VT_1有信号输入时，VT_1的I_c电流会发生变化，当输入信号幅度大时，VT_1放大时导通程度深，I_c电流增大，流过R_{10}的电流I也增大，若没有C_5，A点电压会因电流I的增大而下降（I增大，R_{10}上电压增大），有了C_5后，C_5会向R_4放电弥补I_c电流增多的部分，无须通过R_{10}的电流I增大，这样A点电压变化很小。同样，如果VT_1的输入信号幅度小时，VT_1放大时导通浅，I_c电流减小，若没有C_5，电流I也减小，A点电压会因电流I减小而升高，有了C_5后，多余的电流I会对C_5充电，这样电流I不会因I_c减小而减小，A点电压保持不变。

4.4 压电器件及电路

有一些特殊的材料，当受到一定方向的作用力时，在材料的某两个表面上会产生相反的电荷，两个表面之间就会有电压形成，去掉作用力后，这些电荷随之消失，两表面间的电压也会消失，这种现象称为正压电效应，又称压电效应；相反，如果在这些材料某两个表面施加电压，该材料在一定方向上产生机械变形，去掉电压后，变形会随之消失，这种现象称为逆压电效应。常见的压电材料有石英晶体谐振器、压电陶瓷、压电半导体和有机高分子压电材料等。

压电器件是使用压电材料制作而成的，常见的压电器件有石英晶体谐振器、陶瓷滤波器、声表面波滤波器、压电蜂鸣器和压电传感器等。

4.4.1 石英晶体谐振器及电路

1. 外形与结构

在石英晶体谐振器（简称晶振）上按一定方向切下薄片，将薄片两端抛光并涂上导电的银层，再从银层上连出两个电极并封装起来，这样就构成了石英晶体谐振器，简称晶振。石英晶体谐振器的外形、结构和电路符号如图4-63所示。

a）外形

b）结构　　　　c）电路符号

图4-63　石英晶体谐振器

2. 特性

石英晶体谐振器可以等效成 LC 电路，其等效电路和特性曲线如图 4-64 所示，L、C 构成串联 LC 电路，串联谐振频率为 $f_s = \dfrac{1}{2\pi\sqrt{LC}}$，$L$ 与 C、C_0 构成并联 LC 电路，由于 C_0 容量是 C 容量的数百倍，故 C_0、C 串联后的总容量值略小于 C 的容量值（$1/C_{总} = 1/C_0 + 1/C$，C_0 远大于 C 值，$1/C_0 + 1/C$ 略大于 $1/C$），故并联谐振频率 f_p 略大于串联谐振频率，但两者非常接近。

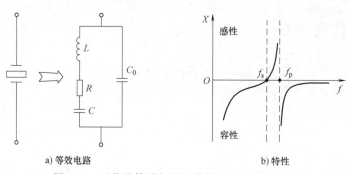

a) 等效电路   b) 特性

图 4-64   石英晶体谐振器的等效电路与特性曲线

当加到石英晶体谐振器两端信号的频率不同时，石英晶体谐振器会呈现出不同的特性， 如图 4-65 所示。具体说明如下：

① 当 $f = f_s$ 时，石英晶体谐振器呈阻性，相当于阻值小的电阻。

② 当 $f_s < f < f_p$ 时，石英晶体谐振器呈感性，相当于电感。

③ 当 $f < f_s$ 或 $f > f_p$ 时，石英晶体谐振器呈容性，相当于电容。

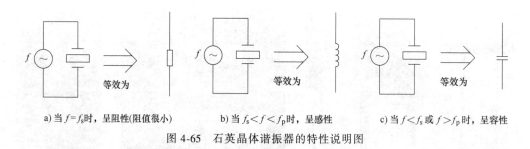

a) 当 $f = f_s$ 时，呈阻性(阻值很小)   b) 当 $f_s < f < f_p$ 时，呈感性   c) 当 $f < f_s$ 或 $f > f_p$ 时，呈容性

图 4-65   石英晶体谐振器的特性说明图

3. 应用电路

石英晶体谐振器主要用来与放大电路一起组成振荡器，其振荡频率非常稳定。

（1）并联型晶体振荡器

并联型晶体振荡器如图 4-66 所示。晶体管 VT 与 R_1、R_2、R_3、R_4 构成放大电路；C_3 为交流旁路电容，对交流信号相当于短路；X_1 为石英晶体，在电路中相当于电感。从交流等效图可以看出，该电路是一个电容三点式振荡器，C_1、C_2、X_1 构成选频电路，由于 C_1、C_2 的容量远大于石英晶体的等效电容 C，这样整个选频电路的 C_1、C_2、C_0 和 C 并、串联得到的总容量与 C 的容量非常接近，即选频电路的频率与石英晶体 X_1 的固有频率 $f_s = \dfrac{1}{2\pi\sqrt{LC}}$ 非常接近（略大于）。为分析方便，设选频电路的频率为 f_0，$f_s<f_0<f_p$，一般情况下可认为 f_0 就是 f_s。

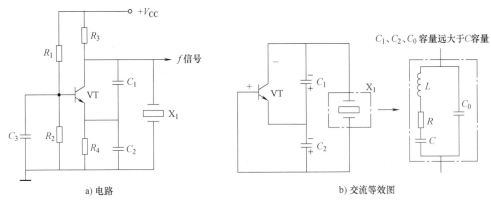

a) 电路　　　　　　　　　　　　b) 交流等效图

图 4-66　并联型晶体振荡器

电路振荡过程：接通电源后，晶体管 VT 导通，电流 I_c 流过 VT，它包含着微弱的 $0 \sim \infty$ Hz 各种频率信号。这些信号加到 C_1、C_2、X_1 构成的选频电路，选频电路从中选出 f_0 信号，在 X_1、C_1、C_2 两端有 f_0 信号电压，取 C_2 两端的 f_0 信号电压反馈到 VT 的基极-发射极之间进行放大，放大后输出信号又加到选频电路，C_1、C_2 两端的信号电压增大，C_2 两端的电压又送到 VT 基极-发射极，如此反复进行，VT 输出的信号越来越大，而 VT 放大电路的放大倍数逐渐减小，当放大电路的放大倍数与反馈电路的衰减倍数相等时，输出信号幅度保持稳定，不会再增大，该信号再送到其他的电路。

（2）串联型晶体振荡器

串联型晶体振荡器如图 4-67 所示。该振荡器采用了两级放大电路，石英晶体 X_1 除了构成反馈电路外，还具有选频功能，其选频频率 $f_0 = f_s$，电位器 RP_1 用来调节反馈信号的幅度。

电路的振荡过程如下：

接通电源后，晶体管 VT_1、VT_2 导通，VT_2 发射极输出变化的 I_e 电流中包含各种频率信号，石英晶体 X_1 对其中的 f_0 信号阻抗很小，f_0 信号经 X_1、RP_1 反馈到 VT_1 的发射极，该信号经 VT_1 放大后从集电极输

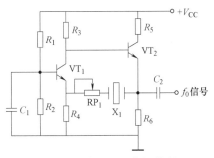

图 4-67　串联型晶体振荡器

出，又加到 VT_2 放大后从发射极输出，然后又通过 X_1 反馈到 VT_1 放大，如此反复进行，VT_2 输出的 f_0 信号幅度越来越大，VT_1、VT_2 组成的放大电路放大倍数越来越小，当放大倍数等于反馈衰减倍数时，输出 f_0 信号幅度不再变化，电路输出稳定的 f_0 信号。

（3）单片机的时钟振荡电路

单片机是一种大规模集成电路，内部有各种各样的数字电路，为了让这些电路按节拍工作，需要为这些电路提供时钟信号。图 4-68 是典型的单片机时钟电路，单片机 $XTAL_1$、$XATL_2$ 引脚外接频率为 12MHz 晶体振荡器 X 和两个电容 C_1、C_2，与内部的放大器构成时钟振荡电路，产生 12MHz 时钟信号供给内部电路使用，时钟信号的频率主要由晶振的频率决定，改变 C_1、C_2 的容量可以对时钟信号频率进行微调。

对于像单片机这样需要时钟信号的数字电路，如果时钟电路损坏不能产生时钟信号，整个电路不能工作。另外，时钟信号频率越高，数字电路工作速度越快，但相应功耗会增大，容易发热。

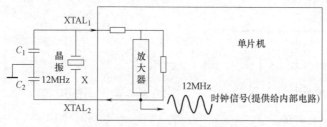

图 4-68　典型的单片机时钟电路

4. 有源晶体振荡器

有源晶体振荡器是将晶振和有关元件集成在一起组成晶体振荡器，再封装起来构成的元器件，当给有源晶体振荡器提供电源时，内部的晶体振荡器工作，会输出某一频率的信号。有源晶体振荡器外形如图 4-69 所示。

图 4-69　有源晶体振荡器外形

有源晶体振荡器通常有 4 个引脚，其中一个引脚为空脚（NC），其他三个引脚分别为电源（VCC）、接地（GND）和输出（OUT）引脚。有源晶体振荡器的典型外部接线电路如图 4-70 所示。L_1、C_1、C_2 构成电源滤波电路，用于滤除电源中的波动成分，使提供给晶体振荡器电源引脚的电压稳定波动小，晶体振荡器元件的 VCC 引脚获得供电后，内部晶体振荡器开始工作，从 OUT 端输出某频率的信号（晶体振荡器外壳会标注频率值），NC 引脚为空脚，可以接电源、接地或者悬空。

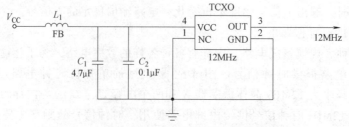

图 4-70　有源晶体振荡器元件的典型外部接线电路

4.4.2 陶瓷滤波器及电路

陶瓷滤波器是一种由压电陶瓷材料制成的选频元件，可以从众多的信号选出某频率的信号。当陶瓷滤波器输入端输入电信号时，输入端的压电陶瓷将电信号转换成机械振动，机械振动传递到输出端压电陶瓷时，又转换成电信号，只有输入信号的频率与陶瓷滤波器内部压电陶瓷的固有频率相同时，机械振动才能最大限度地传递到输出端压电陶瓷，从而转换成同频率的电信号输出，这就是陶瓷滤波器的选频原理。

1. 外形、符号与等效图

（1）外形

图 4-71 是一些常见的陶瓷滤波器，有两引脚、三引脚和四引脚。两引脚的陶瓷滤波器其中一个为输入端，另一个为输出端；三引脚的多了一输入输出公共端（使用时多接地）；四引脚的有两个输入端、两个输出端。

图 4-71 一些常见的陶瓷滤波器

（2）符号与等效图

陶瓷滤波器主要有两引脚和三引脚。两引脚的陶瓷滤波器的符号与等效图如图 4-72a 所示，输入端与输出端之间相当一个 R、L、C 构成的串联谐振电路，当输入信号的频率 $f = f_0 = \dfrac{1}{2\pi\sqrt{LC_1}}$ 时，陶瓷滤波器对该频率的信号阻碍很小，该频率的信号就很容易通过，而对其他频率不等于 f_0 的信号，陶瓷滤波器对其阻碍很大，通过的信号很小，可以认为无法通过。陶瓷滤波器的频率 f_0 值会标注在元件外壳上。等效电路中的 C_2 值为陶瓷滤波器的极间电容，这是因陶瓷滤波器两极间隔着绝缘的陶瓷材

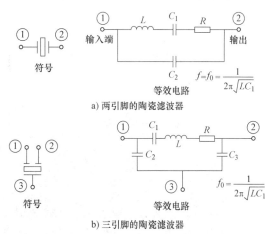

a) 两引脚的陶瓷滤波器

b) 三引脚的陶瓷滤波器

图 4-72 陶瓷滤波器的符号与等效电路

料而形成的电容，一般陶瓷滤波器的选频频率越高，极间电容越小。

三引脚的陶瓷滤波器的符号与等效图如图 4-72b 所示，其选频频率 $f_0 = \dfrac{1}{2\pi\sqrt{LC_1}}$，$C_2$ 为①③脚之间的极间电容，C_3 为①②脚之间的极间电容。如果将①脚作为输入端，②脚输出

端，③脚作为接地端，那么 f_0 频率的信号可以通过陶瓷滤波器，这种用于选取某频率信号的滤波器称为带通滤波器。如果将①脚作为输入端，③脚作为输出端，②脚作为接地端，那么 f_0 频率的信号会从②脚到地而消失，其他频率的信号则通过 C_2 从③脚输出，这种用于去掉某频率信号而选出其他频率信号的滤波器称为陷波器，又称带阻滤波器。

2. 应用电路

陶瓷滤波器的应用如图 4-73 所示。该电路是电视机的信号分离电路，从前级电路送来的 0~6MHz 的视频信号和 6.5MHz 的伴音信号分作两路：一路经 6.5MHz 的带通滤波器选出 6.5MHz 的伴音信号，送到伴音信号处理电路；另一路经 6.5MHz 的陷波器（带阻滤波器）将 6.5MHz 的伴音信号旁路到地，

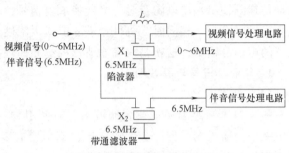

图 4-73　陶瓷滤波器的应用

剩下 0~6MHz 的视频信号去视频信号处理电路，电感 L 与陶瓷滤波器内部的极间电容构成 6.5MHz 的并联谐振电路，对 6.5MHz 的信号呈高阻抗，6.5MHz 的信号难于通过，而对 0~6MHz 信号阻抗小，0~6MHz 容易通过。

4.4.3　声表面波滤波器及电路

声表面波滤波器（SAWF）是一种以压电材料为基片制成的滤波器，其选频频率可以做得很高（几兆赫兹至几吉赫兹），并且具有较宽的通频带，可以让中心频率的附近频率信号也能通过。

1. 外形与符号

声表面波滤波器的外形和符号如图 4-74 所示，其封装形式有三引脚、四引脚和五引脚，三引脚的有一个输入引脚、一个输出引脚和一个输入输出公共引脚，公共引脚一般与金属外壳连接，四引脚的有两个输入引脚和两个输出引脚，五引脚的有两个输入引脚、两个输出引脚和一个与金属外壳连接的引脚。

a) 外形　　　　　　　　　　　　　　　　　b) 电路符号

图 4-74　声表面波滤波器的外形和符号

2. 结构与工作原理

声表面波滤波器的结构如图 4-75 所示，主要由压电材料基片、叉指结构的发射和接收

换能器、吸声材料等组成。当输入信号送到发射
换能器时，发射换能器会产生振动而产生声波，
该声波沿基片表面往两个方向传播：一个方向的
声波被吸声材料吸收；另一个方向的声波传送到
接收换能器。由于逆压电效应，接收换能器将声
表面波转成电信号输出，输入信号只有频率与声
表面波滤波器的选频频率相同，声波才能最大限
度地由发射换能器传送到接收换能器，该信号才
能通过声表面波滤波器。

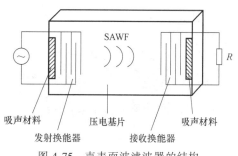

图 4-75 声表面波滤波器的结构
与工作原理说明图

3. 应用电路

声表面波滤波器的应用电路如图 4-76 所示。该电路是电视机的中放选频电路，由于声
表面波滤波器在选取信号时会对信号有一定的衰减，故需要在前面加一个放大电路。由前级
电路送来 38MHz、31.5MHz、30MHz 和 39.5MHz 信号，其中 38MHz 的信号为图像中频信
号，31.5MHz 信号为第一伴音信号，30MHz 和 39.5MHz 是邻频道的图像和伴音干扰信号，
这些信号送到预中放管 VT 基极，放大后送到声表面波滤波器（SAWF）的输入端，声表面
波滤波器的中心频率约为 35MHz，由于 SAWF 通频带（通过的频率范围）较宽，故 35MHz
附近的信号（如 31.5MHz 和 38MHz）均可通过，而频率与中心频率相差较大的 30MHz 和
39.5MHz 的邻频道干扰信号难于通过 SAWF。

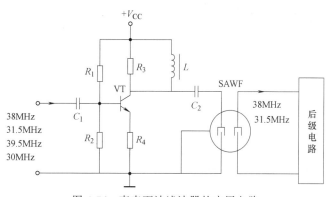

图 4-76 声表面波滤波器的应用电路

4.5 继电器及电路

4.5.1 电磁继电器及电路

电磁继电器是一种利用线圈通电产生磁场来吸合衔铁而驱动带动触点开关通、断的元器件。

1. 外形与图形符号

电磁继电器实物外形和图形符号如图 4-77 所示。

2. 结构

电磁继电器是利用线圈通过电流产生磁场，来吸合衔铁而使触点断开或接通的。电磁继

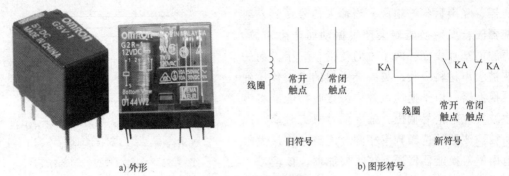

a) 外形

b) 图形符号

图 4-77 电磁继电器

电器内部结构如图 4-78 所示。从图中可以看出，电磁继电器主要由线圈、铁心、衔铁、弹簧、动触点、常闭触点（动断触点）、常开触点（动合触点）和一些接线端等组成。

当线圈接线端 1、2 脚未通电时，依靠弹簧的拉力将动触点与常闭触点接触，4、5 脚接通。当线圈接线端 1、2 脚通电时，有电流流过线圈，线圈产生磁场吸合衔铁，衔铁移动，将动触点与常开触点接触，3、4 脚接通。

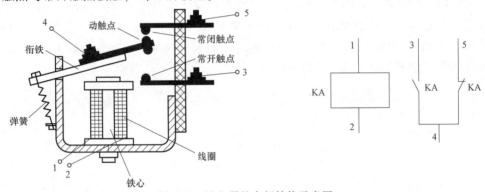

图 4-78 继电器的内部结构示意图

3. 应用电路

电磁继电器典型应用电路如图 4-79 所示。

当开关 S 断开时，继电器线圈无电流流过，线圈没有磁场产生，继电器的常开触点断开，常闭触点闭合，灯泡 HL_1 不亮，灯泡 HL_2 亮。

当开关 S 闭合时，继电器的线圈有电流流过，线圈产生磁场吸合内部衔铁，使常开触点闭合、常闭触点断开，结果灯 HL_1 亮，灯 HL_2 熄灭。

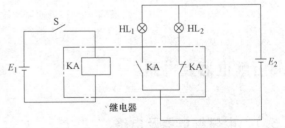

图 4-79 电磁继电器典型应用电路

4.5.2 固态继电器及电路

1. 固态继电器的主要特点

固态继电器简称 **SSR**，它是由以半导体晶体管为主要器件的电子电路组成。固态继电器与一般的电磁继电器相比，主要有以下特点：

1）寿命长。电磁继电器的触点存在机械磨损，它的寿命一般为 $10^5 \sim 10^6$ 次，而固态继电器的寿命高达 $10^8 \sim 10^{12}$ 次。

2）工作频率高。电磁继电器开合频率很低，一般不超过 20 次/s，而固态继电器不用机械触点，故可达很高的开合频率。

3）可靠性高。电磁继电器的触点由于受火花和表面氧化膜层的影响，容易出现接触不良，固态继电器没有机械触点，不易出现接触不良。

4）使用安全。电磁继电器在工作时会产生火花，如果应用在一些特殊的环境下（如矿山、化工行业），可能会点燃一些易燃气体而导致事故发生，固态继电器由于没有触点，不会产生火花，使用比较安全。

由于固态继电器有很多优点，所以在国外已经得到广泛应用，我国也逐渐开始应用。固态继电器种类很多，一般可分为直流固态继电器和交流继电器。

2. 直流固态继电器的外形与符号

直流固态继电器（DC-SSR）的输入端 INPUT（相当于线圈端）接直流控制电压，输出端 OUTPUT 或 LOAD（相当于触点开关端）接直流负载。直流固态继电器外形与符号如图 4-80 所示。

a) 外形　　　　　　　　　　b) 图形符号

图 4-80　直流固态继电器

3. 直流固态继电器的内部电路与工作原理

图 4-81 是一种典型的五引脚直流固态继电器的内部电路结构及等效图。

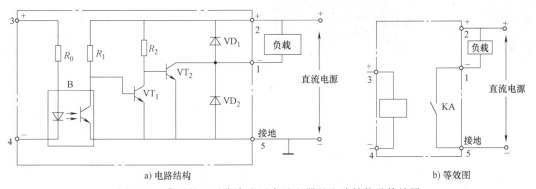

a) 电路结构　　　　　　　　　　b) 等效图

图 4-81　典型的五引脚直流固态继电器的电路结构及等效图

如图 4-81a 所示，当 3、4 端未加控制电压时，光耦合器中的光电晶体管截止，VT_1 基极电压很高而饱和导通，VT_1 集电极电压被旁路，VT_2 因基极电压低而截止，1、5 端处于开路状态，相当于触点开关断开。当 3、4 端加控制电压时，光耦合器中的光电晶体管导通，VT_1 基极电压被旁路而截止，VT_1 集电极电压很高，该电压加到 VT_2 基极，使 VT_2 饱和导通，1、5 端处于短路状态，相当于触点开关闭合。

VD_1、VD_2 为保护二极管，若负载是感性负载，在 VT2 由导通转为截止时，负载会产生很高的反峰电压，该电压极性是下正上负，VD_1 导通，迅速降低负载上的反峰电压，防止其击穿 VT_2，如果 VD_1 出现开路损坏，不能降低反峰电压，该电压会先击穿 VD_2（VD_2 耐压值较 VT_2 低），也可避免 VT_2 被击穿。

图 4-82 是一种典型的四引脚直流固态继电器的内部电路结构及等效图。

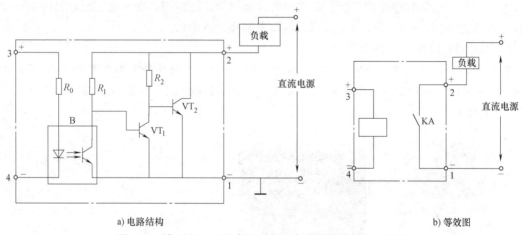

a) 电路结构   b) 等效图

图 4-82　典型的四引脚直流固态继电器的电路结构及等效图

4. 交流固态继电器的外形与符号

交流固态继电器（AC-SSR）的输入端接直流控制电压，输出端接交流负载。 交流固态继电器外形与符号如图 4-83 所示。

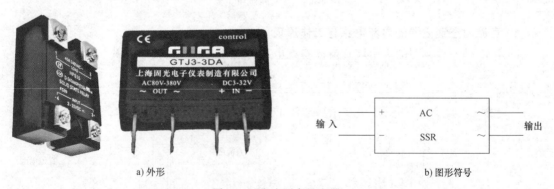

a) 外形   b) 图形符号

图 4-83　交流固态继电器

5. 交流固态继电器的内部电路与工作原理

图 4-84 是一种典型的交流固态继电器的内部电路结构。

如图 4-84a 所示，当 3、4 端未加控制电压时，光耦合器内的光电晶体管截止，VT_1 基

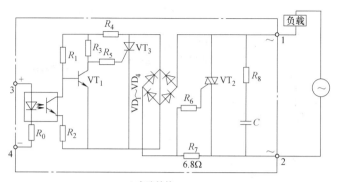

a) 电路结构

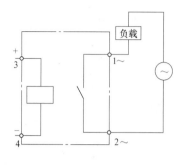

b) 等效图

图 4-84 典型的交流固态继电器的内部电路结构

极电压高而饱和导通，VT_1 集电极电压低，晶闸管 VT_3 门极电压低，VT_3 不能导通，桥式整流电路中的 $VD_1 \sim VD_4$ 都无法导通，双向晶闸管 VT_2 的门极无触发信号，处于截止状态，1、2 端处于开路状态，相当于开关断开。

当 3、4 端加控制电压后，光耦合器内的光电晶体管导通，VT_1 基极电压被光电晶体管旁路，进入截止状态，VT_1 集电极电压很高，该电压送到晶闸管 VT_3 的门极，VT_3 被触发而导通。在交流电压正半周时，1 端为正，2 端为负，VD_1、VD_3 导通，有电流流过 VD_1、VT_3、VD_3 和 R_7，电流在流经 R_7 时会在两端产生电压降，R_7 左端电压较右端电压高，该电压使 VT_2 的门极电压较主电极电压高，VT_2 被正向触发而导通；在交流电压负半周时，1 端为负，2 端为正，VD_2、VD_4 导通，有电流流过 R_7、VD_2、VT_3 和 VD_4，电流在流经 R_7 时会在两端产生电压降，R_7 左端电压较右端电压低，该电压使 VT_2 的门极电压较主电极电压低，VT_2 被反向触发而导通。也就是说，当 3、4 控制端加控制电压时，不管交流电压是正半周还是负半周，1、2 端都处于通路状态，相当于继电器加控制电压时，常开开关闭合。

若 1、2 端处于通路状态，如果撤去 3、4 端控制电压，晶闸管 VT_3 的门极电压会被 VT_1 旁路，在 1、2 端交流电压过零时，流过 VT_3 的电流为 0，VT_3 被关断，R_7 上的电压降为 0，双向晶闸管 VT_2 会因门极、主电极电压相等而关断。

4.5.3 干簧管与干簧继电器

1. 干簧管的外形与符号

干簧管是一种利用磁场直接磁化触点而让触点开关产生接通或断开动作的器件。图 4-85a 所示是一些常见干簧管的实物外形，图 4-85b 所示为干簧管的图形符号。

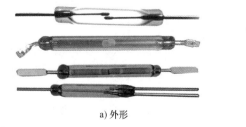

a) 外形

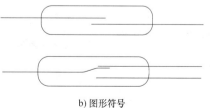

b) 图形符号

图 4-85 干簧管

2. 干簧管的工作原理

干簧管的工作原理如图 4-86 所示。当干簧管未加磁场时，内部两个簧片不带磁性，处于断开状态。若将磁铁靠近干簧管，内部两个簧片被磁化而带上磁性，一个簧片磁性为 N，另一个簧片磁性为 S，两个簧片磁性相异产生吸引，从而使两簧片的触点接触。

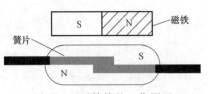

图 4-86　干簧管的工作原理

3. 干簧继电器的外形与符号

干簧继电器由干簧管和线圈组成。图 4-87a 给出了一些常见的干簧继电器，图 4-87b 所示为干簧继电器的图形符号。

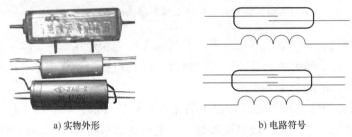

a) 实物外形　　　　　　　b) 电路符号

图 4-87　干簧继电器

4. 干簧继电器的工作原理

干簧继电器的工作原理如图 4-88 所示。

当干簧继电器线圈未加电压时，内部两个簧片不带磁性，处于断开状态，给线圈加电压后，线圈产生磁场，线圈的磁场将内部两个簧片磁化而带上磁性，一个簧片磁性为 N，另一个簧片磁性为 S，两个簧片磁性相异产生吸引，从而使两簧片的触点接触。

5. 干簧继电器的应用电路

图 4-89 所示是一个光控开门控制电路。它可根据有无光线来起动电动机工作，让电动机驱动大门打开。图中的光控开门控制电路主要是由干簧继电器 GHG、继电器 K_1 和安装在大门口的光敏电阻 RG 及电动机组成的。

在白天，将开关 S 断开，自动光控开门电路不工作。在晚上，将 S 闭合，在没有光线照射大门时，光敏电阻 RG 阻值很大，流过干簧继电器线圈的电流很小，干簧继电器不工作，若有光线照射大门（如汽车灯）时，光敏电阻的阻值变小，流过干簧继电器线圈的电流很大，线圈产生磁场将管内的两块簧片磁化，两块簧片吸引而使触点接触，有电流流过继电器

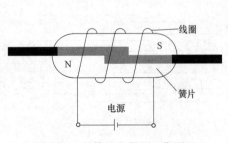

图 4-88　干簧继电器的工作原理

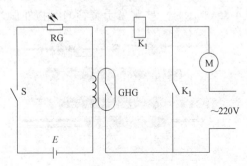

图 4-89　光控开门控制电路

K_1线圈，线圈产生磁场吸合常开触点 K_1，K_1 闭合，有电流流过电动机，电动机运转，通过传动机构将大门打开。

4.6 常用传感器及电路

传感器是一种将非电量（如温度、湿度、光线、磁场和声音）等转换成电信号的器件。传感器种类很多，主要可分物理传感器和化学传感器。物理传感器可将物理变化（如压力、温度、速度、温度和磁场的变化）转换成变化的电信号，化学传感器主要以化学吸附、电化学反应等原理，将被测量的微小变化将转换成变化的电信号，气敏传感器就是一种常见的化学传感器，如果将人的眼睛、耳朵和皮肤看作是物理传感器，那么舌头、鼻子就是化学传感器。本节将介绍一些较常见的传感器。

4.6.1 气敏传感器及电路

气敏传感器是一种对某种或某些气体敏感的电阻器，当空气中某种或某些气体含量发生变化时，置于其中的气敏传感器阻值就会发生变化。

气敏传感器种类很多，其中采用半导体材料制成的气敏传感器应用最广泛。半导体气敏传感器有 N 型和 P 型之分，N 型气敏传感器在检测到甲烷、一氧化碳、天然气、煤气、液化石油气、乙炔、氢气等气体时，其阻值会减小；P 型气敏传感器在检测到可燃气体时，其阻值将增大，而在检测到氧气、氯气及二氧化氮等气体时，其阻值会减小。

1. 外形与符号
气敏传感器的外形与符号如图 4-90 所示。

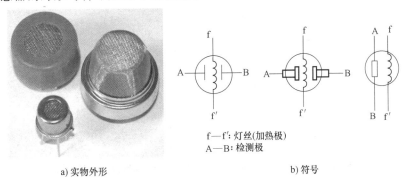

f—f′:灯丝(加热极)
A—B:检测极

a) 实物外形　　　　　　　　　　b) 符号

图 4-90　气敏传感器

2. 结构
气敏传感器的典型结构及特性曲线如图 4-91 所示。

气敏传感器的气敏特性主要由内部的气敏元件来决定。 气敏元件引出四个电极，分别与①②③④引脚相连。当在清洁的大气中给气敏传感器的①②脚通电流（对气敏元件加热）时，③④脚之间的阻值先减小再升高（4～5min），阻值变化规律如图 4-91b 中曲线所示，升高到一定值时阻值保持稳定，若此时气敏传感器接触某种气体时，气敏元件吸附该气体后，③④脚之间的阻值又会发生变化（若是 P 型气敏传感器，其阻值会增大，而 N 型气敏传感器阻值会变小）。

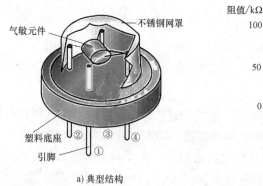

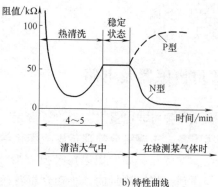

a) 典型结构

b) 特性曲线

图 4-91　气敏传感器的典型结构及特性曲线

3. 应用电路

图 4-92 是一种使用气敏传感器的有害气体检测自动排放电路。在纯净的空气中,气敏传感器 A、B 之间的电阻 R_{AB} 较大,经 R_{AB}、R_2 送到晶体管 VT_1 基极的电压低,VT_1、VT_2 无法导通,如果室内空气中混有有害气体,气敏传感器 A、B 之间的电阻 R_{AB} 变小,电源经 R_{AB} 和 R_2 送到 VT_1 基极的电压达到 1.4V 时,VT_1、VT_2 导通,有电流流过继电器 K_1 线圈,K_1 常开触点闭合,风扇电动机运转,强制室内空气与室外空气进行交换,减少室内空气有害气体浓度。

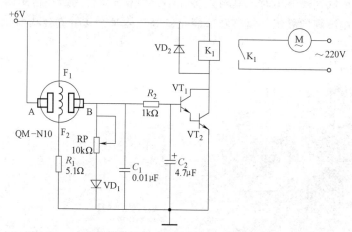

图 4-92　一种使用气敏传感器的有害气体检测自动排放电路

4.6.2　热释电人体红外线传感器及电路

热释电人体红外线传感器是一种将人或动物发出的红外线转换成电信号的器件。热释电人体红外线传感器的外形如图 4-93 所示,利用它可以探测人体的存在,因此广泛用在保险装置、防盗报警器、感应门、自动灯具和智慧玩具等电子产品中。

1. 结构

热释电人体红外线传感器的结构如图 4-94 所示。从

图 4-93　热释电人体红外线传感器的外形

图中可以看出，它主要由敏感元件、场效应晶体管、高阻值电阻和滤光片组成。

（1）敏感元件

敏感元件由一种热电材料（如锆钛酸铅系陶瓷、钽酸锂、硫酸三甘钛等）制成，热释电传感器内一般装有两个敏感元件，并将两个敏感元件以反极性串联，当环境温度使敏感元件自身温度升高而产生电压时。由于两敏感元件产生的电压大小相等、方向相反，串联叠加后送给场效应管的电压为 0，从而抑制环境温度干扰。

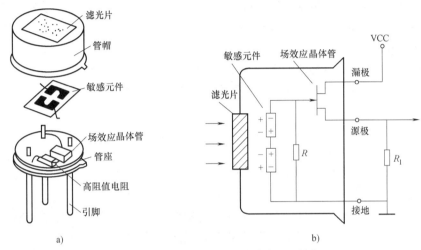

图 4-94　热释电人体红外线传感器的结构

两个敏感元件串联就像两节电池反向串联一样，如图 4-95a 所示，E_1、E_2 电压均为 1.5V，当它们反极性串联后，两电压相互抵消，输出电压 $U=0$，如果某原因使 E_1 电压变为 1.8V，如图 4-95b 所示，两电压不能完全抵消，输出电压为 $U=0.3V$。

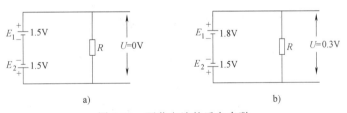

图 4-95　两节电池的反向串联

（2）场效应晶体管和高阻值电阻

敏感元件产生的电压信号很弱，其输出电流也极小，故采用输入阻抗很高的场效应晶体管（电压放大型元件）对敏感元件产生的电压信号进行放大，在采用源极输出放大方式时，源极输出信号为 0.4~1.0V。高阻值电阻的作用是释放场效应晶体管栅极电荷（由敏感元件产生的电压充得），让场效应晶体管始终能正常工作。

（3）滤光片

敏感元件是一种广谱热电材料制成的元件，对各种波长光线比较敏感。为了让传感器仅对人体发出红外线敏感，而对太阳光、电灯光具有抗干扰性，传感器采用特定的滤光片作为受光窗口，该滤光片的通光波长为 7.5~14μm。人体温度为 36~37℃，会使人体会发出波长为 9.64~9.67μm 红外线（红外线人眼无法看见）。由此可见，人体辐射的红外线波长正好处于滤光片的通光波长范围内，而太阳、电灯发出的红外线的波长在滤光片的通光范围之外，无法通过滤光片照射到传感器的敏感元件上。

2. 工作原理

当人体（或与人体温相似的动物）靠近热释电人体红外线传感器时，人体发出的红外线通过滤光片照射到传感器的一个敏感元件上，该敏感元件两端电压发生变化，另一个敏感元件无光线照射，其两端电压不变，两敏感元件反极性串联得到的电压不再为 0，而是输出一个变化的电压（与受光照射敏感元件两端电压变化相同），该电压送到场效应晶体管的栅极，放大后从源极输出，再到后级电路进一步处理。

3. 菲涅尔透镜

热释电人体红外线传感器可以探测人体发出的红外线，但探测距离近，一般在 2m 以内，为了提高其探测距离，通常在传感器受光面前面加装一个菲涅尔透镜，该透镜可使探测距离达到 10m 以上。

菲涅尔透镜如图 4-96 所示。该透镜通常用透明塑料制成，透镜按一定的制作方法被分成若干等份。菲涅尔透镜作用有两点：一是对光线具有聚焦作用；二是将探测区域分为若干个明区和暗区。当人进入探测区域的某个明区时，人体发出的红外光经该明区对应的透镜部分聚焦后，通过传感器的滤光片照射到敏感元件上，敏感元件产生电压，当人走到暗区时，人体红外光无法到达敏感元件，敏感元件两端的电压会发生变化，即敏感元件两端电压随光线的有无而发生变化，该变化的电压经场效应晶体管放大后输出，传感器输出信号的频率与人在探测范围内明、暗区之间移动的速度有关，移动速度越快，输出的信号频率越高，如果人在探测范围内不移动，则传感器输出固定不变的电压。

图 4-96　菲涅尔透镜

4. 应用电路

图 4-97 是一种采用热释电人体红外线传感器来检测是否有人的自动灯控制电路。

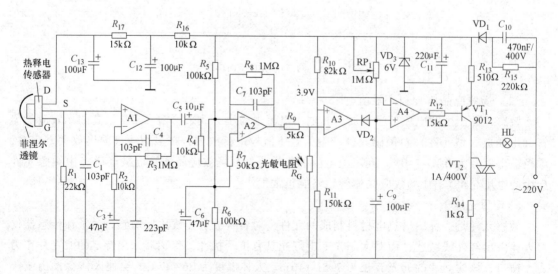

图 4-97　采用热释电人体红外线传感器的自动灯控制电路

220V 交流电压经 $C_{10}//R_{15}$ 降压和整流二极管 VD_1 对 C_{11} 充得上正下负电压，由于稳压二极管 VD_3 的稳压作用，C_{11} 上的电压约为 6V，该电压除了供给各级放大电路外，还经 R_{16}、C_{12}、R_{17}、C_{13} 进一步滤波，得到更稳定的电压供给热释电传感器。

当热释电传感器探测范围内无人时，传感器 S 端无信号输出，运算放大器 A1 无信号输入，A2 放大器无信号输出，比较器 A3 反相输入端无信号输入，其同相输入端电压（约 3.9V）高于反相输入端电压，输出高电平，二极管 VD_2 截止，比较器 A4 同相输入端电压高于反相输入端电压，A4 输出高电平，晶体管 VT_1 截止，R_{14} 两端无电压，双向晶闸管 VT_2 无触发电压而不能导通，灯泡不亮。当有人进入热释电传感器探测范围内时，传感器 S 端有信号输出，运算放大器 A1 有信号输入，A2 放大器有信号输出，比较器 A3 反相输入端有信号输入，其反相输入端电压高于同相输入端电压（约 3.9V），A3 输出低电平，二极管 VD_2 导通，C_9 通过 VD_2 往前级电路放电，放电使比较器 A4 同相输入端电压低于反相输入端电压，A4 输出低电平，晶体管 VT_1 导通，有电流流过 R_{14}，R_{14} 两端触发双向晶闸管 VT_2 导通，有电流流过灯泡，灯泡变亮。当人体离开热释电传感器探测范围时，传感器无信号输出，比较器 A3 无输入电压，同相电压高于反相电压，A3 输出高电平，二极管 VD_2 截止，6V 电源经 RP_1 对 C_9 充电，当 C_9 两端电压高于 3.9V 时，A4 输出高电平，晶体管 VT_1 截止，双向晶闸管 VT_2 失去触发电压也截止，灯泡熄灭，由于 C_9 充电需要一定时间，故人离开一段时间后灯泡才熄灭。

为了避免白天出现人来灯亮、人走灯灭的情况发生，电路采用光敏电阻 R_G 来解决这个问题。在白天，光敏电阻 R_G 受光照而阻值变小，在有人时，A2 有信号输出，但由于 R_G 阻值小，A3 同相输入端电压仍很低，A3 输出高电平，VD_2 截止，A4 输出高电平，VT_1 截止，VT_2 也截止，灯泡不亮。在晚上，R_G 无光照而阻值变大，在有人时，A2 输出电压会使 A3 反相电压高于同相电压，A3 输出低电平，通过后级电路使灯泡变亮。

4.6.3 霍尔传感器及电路

霍尔传感器是一种检测磁场的传感器，可以检测磁场的存在和变化，广泛应用在测量、自动化控制、交通运输和日常生活等领域。

1. **外形与符号**

霍尔传感器外形与符号如图 4-98 所示。

a) 外形   b) 符号

图 4-98 霍尔传感器外形与符号

2. 结构与工作原理

（1）霍尔效应

当一个通电导体置于磁场中时，在该导体两侧面会产生电压，这种现象称为霍尔效应。下面以图 4-99 来说明霍尔传感器工作原理。

先给导体通以图示方向（Z 轴方向）的电流 I，然后在与电流垂直的方向（Y 轴方向）施加磁场 B，那么会在导体两侧（X 轴方向）产生电压 U_H，U_H 称为霍尔电压。霍尔电压 U_H 可用以下表达式来求得：

$$U_H = KIB\cos\theta$$

式中，U_H 为霍尔电压（单位为 mV）；K 为灵敏度［单位为 mV/(mA·T)］；I 为电流（单位为 mA）；B 为磁感应强度（单位为 T）；θ 为磁场与磁敏面垂直方向的夹角，磁场与磁敏面垂直方向一致时，$\theta = 0°$，$\cos\theta = 1$。

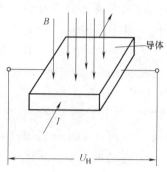

图 4-99　霍尔传感器的工作原理说明图

（2）霍尔元件与霍尔传感器

金属导体具有霍尔效应，但其灵敏度低，产生的霍尔电压很低，不适合作为霍尔元件。霍尔元件一般由半导体材料（锑化铟最为常见）制成，其结构如图 4-100 所示。它由衬底、十字形半导体材料、电极引线和磁性体顶端等构成。十字形锑化铟材料的四个端部的引线中，1、2 端为电流引脚，3、4 端为电压引脚，磁性体顶端的作用是磁场磁力线来提高元件灵敏度。

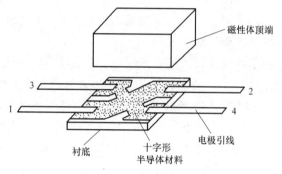

图 4-100　霍尔元件的结构

由于霍尔元件产生的电压很小，故通常将霍尔元件与放大器电路、温度补偿电路及稳压电源等集成在一个芯片上，称为霍尔传感器。

3. 种类

霍尔传感器可分为线性型霍尔传感器和开关型霍尔传感器两种。

（1）线性型霍尔传感器

线性型霍尔传感器主要由霍尔元件、线性放大器和射极跟随器组成，其组成如图 4-101a 所示。当施加给线性型霍尔传感器的磁场逐渐增强时，其输出的电压会逐渐增大，即输出信号为模拟量。线性型霍尔传感器的特性曲线如图 4-101b 所示。

（2）开关型霍尔传感器

开关型霍尔传感器主要由霍尔元件、放大器，施密特触发器（整形电路）和输出级组成，其组成和特性曲线如图 4-102 所示。当施加给开关型霍尔传感器的磁场增强时，只要小于 B_{OP} 时，其输出电压 U_0 为高电平，大于 B_{OP} 输出由高电平变为低电平；当磁场减弱时，磁场需要减小到 B_{RP} 时，输出电压 U_0 才能由低电平转为高电平，也就是说，开关型霍尔传感器由高电平转为低电平和由低电平转为高电平所要求的磁场感应强度是不同的，高电平转

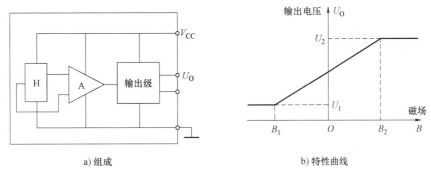

a) 组成　　　　　　　　　　b) 特性曲线

图 4-101　线性型霍尔传感器

为低电平要求的磁感应强度更强。

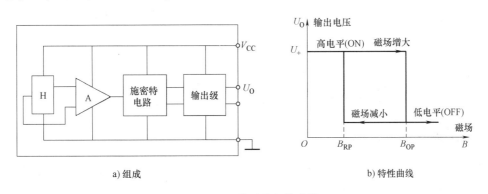

a) 组成　　　　　　　　　　b) 特性曲线

图 4-102　开关型霍尔传感器

4. 应用电路

（1）线性型霍尔传感器的应用

线性型霍尔传感器具有磁感应强度连续变化时输出电压也连续变化的特点，主要用于一些物理量的测量。

图 4-103 是一种采用线性型霍尔传感器构成的电子型电流互感器，用来检测线路的电流大小。当线圈有电流 I 流过时，线圈会产生磁场，该磁场磁力线沿铁心构成磁回路，由于铁心上开有一个缺口，缺口中放置一个霍尔传感器，磁力线在穿过霍尔传感器时，传感器会输出电压，电流 I 越大，线圈产生的磁场越强，霍尔传感器输出电压越高。

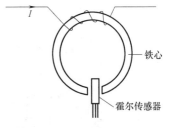

图 4-103　采用线性型霍尔传感器
构成的电子型的电流互感器

（2）开关型霍尔传感器的应用

开关型霍尔传感器具有磁感应强度达到一定强度时输出电压才会发生电平转换的特点，主要用于测转数、转速、风速、流速、接近开关、关门告知器、报警器和自动控制电路等。

图 4-104 是一种采用开关型霍尔传感器构成的转数测量装置的结构示意图。转盘每旋转一周，磁铁靠近传感器一次，传感器就会输出一个脉冲，只要计算输出脉冲的个数，就可以知道转盘的转数。

图 4-105 是一种采用开关型霍尔元件构成的磁铁极性识别电路。当磁铁 S 极靠近霍尔元件时，d、c 间的电压极性为 d+、c−，晶体管 VT$_1$ 导通，发光二极管 VL$_1$ 有电流流过而发光；当磁铁 N 极靠近霍尔元件时，d、c 间的电压极性为 d−、c+，晶体管 VT$_2$ 导通，发光二极管 VL$_2$ 有电流流过而发光，当霍尔元件无磁铁靠近时，d、c 间的电压为 0，VL$_1$、VL$_2$ 均不亮。

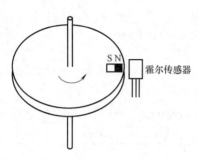

图 4-104　采用开关型霍尔传感器构成的
转数测量装置的结构示意图

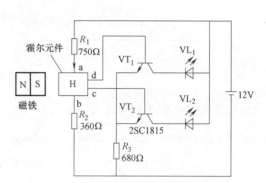

图 4-105　采用开关型霍尔元件构成
的磁铁极性识别电路

4.6.4　温度传感器及电路

温度传感器可将不同的温度转换成不同的电信号。本小节以空调器的温度传感器为例来介绍温度传感器。

1. 外形与种类

空调器采用的温度传感器又称感温探头，它是一种负温度系数（NTC）热敏电阻器，当温度变化时其阻值会发生变化，温度上升阻值变小，温度下降阻值变大。空调器使用的温度传感器有铜头和胶头两种类型，如图 4-106 所示。铜头温度传感器用于探测热交换器铜管的温度，胶头温度传感器用于探测室内空气温度。根据在 25℃ 时阻值的不同，空调器常用的温度传感器规格有 5kΩ、10kΩ、15kΩ、20kΩ、25kΩ、30kΩ 和 50kΩ 等。

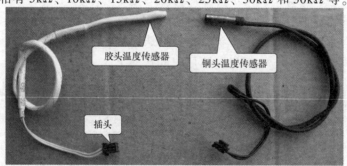

图 4-106　空调器使用的铜头和胶头温度传感器

2. 温度检测电路

图 4-107 是一种空调器的温度检测电路，包括室温检测电路、室内管温检测电路和室外管温检测电路，三者都采用 4.3kΩ 的负温度系数温度传感器（温度越高阻值越小）。

（1）室温检测电路

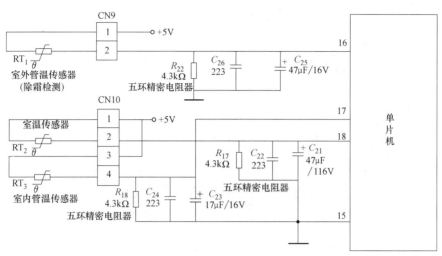

图 4-107 一种空调器的温度检测电路

温度传感器 RT_2 与 R_{17}、C_{21}、C_{22} 一起构成室温检测电路。+5V 电压经 RT_2、R_{17} 分压后，在 R_{17} 上得到一定的电压送到单片机 18 脚，如果室温为 25℃，RT_2 阻值正好为 4.3kΩ，R_{17} 上的电压为 2.5V，该电压值送入单片机，单片机根据该电压值知道当前室温为 25℃，如果室温高于 25℃，温度传感器 RT_2 的阻值小于 4.3kΩ，送入单片机 18 脚的电压高于 2.5V。

本电路中的温度传感器接在电源与分压电阻之间，而有些空调器的温度传感器则接在分压电阻和地之间，对于这样的温度检测电路，温度越高，温度传感器阻值越小，送入单片机的电压越低。

（2）室内管温检测电路

温度传感器 R_{T3}、R_{18}、C_{23}、C_{24} 一起构成室内管温检测电路。+5V 电压经 RT_3、R_{18} 分压后，在 R_{18} 上得到一定的电压送到单片机 17 脚，单片机根据该电压值就可了解室内热交换器的温度，如果室内热交换器温度低于 25℃，温度传感器 RT_3 的阻值大于 4.3kΩ，送入单片机 17 脚的电压低于 2.5V。

（3）室外管温检测电路

温度传感器 RT_1 与 R_{22}、C_{25}、C_{26} 一起构成了室外管温检测电路。+5V 电压经 RT_1、R_{22} 分压后，在 R_{22} 上得到一定的电压送到单片机 16 脚，单片机根据该电压值就可知道室外热交换器的温度。

第5章

<<<<<<<

放大电路识图

5.1 单级放大电路

5.1.1 固定偏置放大电路

晶体管是一种具有放大功能的电子元件，**但单独的晶体管是无法放大信号的，只有给晶体管提供电压，让它导通后才具有放大能力**。为晶体管提供导通所需的电压，使晶体管具有放大能力的放大电路通常称为基本放大电路，又称偏置放大电路。常见的基本放大电路有固定偏置放大电路、分压式偏置放大电路和电压负反馈放大电路。

固定偏置放大电路是一种最简单的放大电路。固定偏置放大电路如图 5-1 所示。

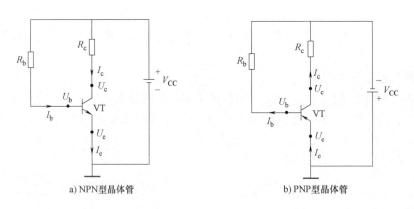

a) NPN型晶体管　　　　　　　　　b) PNP型晶体管

图 5-1　固定偏置放大电路

图 5-1a 为由 NPN 型晶体管构成的固定偏置放大电路，图 5-1b 是由 PNP 型晶体管构成的固定偏置放大电路。它们都由晶体管 VT 和电阻 R_b、R_c 组成，R_b 称为偏置电阻，R_c 称为负载电阻。接通电源后，有电流流过晶体管 VT，VT 就会导通从而具有放大能力。下面来分析图 5-1a 所示的 NPN 型晶体管构成的固定偏置放大电路。

（1）电流关系

接通电源后，从电源 V_{CC} 正极流出电流，分作两路：一路电流经电阻 R_b 流入晶体管 VT 基极，再通过 VT 内部的发射结从发射极流出；另一路电流经电阻 R_c 流入 VT 的集电极，再通过 VT 内部从发射极流出。两路电流从 VT 的发射极流出后汇合成一路电流，再流到电源的负极。

晶体管三个极分别有电流流过，其中**流经基极的电流称为 I_b，流经集电极的电流称为 I_c，流经发射极的电流称为 I_e。I_b、I_c、I_e 的关系为**

$$I_b + I_c = I_e$$
$$I_c = I_b\beta （\beta \text{ 为晶体管 VT 的放大倍数}）$$

（2）电压关系

接通电源后，电源为晶体管各极提供电压，电源正极电压经 R_c 降压后为 VT 提供集电极电压 U_c，电源经 R_b 降压后为 VT 提供基极电压 U_b，电源负极电压直接加到 VT 的发射极，发射极电压为 U_e。电路中 R_b 阻值较 R_c 的阻值大很多，所以**处于放大状态的 NPN 型晶体管三个极的电压关系为**

$$U_c > U_b > U_e$$

（3）晶体管内部两个 PN 结的状态

NPN 型晶体管内部有两个 PN 结，集电极和基极之间有一个 PN 结，称为集电结，发射极和基极之间有一个 PN 结称为发射结。因为 VT 的三个极的电压关系是 $U_c > U_b > U_e$，所以 VT 内部两个 PN 结的状态是：发射结正偏（PN 结可相当于一个二极管，P 极电压高于 N 极电压时称为 PN 结电压正偏），集电结反偏。

综上所述，**晶体管处于放大状态时具有的特点如下：**

1）$I_b + I_c = I_e$，$I_c = I_b\beta$。

2）$U_c > U_b > U_e$（**NPN 型晶体管**）。

3）**发射结正偏导通，集电结反偏。**

（4）静态工作点的计算

在图 5-1a 中，**晶体管 VT 的 I_b（基极电流）、I_c（集电极电流）和 U_{ce}（集电极和发射极之间的电压，$U_{ce} = U_c - U_e$）称为静态工作点。**

晶体管 VT 的静态工作点的计算方法如下：

$$I_b = \frac{V_{CC} - U_{be}}{R_b} （\text{晶体管处于放大状态时 } U_{be} \text{ 的值为定值，硅管一般为 } U_{be} = 0.7V，\text{锗管为}$$
$U_{be} = 0.3V$）

$$I_c = \beta I_b$$
$$U_{ce} = U_c - U_e = U_c - 0 = U_c = V_{CC} - U_{Rc} = V_{CC} - I_c R_c$$

举例：在图 5-1a 中，$V_{CC} = 12V$，$R_b = 300k\Omega$，$R_c = 4k\Omega$，$\beta = 50$，求放大电路的静态工作点 I_b、I_c、U_{ce}。

静态工作点计算过程如下：

$$I_b = \frac{V_{CC} - U_{be}}{R_b} = \frac{12 - 0.7}{3 \times 10^5}A \approx 37.7 \times 10^{-6}A = 0.0377mA$$

$$I_c = \beta I_b = 50 \times 37.7 \times 10^{-6}A = 1.9 \times 10^{-3}A = 1.9mA$$

$$U_{ce} = V_{CC} - I_c R_c = 12V - 1.9 \times 10^{-3} \times 4 \times 10^3 V = 4.4V$$

以上分析的是 NPN 型晶体管固定偏置放大电路，读者可根据上面的方法来分析图 5-1b 中的 PNP 型晶体管固定偏置电路。

固定偏置放大电路结构简单，但当晶体管温度上升引起静态工作点变化时（如环境温度上升，晶体管内的半导体材料导电能力增强，会使 I_b、I_c 电流增大），电路无法使静态工作点恢复正常，从而会导致晶体管工作不稳定，所以固定偏置放大电路一般用在要求不高的电子设备中。

5.1.2 分压式偏置放大电路

分压式偏置放大电路是一种应用最为广泛的放大电路，这主要是它能有效克服固定偏置放大电路无法稳定静态工作点的缺点。分压式偏置放大电路如图 5-2 所示。该电路为 NPN 型晶体管构成的分压式偏置放大电路。R_1 为上偏置电阻，R_2 为下偏置电阻，R_c 为负载电阻，R_e 为发射极电阻。

（1）电流关系

接通电源后，电路中有电流 I_1、I_2、I_b、I_c、I_e 产生，各电流的流向如图中所示。不难看出，这些电流有以下关系：

$$I_2 + I_b = I_1$$
$$I_b + I_c = I_e$$
$$I_c = I_b \beta$$

（2）电压关系

接通电源后，电源为晶体管各个极提供电压，V_{CC} 电源经 R_c 降压后为 VT 提供集电极电压 U_c，V_{CC} 经 R_1、R_2 分压为 VT 提供基极电压 U_b，I_e 电流在流经 R_4 时，在 R_4 上得到电压 U_{R4}，U_{R4} 大小与 VT 的发射极电压 U_e 相等。图中的晶体管 VT 处于放大状态，U_c、U_b、U_e 三个电压满足以下关系：

$$U_c > U_b > U_e$$

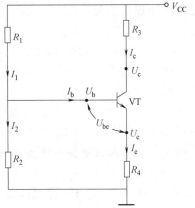

图 5-2　分压式偏置放大电路

（3）晶体管内部两个 PN 结的状态

由于 $U_c > U_b > U_e$，其中 $U_c > U_b$ 使 VT 的集电结处于反偏状态，$U_b > U_e$ 使 VT 的发射结处于正偏状态。

（4）静态工作点的计算

在电路中，晶体管 VT 的 I_b 远小于 I_1，基极电压 U_b 基本由 R_1、R_2 分压来确定，即

$$U_b = V_{CC} \frac{R_2}{R_1 + R_2}$$

由于 $U_{be} = U_b - U_e = 0.7V$，所以晶体管 VT 的发射极电压为

$$U_e = U_b - U_{be} = U_b - 0.7V$$

晶体管 VT 的集电极电压为

$$U_c = V_{CC} - U_{Rc} = V_{CC} - I_c R_c$$

举例：在图 5-2 中，$V_{CC} = 18V$，$R_1 = 39k\Omega$，$R_2 = 10k\Omega$，$R_c = 3k\Omega$，$R_e = 2k\Omega$，$\beta = 50$，求放大电路的 U_b、U_c、U_e 和静态工作点 I_b、I_c、U_{ce}。

计算过程如下：

$$U_b = V_{CC}\frac{R_2}{R_1 + R_2} = 18 \times \frac{10 \times 10^3}{39 \times 10^3 + 10 \times 10^3}V = 3.67V$$

$$U_e = U_b - U_{be} = (3.67 - 0.7)V = 2.97V$$

$$I_c \approx I_e = \frac{U_e}{R_4} = \frac{U_b - U_{be}}{R_4} = \frac{3.67 - 0.7}{2 \times 10^3}A \approx 1.5 \times 10^{-3}A = 1.5mA$$

$$I_b = \frac{I_C}{B} = \frac{1.5 \times 10^{-3}}{50}A = 3 \times 10^{-5}A = 0.03mA$$

$$U_c = V_{CC} - U_{R3} = V_{CC} - I_c R_3 = 18V - 1.5 \times 10^{-3} \times 2 \times 10^3 V = 15V$$

$$U_{ce} = V_{CC} - U_{R3} - U_{R4} = V_{CC} - I_c R_3 - I_e R_4 = 18V - 1.5 \times 10^{-3} \times 3 \times 10^3 V - 1.5 \times 10^{-3} \times 2 \times 10^3 V = 10.5V$$

（5）静态工作点的稳定

与固定偏置放大电路相比，分压式偏置电路最大的优点是具有稳定静态工作点的功能。分压式偏置放大电路静态工作点稳定过程分析如下：

当环境温度上升时，晶体管内部的半导体材料导电性增强，VT 的 I_b、I_c 电流增大→流过 R_4 的电流 I_e 增大（$I_e = I_b + I_c$，I_b、I_c 电流增大，I_e 就增大）→R_4 两端的电压 U_{R4} 增大（$U_{R4} = I_e R_4$，R_4 不变，I_e 增大，U_{R4} 也就增大）→VT 的 e 极电压 U_e 上升（$U_e = U_{R4}$）→VT 的发射结两端的电压 U_{be} 下降（$U_{be} = U_b - U_e$，U_b 基本不变，U_e 上升，U_{be} 下降）→I_b 减小→I_c 也减小（$I_c = I_b\beta$，β 不变，I_b 减小，I_c 也减小）→I_b、I_c 减小到正常值，从而稳定了晶体管的 I_b、I_c 电流。

5.1.3 电压负反馈放大电路

电压负反馈放大电路如图 5-3 所示。

电压负反馈放大电路的电阻 R_1 除了可以为晶体管 VT 提供基极电流 I_b 外，还能将输出信号一部分反馈到 VT 的基极（即输入端），由于基极与集电极是反相关系，故为负反馈。

负反馈电路的一个非常重要的特点就是可以稳定放大电路的静态工作点，下面分析图 5-3 所示电压负反馈放大电路静态工作点的稳定过程。

由于晶体管是半导体元件，且具有热敏性，当环境温度上升时，它的导电性增强，I_b、I_c 会增大，从而导致晶体管工作不稳定，整个放大电路工作也不稳定。给放大电路引入负反馈电路 R_1 后就可以稳定 I_b、I_c，其稳定过程如下：

当环境温度上升时，晶体管 VT 的 I_b、I_c 增大→流过 R_2 的电流 I 增大（$I = I_b + I_c$，I_b、I_c 增大，I 就增大）→R_2 两端的电压 U_{R2} 增大（$U_{R2} = IR_2$，I 增大，R_2 不变，U_{R2} 增大）→VT 的 c 极电压 U_c 下降（$U_c = V_{CC} - U_{R2}$，

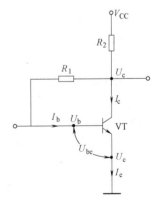

图 5-3 电压负反馈放大电路

U_{R2}增大，V_{CC}不变，U_c会减小）→VT 的 b 极电压 U_b 下降（U_b 由 U_c 经 R_1 降压获得，U_c 下降，U_b 也会跟着下降）→I_b 减小（U_b 下降，VT 发射结两端的电压 U_{be} 减小，流过的 I_b 电流就减小）→I_c 也减小（$I_c=I_b\beta$，I_b 减小，β 不变，故 I_c 减小）→I_b、I_c 减小到正常值。

由此可见，电压负反馈放大电路由于 R_1 的负反馈作用，使放大电路的静态工作点得到了稳定。

5.1.4 交流放大电路

前面介绍的三种单级放大电路通电后均有放大能力，若要让它们放大交流信号，须给它们再增加一些耦合、隔离和旁路等元件，以便更好地连接输入信号和负载。图 5-4 就是一种最常见的单级交流放大电路，它是在分压式放大电路的基础上增加了三个电容 $C_1 \sim C_3$、输入信号 U_i 源和负载 R_L。

1. 元件说明

图中的电阻 R_1、R_2、R_3、R_4 与晶体管 VT 构成分压式偏置放大电路；C_1、C_2 称为耦合电容，C_1、C_2 容量较大，对交流信号阻碍很小，C_1 用来将输入端的交流信号传送到 VT 的基极，C_2 用来将 VT 集电极输出的交流信号传送给负载 R_L。C_1、C_2 除了起传送交流信号外，还起隔直作用，所以 VT 基极直流电压无法通过 C_1 到输入端，VT 集电极直流电压无法通过 C_3 到负载 R_L；C_2 称为交流旁路电容，可以提高放大电路的放大能力。

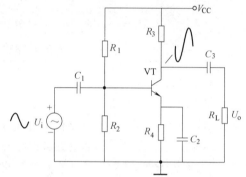

图 5-4 一种典型的交流放大电路

2. 直流工作条件

因为晶体管只有在满足了直流工作条件后才具有放大能力，所以分析一个放大电路是否具有放大能力先要分析它能否为晶体管提供直流工作条件。

晶体管要工作在放大状态，需满足的直流工作条件主要有：①有完整的 I_b、I_c、I_e 电流途径；②能提供 U_c、U_b、U_e 电压；③发射结正偏导通，集电结反偏。这三个条件具备了晶体管才具有放大能力。**一般情况下，如果晶体管 I_b、I_c、I_e 电流在电路中有完整的途径就可认为它具有放大能力**，因此以后在分析晶体管的直流工作条件时，一般分析晶体管的 I_b、I_c、I_e 电流途径就可以了。

VT 的 I_b 电流的途径是：电源 V_{CC} 正极→电阻 R_1→VT 的 b 极→VT 的 e 极。

VT 的 I_c 电流的途径是：电源 V_{CC} 正极→电阻 R_3→VT 的 c 极→e 极。

VT 的 I_e 电流的途径是：VT 的 e 极→R_4→地→电源 V_{CC} 负极。

I_b、I_c、I_e 电流途径也可用如下流程图表示：

$$V_{CC} \Big\langle \begin{array}{l} R_3 \xrightarrow{I_c} \text{VT的c极} \\ R_1 \xrightarrow{I_b} \text{VT的b极} \end{array} \Big\rangle \xrightarrow{I_c \atop I_b} \text{VT的e极} \xrightarrow{I_e} R_4 \longrightarrow \text{地}$$

从上面分析可知，晶体管 VT 的 I_b、I_c、I_e 电流在电路中有完整的途径，所以 VT 具有放大能力。试想一下，如果 R_1 或 R_3 开路，晶体管 VT 有无放大能力，为什么？

3. 交流信号处理过程

满足了直流工作条件后，晶体管具有了放大能力，就可以放大交流信号。 图 5-4 中的 U_i 为小幅度的交流信号电压，它通过电容 C_1 加到晶体管 VT 的 b 极。

当交流信号电压 U_i 为正半周时，U_i 极性为上正下负，上正电压经 C_1 送到 VT 的 b 极，与 b 极的直流电压（V_{CC} 经 R_1 提供）叠加，使 b 极电压上升，VT 的 I_b 电流增大，I_c 电流也增大，流过 R_3 的 I_c 电流增大，R_3 上的电压 U_{R3} 也增大（$U_{R3} = I_c R_3$，因 I_c 增大，故 U_{R3} 增大），VT 集电极电压 U_c 下降（$U_c = V_{CC} - U_{R3}$，U_{R3} 增大，故 U_c 下降），该下降的电压即为放大输出的信号电压，但信号电压被倒相 180°，变成负半周信号电压。

当交流信号电压 U_i 为负半周时，U_i 极性为上负下正，上负电压经 C_1 送到 VT 的 b 极，与 b 极的直流电压（V_{CC} 经 R_1 提供）叠加，使 b 极电压下降，VT 的 I_b 电流减小，I_c 电流也减小，流过 R_3 的 I_c 电流减小，R_3 上的电压 U_{R3} 也减小（$U_{R3} = I_c R_3$，因 I_c 减小，故 U_{R3} 减小），VT 集电极电压 U_c 上升（$U_c = V_{CC} - U_{R3}$，U_{R3} 减小，故 U_c 上升）。该上升的电压即为放大输出的信号电压，但信号电压也被倒相 180°，变成正半周信号电压。

也就是说，当交流信号电压正、负半周送到晶体管基极，经晶体管放大后，从集电极输出放大的信号电压，但输出信号电压与输入信号电压相位相反。晶体管集电极输出的信号电压再经耦合电容 C_3 隔直后，分离出交流信号送给负载 R_L。

5.2 功率放大电路

功率放大电路简称功放电路，其功能是放大幅度较大的信号，让信号有足够功率来推动大功率的负载（如扬声器、仪表的表头、电动机和继电器等）工作。功率放大电路一般用作末级放大电路。

5.2.1 功率放大电路的三种状态

根据功率放大电路的功放管（晶体管）静态工作点不同，功率放大电路主要有三种工作状态：甲类、乙类和甲乙类，如图 5-5 所示。

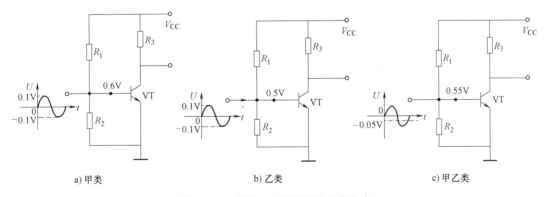

图 5-5 功率放大电路的三种工作状态

（1）甲类

甲类工作状态是指功放管的静态工作点设在放大区，该状态下功放管能放大信号正、负

半周。

如图 5-5a 所示，电源 V_{CC} 经 R_1、R_2 分压为晶体管 VT 基极提供 0.6V 电压，VT 处于导通状态。当交流信号正半周加到 VT 基极时，与基极的 0.6V 电压叠加使基极电压上升，VT 仍处于放大状态，正半周信号经 VT 放大后从集电极输出；当交流信号负半周加到 VT 基极时，与基极 0.6V 电压叠加使基极电压下降，只要基极电压不低于 0.5V，晶体管还处于放大状态，负半周信号被 VT 放大从集电极输出。

图 5-5a 电路中的功放电路能放大交流信号的正、负半周信号，它的工作状态就是甲类。由于晶体管正常放大时的基极电压变化范围小（0.5~0.7V），所以这种状态功放电路适合小信号放大。如果输入信号很大，会使晶体管基极电压过高或过低（低于 0.5V），晶体管会进入饱和和截止状态，信号就不能被正常放大，会产生严重的失真，因此处于甲类状态的功放电路只能放大幅度小的信号。

（2）乙类

乙类工作状态是指功放管的静态工作点 I_b 设为 0 时的状态，该状态下功放管能放大半个周期信号。

如图 5-5b 所示，电源 V_{CC} 经 R_1、R_2 分压为晶体管 VT 基极提供 0.5V 电压，在静态（无信号输入）时，VT 处于临界导通状态（将通未通状态）。当交流信号正半周送到 VT 基极时，基极电压高于 0.5V，VT 导通，VT 进入放大状态，正半周交流信号被晶体管放大输出；当交流信号负半周来时，VT 基极电压低于 0.5V，不能导通。

图 5-5b 电路中的功放电路只能放大半个周期的交流信号，它的工作状态就是乙类。

（3）甲乙类

甲乙类工作状态是指功放管的静态工作点设置在接近截止区但仍处于放大区时的状态，该状态下 I_b 很小，功放管处于微导通。

如图 5-5c 所示，电源 V_{CC} 经 R_1、R_2 分压为晶体管 VT 基极提供 0.55V 电压，VT 处于微导通放大状态。当交流信号正半周加到 VT 基极时，VT 处于放大状态，正半周信号经 VT 放大从集电极输出；当交流信号负半周加到 VT 基极时，VT 并不是马上截止，只有交流信号负半周低于 -0.05V 部分来到时，基极电压低于 0.5V，晶体管进入截止状态，大部分负半周信号无法被晶体管放大。

图 5-5c 电路中的功放电路能放大超过半个周期的交流信号，它的工作状态就是甲乙类。

综上所述，**功率放大电路的三种状态特点是：甲类状态的功放电路能放大交流信号完整的正、负半周信号，甲乙类状态的功放电路能放大超过半个周期的交流信号，而乙类状态的功放电路只能放大半个周期的交流信号。**

5.2.2 变压器耦合功率放大电路

变压器耦合功率放大电路是指采用变压器作为耦合元件的功率放大电路。 变压器耦合功率放大电路如图 5-6 所示。电源 V_{CC} 经 R_1、R_2 分压和 L_2、L_3 分别为功放管 VT_1、VT_2 提供基极电压，VT_1、VT_2 处于弱导通，工作在甲乙类状态。

音频信号加到变压器 T_1 一次绕组 L_1 两端，当音频信号正半周到来时，L_1 上的信号电压极性是上正下负，该电压感应到 L_2、L_3 上，L_2、L_3 上得到的电压极性都是上正下负，L_3 的下负电压加到 VT_2 基极，VT_2 基极电压下降而进入截止状态，L_2 的上正电压加到 VT_1 的基极，

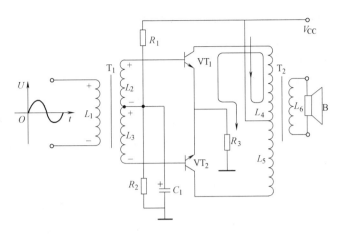

图 5-6　变压器耦合功率放大电路

VT_1基极电压上升进入正常导通放大状态。VT_1导通后有电流流过，电流的途径是：电源V_{CC}正极$\rightarrow L_4 \rightarrow VT_1$的 c 极$\rightarrow$e 极$\rightarrow R_3 \rightarrow$地，该电流就是放大的正半周音频信号电流，其在流经$L_4$时，$L_4$上有音频信号电压产生，它感应到$L_6$上，再送到扬声器两端。

当音频信号负半周到来时，L_1上的信号电压极性是上负下正，该电压感应到L_2、L_3上，L_2、L_3上的电压极性都是上负下正，L_2的上负电压加到VT_1基极，VT_1基极电压下降而进入截止状态，L_3的下正电压加到VT_2的基极，VT_2基极电压上升进入正常导通放大状态。VT_2导通后有电流流过，电流的途径是：电源V_{CC}正极$\rightarrow L_5 \rightarrow VT_2$的 c 极$\rightarrow$e 极$\rightarrow R_3 \rightarrow$地，该电流就是放大的负半周音频信号电流，此电流在流经L_5时，L_5上有音频信号电压产生，它感应到L_6上，再加到扬声器两端。

VT_1、VT_2分别放大音频信号的正半周和负半周，并且一个晶体管导通放大时，另一个晶体管截止，两个晶体管交替工作，这种放大形式称为推挽放大。两功放管各放大音频信号半周，结果会有完整的音频信号流进扬声器。

5.2.3　OTL 功率放大电路

变压器耦合功放电路存在体积大、传输有损耗、低频响应差和易失真等缺点，不能满足高保真放大需要。**OTL 功放电路采用电容来替代变压器，具有重量轻、体积小、频率特性好、失真小和效率高的特点，是一种广泛使用的功放电路。OTL 功放电路是指无输出变压器的功率放大电路。**

1. 分立元器件构成的 OTL 功率放大电路

图 5-7 是一种分立元器件构成的 OTL 功率放大电路。电源V_{CC}经R_1、VD_1、VD_2和R_2为晶体管VT_1、VT_2提供基极电压，若二极管VD_1、VD_2的导通电压为 0.55V，则 A 点电压较 B 点电压高 1.1V，这两点的电压差可以使VT_1、VT_2两个发射结刚刚导通，两晶体管处于微导通状态。在静态时，晶体管VT_1、VT_2导通程度相同，故它们的中心点 F 的电压约为电源电压的一半，即$U_F = 1/2 V_{CC}$。

电路工作原理分析如下：

音频信号通过耦合电容C_1加到功放电路，当音频信号正半周来时，B 点电压上升，

VT$_2$ 基极电压升高，进入截止状态，由于 B 点电压上升，A 点电压也上升（VD$_1$、VD$_2$ 使 A 点始终高于 B 点 1.1V），VT$_1$ 基极电压上升，进入放大状态，有放大的电流流过扬声器，电流途径是：电源 V_{CC} 正极→VT$_1$ 的 c 极→e 极→电容 C_2→扬声器→地，该电流同时对电容充得左正右负的电压；当音频信号负半周来时，B 点电压下降，A 点电压也下降，VT$_1$ 基极电压下降，进入截止状态，B 点电压下降会使 VT$_2$ 基极电压下降，VT$_2$ 进入放大状态，有放大的电流流过扬声器，途径是：电容 C_2 左正→VT$_2$ 的 e 极→c 极→地→扬声器→C_2 右负，有放大的电流流过扬声器。音频信号给 VT$_1$、VT$_2$ 的交替放大半周后，有完整正负半周音频信号流进扬声器。

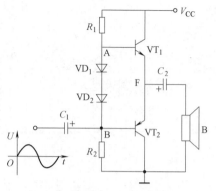

图 5-7　一种分立元件构成的 OTL 功率放大电路

2. 由 TDA1521 构成的 OTL 功放电路

由 TDA1521 构成的 OTL 功放电路如图 5-8a 所示，它采用了飞利浦公司的 2×15W 高保真功放集成电路 TDA1521，如图 5-8b 所示，该电路可同时对两路输入音频信号进行放大，每路输出功率可达 15W。

以第一路信号为例，左声道音频信号经 C_1 送到 TDA1521 内部功放电路的同相输入端，放大后从 4 脚输出，再经 C_7 送到扬声器，使之发声。R_1、C_4、C_5 构成电源退耦电路，用于滤除电源供电中的波动成分，使电路能得到较稳定的供电电压；C_1、C_2、C_7、C_8 为耦合电容，起传送交流信号并隔离直流成分的作用；C_3 为旁路电容，对交流信号相当于短路，可提高内部放大电路和增益，又不影响 3 脚内部的直流电压（1/2 电源电压）；C_6、R_2 用于吸收扬声器线圈产生的干扰信号，避免产生高频自激。

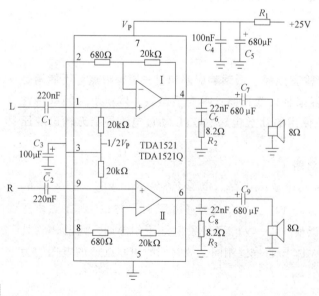

a）电路

b）TDA1521 芯片

图 5-8　由 TDA1521 构成 OTL 集成功放电路与 TDA1521 芯片

5.2.4 OCL 功率放大电路

OTL 功放电路使用大容量的电容连接负载，由于电容对低频信号容抗较大（即使是容量大的电容），故低频性能还不能让人十分满意。采用 OCL 功放电路可以解决 OTL 功放电路低频性能不足的问题，**OCL 功率放大电路是指无输出电容的功率放大电路，但 OCL 电路需要正、负电源。**

1. 分立元器件构成的 OCL 功放电路

由分立元器件构成的 OCL 功放电路如图 5-9 所示。该电路输出端未使用电容，采用了正负双电源供电，电路中 $+V_{CC}$ 端的电压最高，$-V_{CC}$ 端的电压最低，接地的电压高低处于两者中间。

音频信号正半周加到 A 点时，功放管 VT_2 因基极电压上升而截止，A 点电压上升，经 VD_1、VD_2 使 B 点电压也上升，VT_1 因基极电压上升而导通加深，进入正常放大状态，有电流流过扬声器，电流途径是：$+V_{CC} \rightarrow VT_1$ 的 c 极 $\rightarrow$ e 极 $\rightarrow$ 扬声器 $\rightarrow$ 地，此电流即为放大的音频正半周信号电流。

音频信号负半周加到 A 点时，A 点电压下降，经 VD_1、VD_2 使 B 点电压也下降，VT_1 因基极电压下降而截止。A 点电压下降使功放管 VT_2 基极电压下降而导通程度加深，进入正常放大状态，有电流流过扬声器，电流途径是：地 $\rightarrow$ 扬声器 $\rightarrow VT_2$ 的 e 极 $\rightarrow$ c 极 $\rightarrow -V_{CC}$，此电流即为放大的音频负半周信号电流。

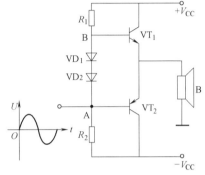

图 5-9　分立元器件构成 OCL 功放电路

2. 由 TDA1521 构成的 OCL 功放电路

由 TDA1521 构成的 OCL 功放电路如图 5-10 所示，它采用了飞利浦公司的 2×15W 高保

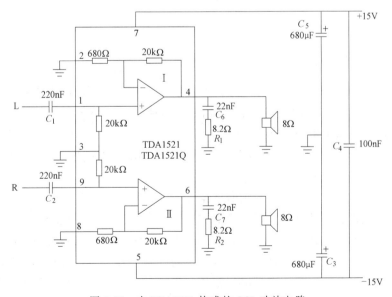

图 5-10　由 TDA1521 构成的 OCL 功放电路

真功放集成电路 TDA1521。与 OTL 相比，该电路去掉了输出端的耦合电容，使电路的低频性能更好，但需要采用正、负电源供电。

5.2.5 BTL 功率放大电路

BTL 意为桥接式负载，与 OTL、OCL 功放电路相比，在同样电源和负载条件下，BTL 功放电路的功率放大能力可达前者的 4 倍。

1. BTL 功放原理

图 5-11 为 BTL 功放电路的简化图，采用正、负电源供电。

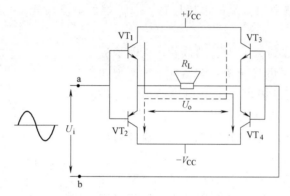

图 5-11　BTL 功放电路的简化图

当音频信号 U_i 正半周来时，电压极性是上正下负，即 a 正 b 负，a 正电压加到 VT_1、VT_2 的基极，VT_1 导通，b 负电压加到 VT_3、VT_4 的基极，VT_4 导通，有电流流过扬声器 R_L，电流途径是：$+V_{CC} \rightarrow VT_1$ 的 c、e 极 $\rightarrow R_L \rightarrow VT_4$ 的 c、e 极 $\rightarrow -V_{CC}$；当音频信号 U_i 负半周来时，电压极性是上负下正，即 a 负 b 正，a 负电压加到 VT_1、VT_2 的基极，VT_2 导通，b 正电压加到 VT_3、VT_4 的基极，VT_3 导通，有电流流过扬声器 R_L，电流途径是：$+V_{CC} \rightarrow VT_3$ 的 c、e 极 $\rightarrow R_L \rightarrow VT_2$ 的 c、e 极 $\rightarrow -V_{CC}$。

从 BTL 功放电路工作过程可以看出，不管输入信号是正半周或负半周来时，都有两个晶体管同时导通，负载两端的电压为 $2V_{CC}$（忽略晶体管导通时 c、e 极之间的电压降），而 OCL 功放电路只有一个晶体管导通，负载两端的电压为 V_{CC}，如果负载电阻均为 R，则 OCL 功放电路的输出功率为 $P = U^2/R = (V_{CC})^2/R$，BTL 功放电路的输出功率 $P = U^2/R = (2V_{CC})^2/R = 4 (V_{CC})^2/R$，BTL 功放电路的输出功率是 OCL 功放电路的 4 倍。

2. 由 TDA1521 构成的 BTL 功放电路

由 TDA1521 构成的 BTL 功放电路如图 5-12 所示。该电路采用了飞利浦公司的 $2\times15W$ 高保真功放集成电路 TDA1521，它将两路功放电路组成一个 BTL 功放电路。

BTL 功放电路信号处理过程：音频信号经 C_1 进入 TDA1521 的 1 脚，在内部加到第一路放大器的同相输入端，经功率放大后，输出信号分作两路：一路从 4 脚输出送到扬声器的一端；另一路经 $20k\Omega$、680Ω 衰减后从 2 脚输出，经 C_3 送入 8 脚，在内部加到第二路放大器的反相输入端，经功率放大后，从 6 脚输出反相的音频信号，该信号送到扬声器的另一端。由于扬声器两端信号相位相反，两端电压差是一个信号的两倍，而扬声器阻抗不变，扬声器会获得 OCL 电路扬声器的 4 倍功率。

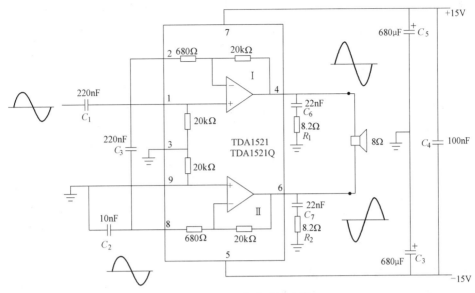

图 5-12 BTL 集成功放电路

5.3 多级放大电路

在多数情况下，电子设备处理的交流信号是很微弱的，由于单级放大电路的放大能力有限，往往不能将微弱信号放大到要求的幅度，所以电子设备中常常将多个放大电路连接起来组成多级放大电路，来放大微弱的电信号。

根据各个放大电路之间的耦合方式（连接和传递信号方式）不同，多级放大电路可分为直接耦合放大电路、阻容耦合放大电路和变压器耦合放大电路。

5.3.1 阻容耦合放大电路

阻容耦合放大电路是指各放大电路之间用电容连接起来的多级放大电路。阻容耦合电路如图 5-13 所示。

交流信号经耦合电容 C_1 送到第一级放大电路的晶体管 VT_1 基极，放大后从集电极输出，再经耦合电容 C_2 送到第二级放大电路的晶体管 VT_2 基极，放大后从集电极输出通过耦合电容 C_3 送往后级电路。

阻容耦合的特点主要有：①由于耦合电容的隔直作用，各放大电路的直流工作点互不影响，故设计各放大电路直流工作点比较容易；②由于电容对交流信号有一定的阻碍作用，交流信号在经过耦合电容时有一定的损耗，频率越低，这种损耗越大，但可以通过采用大容量的电容来减小。

5.3.2 直接耦合放大电路

1. 基本形式

直接耦合放大电路是指各放大电路之间直接用导线连接起来的多级放大电路。直接耦合

放大电路如图 5-14 所示。交流信号送到第一级放大电路的晶体管 VT_1 基极，放大后从集电极输出，再直接送到第二级放大电路的晶体管 VT_2 基极，放大后从集电极输出去后级电路。

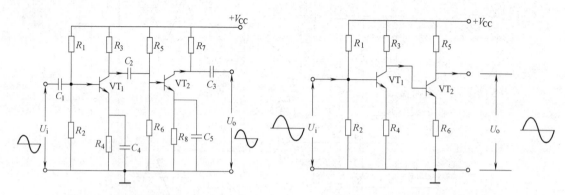

图 5-13 阻容耦合放大电路　　　　　　图 5-14 直接耦合放大电路

2. 带反馈的直接耦合放大电路

在采用直接耦合方式时，前级电路工作点发生变化会引起后级电路不稳定，为了让放大电路稳定地工作，可以给放大电路增加负反馈电路，当电路的工作点发生变化时，可以使之恢复过来。图 5-15 是一种常用的多级负反馈放大电路，电路中的 R_3 为反馈电阻，该电路的反馈类型是交直流负反馈。

（1）晶体管电流途径

晶体管 VT_2 的电流途径为

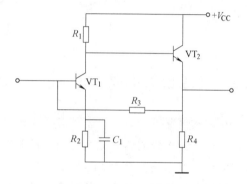

图 5-15 一种较常用的负反馈多级放大电路

$$+V_{CC} \Big\langle \begin{array}{l} \xrightarrow{I_{c2}} VT_2\text{的c极} \xrightarrow{I_{c2}} \\ \xrightarrow{R_1} \xrightarrow{I_{b2}} VT_2\text{的b极} \xrightarrow{I_{b2}} \end{array} \rightarrow VT_2\text{的e极} \xrightarrow{I_{e2}} R_4 \rightarrow \text{地}$$

晶体管 VT_1 的电流途径为

$$\begin{array}{l} VT_2\text{的e极} \xrightarrow{} R_3 \xrightarrow{I_{b1}} VT_1\text{的b极} \xrightarrow{I_{b1}} \\ +V_{CC} \xrightarrow{R_1} \xrightarrow{I_{c1}} VT_1\text{的c极} \xrightarrow{I_{c1}} \end{array} \Big\rangle \rightarrow VT_1\text{的e极} \xrightarrow{I_{e1}} R_2 \rightarrow \text{地}$$

由于晶体管 VT_1、VT_2 都有正常的 I_c、I_b、I_e，所以 VT_1、VT_2 均处于放大状态。另外，从 VT_1 的电流途径可以看出，VT_1 的 I_{b1} 电流取出 VT_2 的发射极，如果 VT_2 没有导通，无 I_{e2}，VT_1 也就无 I_{b1}，VT_1 就无法导通。

（2）静态工作点的稳定

给放大电路增加负反馈可以稳定静态工作点，图 5-13 电路也不例外，其静态工作点稳定过程如下：当环境温度上升时，晶体管 VT_1 的 I_b、I_c 增大→流过 R_1 的电流 I_{c1} 增大→U_{R1} 增大→U_{c1} 下降（$U_{c1}=V_{CC}-U_{R1}$，U_{R1} 增大，U_{c1} 下降）→VT_2 的基极电压 U_{b2} 下降→I_{b2} 减小→I_{c2} 减小→I_{e2} 减小→流过 R_4 的电流减小→U_{R4} 减小→U_{e2} 下降（$U_{e2}=U_{R4}$）→VT_1 的基极电压 U_{b1} 下降（U_{b1} 取自 U_{e2}）→I_{b1} 减小→I_{c1} 减小，即晶体管 VT_1 原来增大的 I_b、I_c 又下降到正常值，从而稳定了放大电路的静态工作点。

直接耦合的特点主要有：①因为电路之间直接连接，前级电路工作点改变时会使后级电路也会变化，这种电路的设计调整有一定的难度；②由于各电路之间是直接连接，对交流信号没有损耗，故频率特性较好，这种耦合电路还可以放大直流信号，故又称为直流放大器；③电路易实现集成化。

5.3.3 变压器耦合放大电路

变压器耦合放大电路是指各放大电路之间采用变压器连接起来的多级放大电路。 变压器耦合放大电路如图 5-16 所示。交流信号送到第一级放大电路的晶体管 VT_1 基极，放大后从集电极输出送到变压器 T_1 的一次线圈，再感应到二次线圈，送到第二级放大电路的晶体管 VT_2 基极，放大后从集电极输出，通过变压器 T_2 送往后级电路。

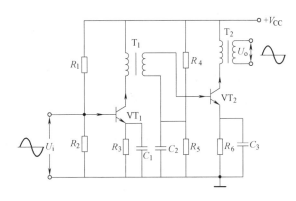

图 5-16 变压器耦合放大电路

变压器耦合的特点主要有：①各级电路之间的直流工作点互不影响；②变压器可以进行阻抗变换，适当设置一、二次线圈的匝数，可以让前级电路的信号最大限度地送到后级电路；③低频特性差，不能放大变化缓慢的信号，且非常笨重，不能集成化。

多级耦合放大电路的放大能力远大于单级放大电路，其放大倍数等于各单级放大电路放大倍数的乘积，即 $A = A_1 \cdot A_2 \cdot A_3 \cdots$。

5.4 差动放大器与集成运算放大器

集成电路主要是由半导体材料构成的，在内部适于制作二极管、晶体管等类型元件，而制作电容、电感和变压器等较为困难，因此**集成放大电路内部多个放大电路之间通常采用直接耦合**。为了提高电路的性能，集成放大电路内部一般采用抗干扰性能强、稳定性好的差动放大电路。

5.4.1 差动放大器

差动放大器的出现是为了解决直接耦合放大电路存在的零点漂移问题，并且差动放大器还具有灵活的输入输出方式。 基本差动放大电路如图 5-17 所示。

差动放大电路在电路结构上具有对称性，晶体管 VT_1、VT_2 同型号，$R_1 = R_2$，$R_3 = R_4$，$R_5 = R_6$，$R_7 = R_8$。输入信号电压 U_i 经 R_3、R_4 分别加到 VT_1、VT_2 的基极，输出信号电压 U_o

从 VT_1、VT_2 集电极之间取出，$U_o =$ $U_{c1} - U_{c2}$。

1. 抑制零点漂移原理

当无输入信号（即 $U_i = 0$）时，由于电路的对称性，VT_1、VT_2 的基极电流 $I_{b1} = I_{b2}$，$I_{c1} = I_{c2}$，所以 $U_{c1} = U_{c2}$，输出电压 $U_o = U_{c1} - U_{c2} = 0$。

当环境温度上升时，VT_1、VT_2 的集电极电流 I_{c1}、I_{c2} 都会增大，U_{c1}、U_{c2} 都会下降，但因为电路是对称的（两晶体管同型号，并且它们的各对应

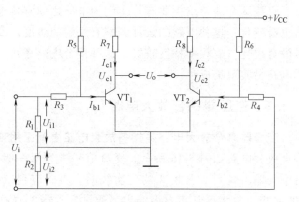

图 5-17 基本差动放大电路

供电电阻阻值也相等），所以 I_{c1}、I_{c2} 增大量是相同的，U_{c1}、U_{c2} 的下降量也是相同的，因此 U_{c1}、U_{c2} 还是相等的，故输出电压 $U_o = U_{c1} - U_{c2} = 0$。

也就是说，当差动放大电路的工作点发生变化时，由于电路的对称性，两电路变化相同，故输出电压不会变化，从而有效抑制了零点漂移。

2. 差模输入与差模放大倍数

当给差动电路输入信号电压 U_i 时，U_i 加到 R_1、R_2 两端，因为 $R_1 = R_2$，所以 R_1 两端的电压 U_{i1} 与 R_2 两端的电压 U_{i2} 相等，并且 $U_{i1} = U_{i2} = (1/2) U_i$。当 U_i 信号正半周期来时，U_i 电压极性为上正下负，U_{i1}、U_{i2} 两电压的极性都是上正下负，U_{i1} 的上正电压经 R_3 加到 VT_1 的基极，U_{i2} 的下负电压经 R_4 加到 VT_2 的基极。**这种大小相等、极性相反的两个输入信号称为差模信号；差模信号加到电路两个输入端的输入方式称为差模输入。**

以 U_i 信号正半周期来时为例：U_{i1} 上正电压加到 VT_1 基极，U_{b1} 电压上升，I_{b1} 电流增大，I_{c1} 电流增大，U_{c1} 电压下降；U_{i2} 下负电压加到 VT_2 基极时，U_{b2} 电压下降，I_{b1} 电流减小，I_{c2} 电流减小，U_{c2} 电压增大；电路的输出电压 $U_o = U_{c1} - U_{c2}$，因为 $U_{c1} < U_{c2}$，故 $U_o < 0$，即当输入信号 U_i 为正值（正半周期）时，输出电压为负值（负半周期），输入信号 U_i 与输出信号 U_o 是反相关系。

差动放大电路在差模输入时的放大倍数称为差模放大倍数 A_d，即

$$A_d = \frac{U_o}{U_i}$$

另外，根据推导计算可知，上述**差动放大电路的差模放大倍数 A_d 与单管放大电路的放大倍数 A 相等，差动放大电路多采用一个晶体管并不能提高电路的放大倍数，而只是用来抑制零点漂移。**

3. 共模输入与共模放大倍数

图 5-18 所示是另一种输入方式的差动放大电路。

在图中，输入信号 U_i 一路经 R_3 加到 VT_1 的基极，另一路经 R_4 加到 VT_2 的基极，送到 VT_1、VT_2 基极的信号电压大小相等、极性相同。这种**大小相等、极性相同的两个输入信号称为共模信号；共模信号加到电路两个输入端的输入方式称为共模输入。**

以 U_i 信号正半周期输入为例，U_i 电压极性是上正下负，该电压一路经 R_3 加到 VT_1 的基

极，U_{b1} 电压上升，I_{b1} 电流增大，I_{c1} 增大，U_{c1} 电压下降；U_i 电压另一路经 R_4 加到 VT_2 的基极，U_{b2} 电压上升，I_{b2} 增大，I_{c2} 增大，U_{c2} 电压下降；因为 U_{c1}、U_{c2} 都下降，并且下降量相同，所以输出电压 $U_o = U_{c1} - U_{c2} = 0$。也就是说，差动放大电路在输入共模信号时，输出信号为 0V。

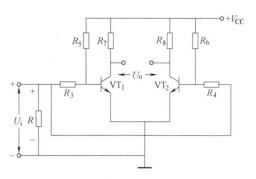

图 5-18　共模输入的差动放大电路

差动放大电路在共模输入时的放大倍数称为共模放大倍数 A_c，即

$$A_c = \frac{U_o}{U_i}$$

由于差动放大电路在共模输入时，不管输入信号 U_i 是多少，输出信号 U_o 始终为 0V，故共模放大倍数 $A_c = 0$。差动放大电路中的零点漂移就相当于共模信号输入，比如当温度上升时，引起 VT_1、VT_2 的 I_b、I_c 增大，就相当于正的共模信号加到 VT_1、VT_2 基极使 I_b、I_c 增大一样，但输出电压为 0V。实际上，差动放大电路不可能完全对称，这使得两电路的变化量就不完全一样，输出电压就不会为 0V，共模放大倍数就不为 0。

共模放大倍数的大小可以反映差动放大电路的对称程度，共模放大倍数越小，说明对称程度越高，抑制零点漂移效果越好。

4. 共模抑制比

一个性能良好的差动放大电路，应该对差模信号有很高的放大能力，而对共模信号有足够的抑制能力。为了衡量差动放大电路这两个能力大小，常采用共模抑制比 K_{CMR} 来表示。**共模抑制比是指差动放大电路的差模放大倍数 A_d 与共模放大倍数 A_c 的比值**，即

$$K_{CMR} = \frac{A_d}{A_c}$$

共模抑制比越大，说明差动放大电路的差模信号放大能力越大，共模信号放大能力越小，抑制零点漂移能力越强，较好的差动放大电路共模抑制比可达到 10^7。

5.4.2 集成运算放大器

集成运算放大器是一种应用极为广泛的集成放大电路，由于它最初主要用于信号放大和模拟运算（加法、减法、乘法、除法、积分和微分等），故称为运算放大器（简称运放），后来运算放大器还被广泛用于信号处理、信号选取、信号变换和信号产生等方面。

1. 外形、符号与内部组成

运算放大器的外形和符号如图 5-19a 和 b 所示，它内部由多级直接耦合的放大电路组成，其内部组成方框图如图 5-19b 所示。

集成运算放大器有一个同相输入端（用 "+" 或 "P" 表示）和一个反相输入端（用 "−" 或 "N" 表示），还有一个输出端，它内部由输入级、中间级和输出级及偏置电路组成。

输入级采用具有很强零点漂移抑制能力的差动放大电路；中间级常采用增益较高的共发射极放大电路；输出级一般采用带负载能力很强的功率放大电路；偏置电路的作用是为各级

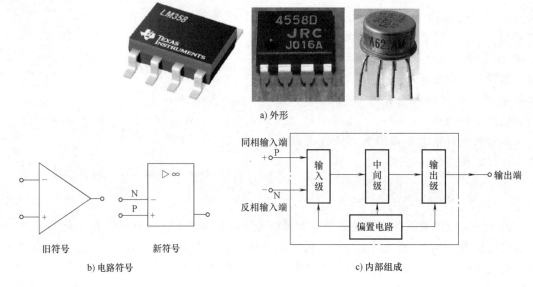

a) 外形

b) 电路符号

c) 内部组成

图 5-19　运算放大器

放大电路提供工作电压。

2. 运算放大器的理想特性

运算放大器是一种放大电路，其等效图如图 5-20 所示。

为了分析方便，常将运算放大器看成是理想的，**理想运算放大器主要有以下特性：**

1）**电压放大倍数 $A \to \infty$**：只要有信号输入，就会输出很大的信号。

2）**输入电阻 $R_i \to \infty$**：无论输入信号电压 U_i 多大，输入电流都近似为 0。

3）**输出电阻 $R_o \to 0$**：输出电阻接近 0，输出端可带很重的负载。

4）**共模抑制比 $K_{CMR} \to \infty$**：对差模信号有很大的放大倍数，而对共模信号几乎能全部抑制。

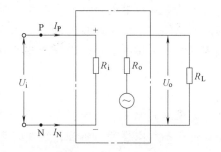

图 5-20　运算放大器等效图

实际的运算放大器与理想运算放大器的特性接近，因此以后就把实际的运算放大器当成是理想运算放大器来分析。

运算放大器的工作状态有两种：线性状态和非线性状态。当给运算放大器加上负反馈电路时，它就会工作在线性状态（线性状态是指电路的输入电压与输出电压成正比关系）；**如果给运算放大器加正反馈电路或在开环工作时，它工作在非线性状态。**

5.4.3　运算放大器的线性应用电路

当给运算放大器增加负反馈电路时，它就会工作在线性状态，如图 5-21 所示，R_f 为负反馈电阻。

在图 5-21 中，U_i 电压经 R_1 加到运算放大器的 "–" 端，由于运算放大器的输入电阻 R_i

为无穷大，所以流入反相输入端的电流 $I_- = 0A$，从同相输入端流出的电流 $I_+ = 0A$，$I_- = I_+ = 0A$。由此可见，**运算放大器的两个输入端之间相当于断路，但实际上又不是断路，故称为"虚断"**。

在图 5-21 中，运算放大器的输出电压 $U_o = AU_i$，因为 U_o 为有限值，而运算放大器的电压放大倍数 $A \to \infty$，所以输入电压 $U_i \approx 0V$，即 $U_i = U_- - U_+ \approx 0V$，$U_- = U_+$。**运算放大器两个输入端电压相等，两个输入端相当于短路，但实际上又不是短路的，故称为"虚短"**。

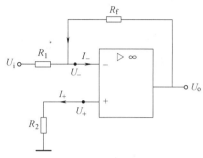

图 5-21 加入负反馈电路的运算放大器

在图 5-21 中，$U_+ = I_+ R_2$，而 $I_+ = 0A$，所以 $U_+ = 0V$。又因为 $U_- = U_+$，故 $U_- = 0V$。从电位来看，**运算放大器 "−" 端相当于接地，但实际上又未接地，故该端称为"虚地"**。

综上所述，**工作在线性状态的运算放大器有以下特性**：

1) **具有"虚断"特性，即流入和流出输入端的电流都为 0A，$I_- = I_+ = 0A$**。

2) **具有"虚短"特性，即两个输入端的电压相等，$U_- = U_+$**。

了解运算放大器的特性后，再来分析运算放大器在线性状态下的各种应用电路。

1. 反相放大器

运算放大器构成的反相放大器如图 5-22 所示，这种电路的特点是输入信号和反馈信号都加在运算放大器的反相输入端。图中的 R_f 为反馈电阻，R_2 为平衡电阻，接入 R_2 的作用是使运算放大器内部输入电路（是一个差分电路）保持对称，有利于抑制零点漂移，$R_2 = R_1 /\!/ R_f$（意为 R_2 的阻值等于 R_1 和 R_f 的并联阻值）。

输入信号 U_i 经 R_1 加到反相输入端，由于流入反相输入端的电流 $I_- = 0A$（"虚断"特性），所以有

$$I_i = I_f$$

$$\frac{U_i - U_-}{R_1} = \frac{U_- - U_o}{R_f}$$

根据"虚短"可知，$U_- = U_+ = 0$，所以有

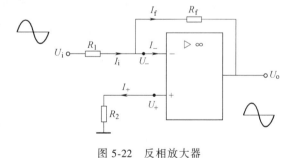

图 5-22 反相放大器

$$\frac{U_i}{R_1} = -\frac{U_o}{R_f}$$

由此可求得**反相放大器的电压放大倍数**为

$$A_u = \frac{U_o}{U_i} = -\frac{R_f}{R_1}$$

式中，负号表示输出电压 U_o 与输入电压 U_i 反相，所以称为反相放大器。从上式还可知，**反相放大器的电压放大倍数只与 R_f 和 R_1 有关**。

2. 同相放大器

运算放大器构成的同相放大器如图 5-23 所示。该电路的输入信号加到运算放大器的同

相输入端，反馈信号送到反相输入端。

根据"虚短"可知，$U_- = U_+$，又因为输入端"虚断"，故流过电阻 R_2 的电流 $I_+ = 0A$，R_2 上的电压为 0V，所以 $U_+ = U_i = U_-$。在图 5-23 中，因为运算放大器反相输入端流出的电流 $I_- = 0$，所以有

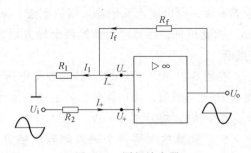

图 5-23　同相放大器

$$I_f = I_1$$

$$\frac{U_o - U_-}{R_f} = \frac{U_-}{R_1}$$

因为 $U_- = U_i$，故上式可表示为

$$\frac{U_o - U_i}{R_f} = \frac{U_i}{R_1}$$

$$\frac{U_o}{U_i} = \frac{R_1 + R_f}{R_1} = 1 + \frac{R_f}{R_1}$$

同相放大器的电压放大倍数为

$$A_u = \frac{U_o}{U_i} = 1 + \frac{R_f}{R_1}$$

因为输出电压 U_o 与输入电压 U_i 同相，故该放大电路称为同相放大器。如果让同相放大器的电阻 R_1 开路（$R_1 = \infty$），如图 5-24a 所示，或同时将反馈电阻 R_f 短路（$R_f = 0$），如图 5-24b 所示，根据同相放大器的放大倍数的计算公式可知，这两种同相放大器的放大倍数 A_u 均为 1，即没有电压放大能力。由于运算放大器具有高输入阻抗和低输出阻抗的特点，所以此类放大器的输入端只需前级电路提供信号电压（几乎不需要信号电流），而输出端可以输出很大的电流，即具有很强的带负载能力，这种类型的同相放大器又称为电压跟随器。

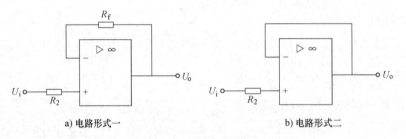

a) 电路形式一　　　　　　　　　b) 电路形式二

图 5-24　电压跟随器

3. 电压-电流转换器

图 5-25 是一种由运算放大器构成的电压-电流转换器，它与同相放大器有些相似，但该电路的负载 R_L 接在负反馈电路中。

输入电压 U_i 送到运算放大器的同相输入端，根据运算放大器的"虚断"特性可知，$I_+ = I_- = 0$，所以有

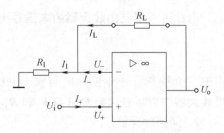

图 5-25　电压-电流转换器

$$I_L = I_1 = \frac{U_-}{R_1}$$

又因为运算放大器具有"虚短"特性，故 $U_i = U_+ = U_-$，上式可变换成

$$I_L = \frac{U_i}{R_1}$$

由上式可以看出，流过负载的电流 I_L 只与输入电压 U_i 和电阻 R_1 有关，与负载 R_L 的阻值无关，当 R_1 阻值固定后，负载电流 I_L 只与 U_i 有关，当 U_i 电压发生变化，流过负载的电流 I_L 也相应变化，从而将电压转换成电流。

4. 电流-电压转换器

图 5-26 是一种由运算放大器构成的电流-电压转换器，它可以将电流转换成电压输出。

输入电流 I_i 送到运算放大器的反相输入端，根据运算放大器的"虚断"特性可知，$I_- = I_+ = 0$，所以有

$$I_i = I_f$$

$$I_i = \frac{U_- - U_o}{R_f}$$

因为 $I_+ = 0$，故流过 R 的电流也为 0，$U_+ = 0$，又根据运算放大器"虚短"特性可知，$U_- = U_+ = 0$，上式可变换为

$$I_i = -\frac{U_o}{R_f}$$

$$U_o = -I_i R_f$$

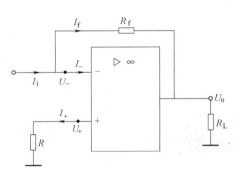

图 5-26 电流-电压转换器

由上式可以看出，输出电压 U_o 与输入电流 I_i 和电阻 R_f 有关，与负载 R_L 的阻值无关，当 R_f 阻值固定后，输出电压 U_o 只与输入电流 I_i 有关，当 I_i 电流发生变化时，负载上的电压 U_o 也相应变化，从而将电流转换成电压。

5. 加法器

运算放大器构成的加法器如图 5-27 所示，R_0 为平衡电阻，$R_0 = R_1 /\!/ R_2 /\!/ R_3 /\!/ R_f$，电路有三个信号电压 U_1、U_2、U_3 输入，有一个信号电压 U_o 输出。下面来分析它们的关系。

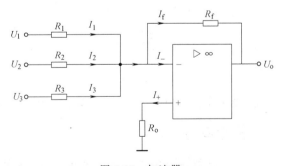

图 5-27 加法器

因为 $I_- = 0$（根据"虚断"），所以有

$$I_1 + I_2 + I_3 = I_f$$

$$\frac{U_1 - U_-}{R_1} + \frac{U_2 - U_-}{R_2} + \frac{U_3 - U_-}{R_3} = \frac{U_- - U_o}{R_f}$$

因为 $U_- = U_+ = 0$（根据"虚短"），所以上式可化简为

$$\frac{U_1}{R_1} + \frac{U_2}{R_2} + \frac{U_3}{R_3} = -\frac{U_o}{R_f}$$

如果 $R_1 = R_2 = R_3 = R$，有

$$U_o = -\frac{R_f}{R}(U_1 + U_2 + U_3)$$

如果 $R_1 = R_2 = R_3 = R_f$，那么有

$$U_o = -(U_1 + U_2 + U_3)$$

上式说明**输出电压是各输入电压之和，从而实现了加法运算**，式中的负号表示输出电压与输入电压相位相反。

6. 减法器

运算放大器构成的减法器如图 5-28 所示，电路的两个输入端同时输入信号，反相输入端输入电压 U_1，同相输入端输入电压 U_2，为了保证两输入端平衡，要求 $R_2 /\!/ R_3 = R_1 /\!/ R_f$。下面分析两输入电压 U_1、U_2 与输出电压 U_o 的关系。

根据电阻串联规律可得

$$U_+ = U_2 \frac{R_3}{R_2 + R_3}$$

根据"虚断"可得

$$I_1 = I_f$$

$$\frac{U_1 - U_-}{R_1} = \frac{U_- - U_o}{R_f}$$

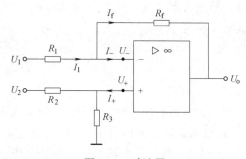

图 5-28 减法器

因为 $U_- = U_+$（根据"虚短"），所以有

$$\frac{U_1 - U_2 \dfrac{R_3}{R_2 + R_3}}{R_1} = \frac{U_2 \dfrac{R_3}{R_2 + R_3} - U_o}{R_f}$$

如果 $R_2 = R_3$，$R_1 = R_f$，上式可简化成

$$U_1 - \frac{U_2}{2} = \frac{U_2}{2} - U_o$$

$$U_o = U_2 - U_1$$

由此可见，**输出电压 U_o 等于两输入电压 U_2、U_1 的差，从而实现了减法运算**。

5.4.4 双运算放大器及应用电路

LM358 内部有两个独立、带频率补偿的高增益运算放大器，可使用电源电压范围很宽的单电源供电，也可使用双电源，在一定的工作条件下，工作电流与电源电压无关。LM358 可用作传感放大器、直流放大器和其他所有可用单电源供电的使用运算放大器的场合。

1. 外形

LM358 的封装形式主要有双列直插式、贴片式和圆形金属封装，圆形金属封装现在已较少使用。LM358 的外形如图 5-29 所示。

图 5-29　LM358 的外形

2. 内部结构、引脚功能和特性

LM358 内部结构、引脚功能和特性如图 5-30 所示。

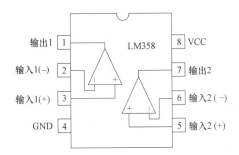

特性：
- 内部频率补偿
- 直流电压增益高(约100dB)
- 单位增益频带宽(约1MHz)
- 电源电压范围宽：单电源(3～30V)；双电源(±1.5～±15V)
- 低功耗电流,适合于电池供电
- 低输入偏流
- 低输入失调电压和失调电流
- 共模输入电压范围宽,包括接地
- 差模输入电压范围宽,等于电源电压范围
- 输出电压摆幅大(0至V_{CC}-1.5V)

图 5-30　LM358 内部结构、引脚功能和特性

3. 应用电路

图 5-31 是一个采用 LM358 作为放大器的高增益话筒信号放大电路。9V 电源经 R_2、R_3 分压得到 4.5V（$1/2V_{CC}$）电压提供给两个运算放大器的同相输入端，第一级运算放大器的放大倍数 $A_1 = R_5/R_4 = 110$，第二级运算放大器的放大倍数 $A_2 = R_7/R_6 = 500$，两级放大电路的总放大倍数 $A = A_1 \cdot A_2 = 55000$。9V 电源经 R_1 为话筒提供电源，话筒工作后将声音转换成电

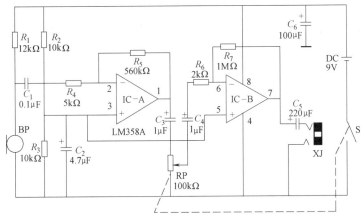

图 5-31　采用 LM358 的高增益话筒信号放大电路

信号（音频信号），通过 C_1、R_4 送到第一个运算放大器反相输入端，放大后输出经 C_3、RP 和 C_4 后送到第二个运算放大器反相输入端，放大后输出经 C_5 送到耳机插孔，如果在插孔中插入耳机，将会在耳机中听到话筒的声音。C_6 为电源退耦电容，滤除电源中的波动成分，使供给电路的电压平滑稳定，C_2 为交流旁路电容，提高两个放大器对交流信号的增益（放大能力），RP、S 为带开关的电位器，旋转手柄时，先闭合开关，继续旋转时可以调节电位器，从而调节送到第二级放大器的信号大小。

5.4.5 运算放大器的非线性应用电路

当运算放大器处于开环或正反馈时，它工作在非线性状态，图 5-32 所示的两个运算放大器就工作在非线性状态。

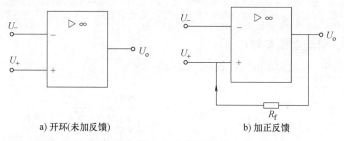

a) 开环(未加反馈)   b) 加正反馈

图 5-32 运算放大器工作在非线性状态的两种形式

工作在非线性状态的运算放大器具有以下特点：

1）**当同相输入端电压大于反相输入端电压时，输出电压为高电平**，即

$$U_+ > U_- \text{时，} U_o = +U \text{（高电平）}$$

2）**当同相输入端电压小于反相输入端电压时，输出电压为低电平**，即

$$U_+ < U_- \text{时，} U_o = -U \text{（低电平）}$$

运算放大器工作在非线性状态时常用作电压比较器。电压比较器主要有两种类型，即单门限电压比较器和双门限电压比较器。

1. 单门限电压比较器

单门限电压比较器的一个输入端电压固定不变（一种值），另一个输入端电压变化。单门限电压比较器如图 5-33 所示，该运算放大器处于开环状态。+5V 的电压经 R_1、R_2 分压为运算放大器同相输入端提供+2V 的电压，该电压作为门限电压（又称基准电压），反相输入

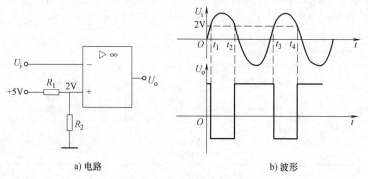

a) 电路   b) 波形

图 5-33 单门限电压比较器

端输入图 5-33b 所示的 U_i 信号。

在 $0 \sim t_1$ 期间，输入信号 U_i 的电压（也就是反相输入端 U_- 电压）低于同相输入端 U_+ 电压，即 $U_- < U_+$，输出电压为高电平（即较高的电压）。

在 $t_1 \sim t_2$ 期间，输入信号 U_i 的电压高于同相输入端 U_+ 电压，即 $U_- > U_+$，输出电压为低电平。

在 $t_2 \sim t_3$ 期间，输入信号 U_i 的电压低于同相输入端 U_+ 电压，即 $U_- < U_+$，输出电压为高电平。

在 $t_3 \sim t_4$ 期间，输入信号 U_i 的电压高于同相输入端 U_+ 电压，即 $U_- > U_+$，输出电压为低电平。

通过两输入端电压的比较作用，运算放大器将输入信号转换成方波信号，U_+ 电压大小不同，输出的方波信号 U_o 的宽度就会发生变化。

2. 双门限电压比较器

双门限电压比较器的一个输入端电压有两种值，另一个输入端电压变化。双门限电压比较器如图 5-34 所示，该运算放大器加有正反馈电路。与单门限电压比较器不同，双门限电压比较器的 "+" 端电压由 +5V 电压和输出电压 U_o 共同决定，而 U_o 有高电平和低电平两种可能，因此 "+" 端电压 U_+ 也有两种：当 U_o 为高电平时，U_+ 电压被 U_o 抬高，假设此时的 U_+ 为 3V；当 U_o 为低电平时，U_+ 电压被 U_o 拉低，假设此时的 U_+ 为 −1V。

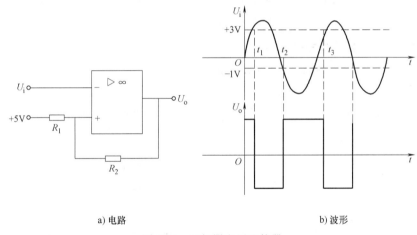

a) 电路　　　　　　　　　b) 波形

图 5-34　双门限电压比较器

在分析电路工作原理时，给运算放大器的反相输入端输入如图 5-34b 所示的输入信号 U_i。

在 $0 \sim t_1$ 期间，输入信号 U_i 的电压低于同相输入端 U_+ 电压，即 $U_- < U_+$，输出电压 U_o 为高电平，此时比较器的门限电压 U_+ 为 3V。

从 t_1 时刻起，输入信号 U_i 的电压开始超过 3V，即 $U_- > U_+$，输出电压 U_o 为低电平，此时比较器的门限电压 U_+ 被 U_o 拉低到 −1V。

在 $t_1 \sim t_2$ 期间，输入信号 U_i 的电压始终高于 U_+ 电压（−1V），即 $U_- > U_+$，输出电压 U_o 为低电平。

从 t_2 时刻起，输入信号 U_i 的电压开始低于 −1V，即 $U_- < U_+$，输出电压 U_o 转为高电平，

此时比较器的门限电压 U_+ 被拉高到3V。

在 $t_2 \sim t_3$ 期间，输入信号 U_i 的电压始终低于 U_+ 电压（3V），即 $U_- < U_+$，输出电压 U_o 为高电平。

从 t_3 时刻起，输入信号 U_i 的电压开始超过3V，即 $U_- > U_+$，输出电压 U_o 为低电平。

以后电路就重复 $0 \sim t_3$ 这个过程，从而将图 5-34b 中的输入信号 U_i 转换成输出信号 U_o。

5.4.6 双电压比较器及应用电路

LM393 是一个内含两个独立电压比较器的集成电路，可以单电源供电（2 ~ 36V），也可以双电源供电（±1 ~ ±18V）。

1. 外形

LM393 封装形式主要有双列直插式和贴片式，其外形如图 5-35 所示。

图 5-35　LM393 的外形

2. 内部结构、引脚功能和特性

LM393 内部结构、引脚功能和特性如图 5-36 所示。

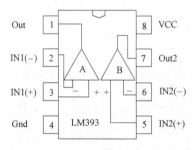

特性：
- 工作电源电压范围宽，单电源、双电源均可工作，单电源：2～36V，双电源：±1～±18V；
- 消耗电流小，为 0.4mA；
- 输入失调电压小，为 ±2mV；
- 共模输入电压范围宽，为 0～ V_{CC}-1.5V；
- 输出端可与 TTL、DTL、MOS、CMOS 等电路连接；
- 输出可以用开路集电极连接"或"门。

图 5-36　LM393 内部结构、引脚功能和特性

3. 应用电路

图 5-37 是一个采用 LM393 构成的电压检测指示电路。+12V 电压经 R_1、R_2、R_3 分压后，得到 4V 和 8V 电压，8V 提供给电压比较器 A_1 的反相输入端，4V 提供给电压比较器 A_2 的同相输入端。

当电压检测点的电压小于 4V 时，A_2 的 $V_+ > V_-$，A_2 输出高电平，A_1 的 $V_+ < V_-$，A_1 输出低电平，晶体管 VT_2 导通，发光二极管 VL_2 亮，发出绿光指示；当电压检测点的电压大于 4V 小于 8V 时，A_2 的 $V_+ < V_-$，A_2 输出低电平，A_1 的 $V_+ < V_-$，A_1 输出低电平，晶体管 VT_1、VT_2 均不导通，发光二极管 VL_1、VL_2 都不亮；当电压检测点的电压大于 8V 时，A_2 的 $V_+ < V_-$，A_2 输出低电平，A_1 的 $V_+ > V_-$，A_1 输出高电平，晶体管 VT_1 导通，发光二极管 VL_1 亮，

发出红光指示。

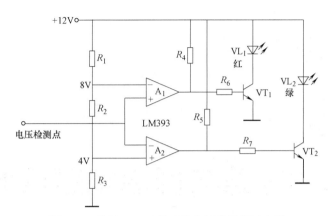

图 5-37　采用 LM393 构成的电压检测指示电路

第6章

选频电路与振荡电路识图

6.1 *LC* 谐振电路

谐振电路是一种由电感和电容构成的电路，故又称为 *LC* 谐振电路。谐振电路在工作时会表现出一些特殊的性质，因此得到了广泛应用。谐振电路分为串联谐振电路和并联谐振电路。

6.1.1 *LC* 串联谐振电路

电容和电感头尾相连，并与交流信号连接在一起就构成了串联谐振电路。

1. 电路结构

串联谐振电路如图 6-1 所示，其中 U 为交流信号，C 为电容，L 为电感，R 为电感 L 的直流等效电阻。

2. 性质说明

为了分析串联谐振电路的性质，将一个电压不变、频率可调的交流电源加到串联谐振电路两端，再在电路中串接一个交流电流表，如图 6-2 所示。

让交流信号电压 U 始终保持不变，而将交流信号频率由 0 慢慢调高，在调节交流信号频率的同时观察电流表，结果发现电流表指示电流值先慢慢增大，当增大到某一值时再将交

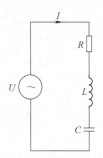

图 6-1 串联谐振电路

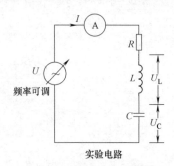

图 6-2 串联谐振电路性质说明图

流信号频率继续调高，发现电流又开始逐渐下降，这个过程可用图 6-2 所示的特性曲线表示。

在串联谐振电路中，当交流信号频率为某一频率（f_0）时，电路出现最大电流的现象称作串联谐振现象，简称串联谐振，这个频率叫作谐振频率，用 f_0 表示，谐振频率 f_0 的大小可利用公式来求得，即

$$f_0 = \frac{1}{2\pi\sqrt{LC}}$$

3. 串联谐振电路谐振时的特点

串联谐振电路谐振时的特点主要如下：

1）谐振时，电路中的电流最大，此时 LC 元件串在一起就像一只阻值很小的电阻，即串联谐振电路谐振时总阻抗最小（电阻、容抗和感抗统称为阻抗，用 Z 表示，阻抗单位为欧）。

2）谐振时，电路中电感上的电压 U_L 和电容上的电压 U_C 都很高，往往比交流信号电压 U 大 Q 倍（$U_L = U_C = QU$，Q 为品质因数，$Q = \dfrac{2\pi fL}{R}$），因此串联谐振又称电压谐振，在谐振时，U_L 与 U_C 电压在数值上相等，但两者极性相反，故两电压之和（$U_L + U_C$）却近似为零。

6.1.2 *LC* 并联谐振电路

电容和电感头头相连、尾尾相接与交流信号连接起来就构成了并联谐振电路。

1. 电路结构

并联谐振电路如图 6-3 所示，图中 U 为交流信号，C 为电容，L 为电感，R 为电感 L 的直流等效电阻。

2. 电路说明

为了分析并联谐振电路的性质，将一个电压不变、频率可调的交流电源加到并联谐振电路两端，再在电路中串接一个交流电流表，如图 6-4 所示。

让交流信号电压 U 始终保持不变，将交流信号频率从 0 开始慢慢调高，在调节交流信号频率的同时观察电流表，结果发现电流表指示电流开始很大，随着交流信号的频率逐渐调高电流值慢慢减小，当减小到某一值时再将交流信号频率继续调高，发现电流又逐渐上升，这个过程可用图 6-4 所示曲线表示。

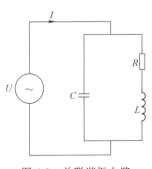

图 6-3 并联谐振电路

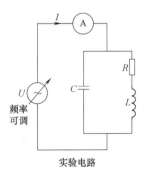

实验电路

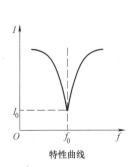

特性曲线

图 6-4 并联谐振电路性质说明图

在并联谐振电路中，当交流信号频率为某一频率（f_0）时，电路出现最小电流的现象称为并联谐振现象，简称并联谐振，这个频率叫作谐振频率，用 f_0 表示，谐振频率 f_0 的大小可利用公式来求得，即

$$f_0 = \frac{1}{2\pi\sqrt{LC}}$$

3. 并联谐振电路谐振时的特点

并联谐振电路谐振时的特点主要如下：

1）谐振时，电路中的电流 I 最小，此时 LC 元件并在一起就像一只阻值很大的电阻，即并联谐振电路谐振时总阻抗最大。

2）谐振时，流过电容支路的电流 I_C 和流过电感支路的电流 I_L 比总电流 I 大很多，故并联谐振又称为电流谐振。其中 I_C 与 I_L 数值相等，但方向相反，I_C 与 I_L 在 LC 支路构成的回路中流动，不会流过主干路。

6.2 选频滤波电路

选频滤波电路简称滤波电路，其功能是从众多的信号中选出需要的信号。根据电路工作时是否需要电源，滤波电路分为无源滤波器和有源滤波器；根据电路选取信号的特点，滤波器可分为低通滤波器、高通滤波器、带通滤波器和带阻滤波器。

6.2.1 低通滤波器

低通滤波器的功能是选取低频信号，低通滤波器意为"低频信号可以通过的电路"。下面以图 6-5 为例来说明低通滤波器的性质。

图 6-5 低通滤波器性质说明图

当低通滤波器输入 $0\sim f_1$ 频率范围的信号时，经滤波器后输出 $0\sim f_0$ 频率范围内的信号。也就是说，只有 f_0 频率以下的信号才能通过滤波器。这里的 f_0 频率称为截止频率，又称转折频率，**低通滤波器只能通过频率低于截止频率 f_0 的信号。**

图 6-6 所示是几种常见的低通滤波器。

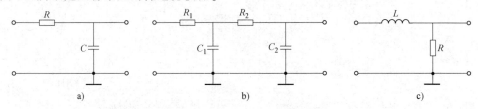

图 6-6 几种常见的低通滤波器

图 6-6a 为 *RC* 低通滤波器，当电路输入各种频率的信号时，因为电容 *C* 对高频信号阻碍小（根据 $X_C = \dfrac{1}{2\pi fC}$），高频信号经电容 *C* 旁路到地，电容 *C* 对低频信号阻碍大，低频信号不会旁路，而是输出去后级电路。

如果单级 *RC* 低通滤波电路滤波效果达不到要求，可采用图 6-6b 所示的多级 *RC* 滤波电路，这种滤波电路能更彻底地滤掉高频信号，使选出的低频信号更纯净。

图 6-6c 为 *RL* 低通滤波器，当电路输入各种频率的信号时，因为电感对高频信号阻碍大（根据 $X_L = 2\pi fL$），高频信号很难通过电感 *L*，而电感对低频信号阻碍小，低频信号很容易通过电感去后级电路。

6.2.2 高通滤波器

高通滤波器的功能是选取高频信号。下面以图 6-7 为例来说明高通滤波器的性质。

图 6-7 高通滤波器性质说明图

当高通滤波器输入 $0 \sim f_1$ 频率范围的信号时，经滤波器后输出 $f_0 \sim f_1$ 频率范围的信号。也就是说，只有 f_0 频率以上的信号才能通过滤波器。**高通滤波器能通过频率高于截止频率 f_0 的信号**。

图 6-8 所示是几种常见的高通滤波器。

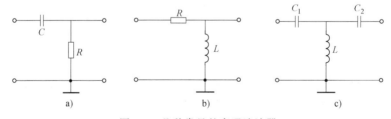

图 6-8 几种常见的高通滤波器

图 6-8a 为 *RC* 高通滤波器，当电路输入各种频率的信号时，因为电容 *C* 对高频信号阻碍小，对低频信号阻碍大，故低频信号难于通过电容 *C*，高频信号很容易通过电容去后级电路。

图 6-8b 为 *RL* 高通滤波器，当电路输入各种频率的信号时，因为电感对高频信号阻碍大，而对低频信号阻碍小，故低频信号很容易通过电感 *L* 旁路到地，高频信号不容易被电感旁路而只能去后级电路。

图 6-8c 是一种滤波效果更好的高通滤波器，电容 C_1、C_2 对高频信号阻碍小、对低频信号阻碍大，低频信号难于通过，高频信号很容易通过。另外，电感 *L* 对高频信号阻碍大、对低频信号阻碍小，低频信号很容易被旁路掉，高频信号则不容易被旁路掉。这种滤波器的电

容 C_1、C_2 对低频信号有较大的阻碍，再加上电感对低频信号的旁路，使低频信号很难通过该滤波器。

6.2.3　带通滤波器

带通滤波器的功能是选取某一段频率范围内的信号。下面以图 6-9 为例来说明带通滤波器的性质。

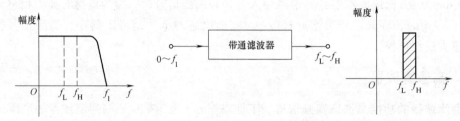

图 6-9　带通滤波器性质说明图

当带通滤波器输入 $0\sim f_1$ 频率范围的信号时，经滤波器后输出 $f_L \sim f_H$ 频率范围的信号，这里的 f_L 称为下限截止频率，f_H 称为上限截止频率。**带通滤波器能通过频率在下限截止频率 f_L 和上限截止频率 f_H 之间的信号（含 f_L、f_H 信号），如果 $f_L = f_H = f_0$，那么这种带通滤波器就可以选择单一频率的 f_0 信号。**

图 6-10 所示为几种常见的带通滤波器。

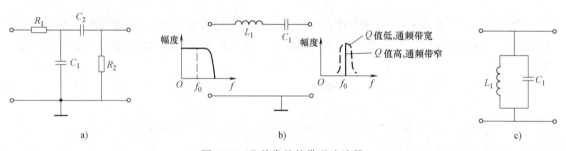

图 6-10　几种常见的带通滤波器

图 6-10a 是一种由 RC 元件构成的带通滤波器，其中 R_1、C_1 构成低通滤波器，它的截止频率为 f_H，可以通过 f_H 频率以下的信号，C_2、R_2 构成高通滤波器，它的截止频率为 f_L，可以通过 f_L 频率以上的信号，结果只有 $f_L \sim f_H$ 频率范围的信号通过整个滤波器。

图 6-10b 是一种由 LC 串联谐振电路构成的带通滤波器，L_1、C_1 谐振频率为 f_0，它对频率为 f_0 的信号阻碍小，对其他频率信号阻碍很大，故只有频率为 f_0 的信号可以通过，该电路可以选取单一频率的信号，如果想让 f_0 附近频率的信号也能通过，就要降低谐振电路的 Q 值（$Q = \dfrac{2\pi f L}{R}$，L 为电感的电感量，R 为电感线圈的直流电阻）。Q 值越低，LC 电路的通频带越宽，能通过 f_0 附近更多频率的信号。

图 6-10c 是一种由 LC 并联谐振电路构成的带通滤波器，L_1、C_1 谐振频率为 f_0，它对频率为 f_0 的信号阻碍很大，对其他频率信号阻碍小，故其他频率信号被旁路，只有频率为 f_0 的信号不会被旁路，而去后级电路。

6.2.4　带阻滤波器

带阻滤波器的功能是选取某一段频率范围以外的信号。带阻滤波器又称陷波器，它的功能与带通滤波器恰好相反。下面以图 6-11 为例来说明带阻滤波器的性质。

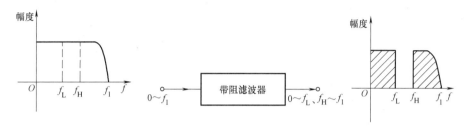

图 6-11　带阻滤波器性质说明图

当带阻滤波器输入 $0 \sim f_1$ 频率范围的信号时，经滤波器滤波后输出 $0 \sim f_L$ 和 $f_H \sim f_1$ 频率范围的信号，而 $f_L \sim f_H$ 频率范围内的信号不能通过。**带阻滤波器能通过频率在下限截止频率 f_L 以下的信号和上限截止频率 f_H 以上的信号（不含 f_L、f_H 信号），如果 $f_L = f_H = f_0$，那么带阻滤波器就可以选择 f_0 以外的所有信号。**

图 6-12 所示为常见的几种带阻滤波器。

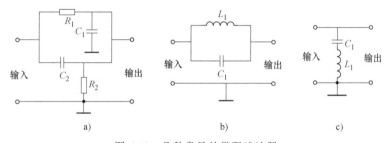

图 6-12　几种常见的带阻滤波器

图 6-12a 所示是一种由 RC 元件构成的带阻滤波器，其中 R_1、C_1 构成低通滤波器，它的截止频率为 f_L，可以通过 f_L 频率以下的信号，C_2、R_2 构成高通滤波器，它的截止频率为 f_H，可以通过 f_H 频率以上的信号，结果只有频率在 f_L 以下和 f_H 以上范围的信号可以通过滤波器。

图 6-12b 所示是一种由 LC 并联谐振电路构成的带阻滤波器，L_1、C_1 谐振频率为 f_0，它对频率为 f_0 的信号阻碍很大，而对其他频率信号阻碍小，故只有频率为 f_0 的信号不能通过，其他频率的信号都能通过。该电路可以阻止单一频率的信号，如果想让 f_0 附近频率的信号也不能通过，可以降低谐振电路的 Q 值 $\left(Q = \dfrac{2\pi f L}{R}\right)$。$Q$ 值越低，LC 电路的通频带越宽，可以阻止 f_0 附近更多频率的信号通过。

图 6-12c 所示是一种由 LC 串联谐振电路构成的带阻滤波器，L_1、C_1 谐振频率为 f_0，它仅对频率为 f_0 的信号阻碍很小，故只有频率为 f_0 的信号被旁路到地，其他频率信号不会被旁路，而是去后级电路。

6.2.5　有源滤波器

无源滤波器一般由 LC 或 RC 元件构成，无信号放大功能；有源滤波器一般由有源器件

（运算放大器）和 **RC 元件构成**，它的优点是不采用大电感和大电容，故体积小、质量小，并且对选取的信号有放大功能；其缺点是因为运算放大器频率带宽不够理想，所以**有源滤波器常用在几千赫兹频率以下的电路中**，而在高频电路中采用 **LC 无源滤波电路效果更好**。

1. 一阶低通滤波器

一阶低通滤波器如图 6-13 所示。

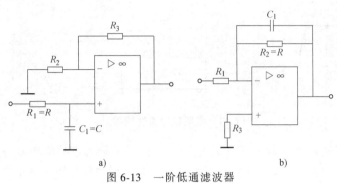

a)　　　　　　　　　　　　　　　b)

图 6-13　一阶低通滤波器

在图 6-13a 中，R_1、C_1 构成低通滤波器，它选出低频信号后，再送到运算放大器与 R_2、R_3 构成同相放大电路进行放大。该滤波器的截止频率 $f_0 = \dfrac{1}{2\pi RC}$，即该电路只让频率在 f_0 以下的低频信号通过。

在图 6-13b 中，R_2、C_1 构成负反馈电路，因为电容 C_1 对高频信号阻碍很小，所以从输出端经 C_1 反馈到输入端的高频信号很多，由于是负反馈，反馈信号将输入的高频信号抵消，而 C_1 对低频信号阻碍大，负反馈到输入端的低频信号很少，低频信号抵消少，大部分低频信号送到运算放大器输入端，并经放大后输出。该滤波器的截止频率 $f_0 = \dfrac{1}{2\pi RC}$。

2. 一阶高通滤波器

一阶高通滤波器如图 6-14 所示。

R_1、C_1 构成高通滤波器，高频信号很容易通过电容 C_1 并送到运算放大器输入端，运算放大器与 R_2、R_3 构成同相放大电路。该滤波器的截止频率 $f_0 = \dfrac{1}{2\pi RC}$。

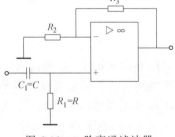

图 6-14　一阶高通滤波器

3. 二阶带通滤波器

二阶带通滤波器如图 6-15 所示。

R_1、C_1 构成低通滤波器，可以通过 f_0 频率以下的低频信号（含 f_0 频率的信号）；C_2、R_2 构成高通滤波器，可以通过 f_0 频率以上的高频信号（含 f_0 频率的信号），结果只有 f_0 频率信号送到运算放大器放大而输出。

该滤波器的截止频率 $f_0 = \dfrac{1}{2\pi RC}$，带通滤波器的 Q 值越小，滤波器的通频带越宽，可以通过 f_0 附近更多频率的信号。带通滤波器的品质因数 $Q = \dfrac{1}{3 - A_u}$，这里的 $A_u = 1 + \dfrac{R_5}{R_4}$。

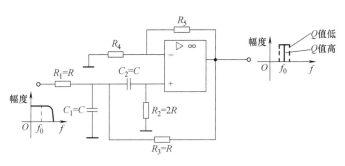

图 6-15 二阶带通滤波器

4. 二阶带阻滤波器

二阶带阻滤波器如图 6-16 所示。

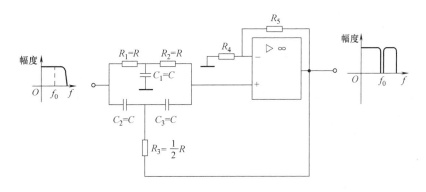

图 6-16 二阶带阻滤波器

R_1、C_1、R_2构成低通滤波器，可以通过f_0频率以下的低频信号（不含f_0频率的信号）；C_2、C_3、R_3构成高通滤波器，可以通过f_0频率以上的高频信号（不含f_0频率的信号），结果只有f_0频率信号无法送到运算放大器输入端。

该滤波器的截止频率$f_0 = \dfrac{1}{2\pi RC}$，带阻滤波器的 Q 值越小，滤波器的阻带越宽，可以阻止f_0附近更多频率的信号通过。带阻滤波器的品质因数$Q = \dfrac{1}{2\times(2 - A_\mathrm{u})}$，这里的 $A_\mathrm{u} = 1 + \dfrac{R_5}{R_4}$。

6.3 振荡器基础知识

6.3.1 振荡器的组成

振荡器是一种用来产生交流信号的电路。正弦波振荡器用来产生正弦波信号。振荡器主要由放大电路、选频电路和正反馈电路三部分组成。振荡器组成如图 6-17 所示。

振荡器工作原理说明如下：

接通电源后，放大电路得电开始导通，导通时电流有一个从无到有变化过程，该变化的

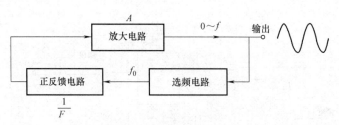

图 6-17　振荡器组成方框图

电流中包含有微弱的 $0 \sim \infty$ Hz 各种频率信号，这些信号输出并送到选频电路，选频电路从中选出频率为 f_0 的信号，f_0 信号经正反馈电路反馈到放大电路的输入端，放大后输出幅度较大的 f_0 信号，f_0 信号又经选频电路选出，再通过正反馈电路反馈到放大电路输入端进行放大，然后输出幅度更大的 f_0 信号，接着又选频、反馈和放大，如此反复，放大电路输出的 f_0 信号越来越大。随着 f_0 信号不断增大，由于晶体管非线性原因（即晶体管输入信号达到一定幅度时，放大能力会下降，幅度越大，放大能力下降越多），放大电路的放大倍数 A 不断减小。

放大电路输出的 f_0 信号不是全部都反馈到放大电路的输入端，而是经反馈电路衰减了再送到放大电路输入端，设反馈电路反馈衰减倍数为 $1/F$。在振荡器工作后，放大电路的放大倍数 A 不断减小，当放大电路的放大倍数 A 与反馈电路的衰减倍数 $1/F$ 相等时，输出的 f_0 信号幅度不会再增大。例如 f_0 信号被反馈电路衰减了 10 倍，再反馈到放大电路放大 10 倍，输出的 f_0 信号不会变化，电路输出稳定的 f_0 信号。

6.3.2　振荡器的工作条件

从前面振荡器工作原理知道，振荡器正常工作需要满足两个条件。

（1）相位条件

相位条件要求电路的反馈为正反馈。

振荡器没有外加信号，它是将反馈信号作为输入信号，振荡器中的信号相位会有两次改变，即放大电路相位改变 Φ_A（又称相移 Φ_A）；反馈电路相位改变 Φ_F。**振荡器相位条件要求满足：**

$$\Phi_A + \Phi_F = 2n\pi \quad (n = 0, \ 1, \ 2, \ \cdots)$$

只有满足了上述条件才能保证电路的反馈为正反馈。例如放大电路将信号倒相 $180°$（$\Phi_A = \pi$），那么反馈电路必须再将信号倒相 $180°$（$\Phi_F = \pi$），这样才能保证电路的反馈才是正反馈。

（2）幅度条件

幅度条件是指振荡器稳定工作后，要求放大电路的放大倍数 A 与反馈电路的衰减倍数 $\dfrac{1}{F}$ 相等，即

$$A = \frac{1}{F}$$

只有这样才能保证振荡器能输出稳定的交流信号。

在振荡器刚起振时，要求放大电路的放大倍数 A 大于反馈电路的衰减倍数 $1/F$，即 $A >$

$1/F(AF>1)$，这样才能让输出信号幅度不断增大，当输出信号幅度达到一定值时，就要求 $A=1/F$（可以通过减小放大电路的放大倍数或增大反馈电路的衰减倍数来实现），这样才能让输出信号幅度达到一定值时稳定不变。

6.4 RC 振荡器（低频振荡器）

RC 振荡器的功能是产生低频信号。由于这种振荡器的选频电路主要由电阻、电容组成，所以称为 RC 振荡器，常见 RC 振荡器有 RC 移相式振荡器和 RC 桥式振荡器。

6.4.1 RC 移相式振荡器

RC 移相式振荡器又分为超前移相式 RC 振荡器和滞后移相式 RC 振荡器。

1. 超前移相式 RC 振荡器

超前移相式 RC 振荡器如图 6-18 所示。

图 6-18 中的三组相同 RC 元件构成三节超前移相电路，每组 RC 元件都能对频率为 f_0 的信号进行 60°超前移相，这里的 $f_0 = \dfrac{1}{2\pi\sqrt{6}RC}$，而对其他频率的信号也能进行超前移相，但移相大于或小于 60°。三节 RC 超前移相电路共同对频率为 f_0 的信号进行 180°超前移相，能将 0°转换成 180°，或将 180°转换成 360°。

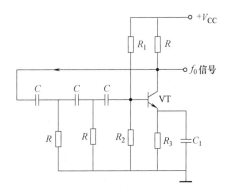

图 6-18　超前移相式 RC 振荡器

先来判断电路的反馈类型：

假设晶体管 VT 基极输入相位为 0°的信号，经过 VT 倒相放大后，从集电极输出 180°信号，该信号经三节 RC 元件移相并反馈到 VT 的基极，由于移相电路只能对频率为 f_0 的信号移相 180° $\left(f_0 = \dfrac{1}{2\pi\sqrt{6}RC}\right)$，而对其他频率信号移相大于或小于 180°，所以三节 RC 元件只能将 180°的 f_0 信号转换成 360°的 f_0 信号，因为 360°也即是 0°，故反馈到 VT 的基极反馈信号与先前假设的输入信号相位相同，所以对 f_0 信号来说，该反馈为正反馈。而 RC 移相电路对 VT 集电极输出的其他频率信号移相不为 180°，故不是正反馈。

电路振荡过程如下：

接通电源后，晶体管 VT 导通，集电极输出各种频率的信号，这些信号经三节 RC 元件移相并反馈到 VT 的基极，只有频率为 f_0 的信号被移相 180°而形成正反馈，f_0 信号再经放大、反馈、放大……VT 集电极输出的 f_0 信号越来越大，随着反馈到 VT 基极的 f_0 信号不断增大，晶体管放大倍数不断下降，当晶体管放大倍数下降到与反馈衰减倍数相等时（VT 集电极输出信号反馈到基极时，三节 RC 电路对反馈信号有一定的衰减），VT 输出幅度稳定不变的 f_0 信号。对于其他频率的信号虽然也有反馈、放大过程，但因为不是正反馈，每次反馈不但不能增强信号，反而会使信号不断削弱，最后都会消失。

从上面分析过程可以看出，**超前移相式 *RC* 振荡器的 *RC* 移相电路既是正反馈电路，又是选频电路，其选频频率均为** $f_0 = \dfrac{1}{2\pi\sqrt{6}RC}$。

2. 滞后移相式 *RC* 振荡器

滞后移相式 *RC* 振荡器如图 6-19 所示。

图 6-19 中的三组相同 *RC* 元件构成三节滞后移相电路，每节 *RC* 元件都能对频率为 f_0 的信号进行 $-60°$ 滞后移相，这里的 $f_0 = \dfrac{\sqrt{6}}{2\pi RC}$，而对其他频率的信号也能进行滞后移相，但移相大于或小于 $60°$。三节 *RC* 滞后移相电路共同对频率为 f_0 的信号进行 $-180°$ 滞后移相，能将 $0°$ 转换成 $-180°$，或将 $180°$ 转换成 $0°$。

判断电路的反馈类型：假设晶体管 VT 基极输入相位为 $0°$ 的信号，经过 VT 倒相放大后，从集电

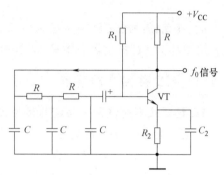

图 6-19　滞后移相式 *RC* 振荡器

极输出 $180°$ 信号，该信号经三节 *RC* 元件移相并反馈到 VT 的基极，由于移相电路只能对频率为 f_0 的信号滞后移相 $180°\left(f_0 = \dfrac{\sqrt{6}}{2\pi RC}\right)$，所以能将 $180°$ 的 f_0 信号转换成 $0°$ 的 f_0 信号，反馈到 VT 的基极，反馈信号与先前假设输入的信号相位相同，所以对 f_0 信号来说，该反馈为正反馈。而 *RC* 移相电路对其他频率的信号移相不为 $180°$，故不是正反馈。

滞后移相式 *RC* 振荡器与超前移相式 *RC* 振荡器工作过程基本相同，这里不再赘述。

6.4.2　*RC* 桥式振荡器

_RC_ 桥式振荡器需用到 _RC_ 串并联选频电路，故又称为 _RC_ 串并联振荡器。

1. *RC* 串并联电路

RC 串并联电路图 6-20 所示，其中 $R_1 = R_2 = R$，$C_1 = C_2 = C$。为了分析电路的性质，给电路输入一个电压不变而频率可调的交流信号，在电路输出端使用一只电压表测量输出电压。

将输入交流信号频率 f 从 0 开始慢慢调高，同时观察电压表指示，会发现电压表指示的电压值慢慢由小变大，当交流信号频率 $f = f_0 = \dfrac{1}{2\pi RC}$ 时，输出电压 U_o 达到最大值，$U_o = \dfrac{1}{3}U_i$，当交流信号频率再继续调高时，输出电压又开始减小。

根据上述情况可知：**如果给 _RC_ 串并联电路输入各种频率信号，只有频率 $f = f_0 = \dfrac{1}{2\pi RC}$ 的信号才有较大的电压输出。也就是说，_RC_ 串并联电路能从众多的信号中选出频率为 f_0 的信号。**

另外，*RC* 串并联电路对频率为 f_0 以外的信号还

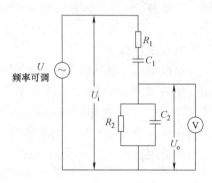

图 6-20　*RC* 串并联电路

会进行移相（对频率为 f_0 的信号不会移相），例如当输入相位为 0° 但频率不等于 f_0 的信号时，电路输出的信号相位就不再是 0°。

2. RC 桥式振荡器

RC 桥式振荡器如图 6-21 所示。从图中可以看出，该振荡器由一个同相运算放大电路和 RC 串并联电路组成。

先来分析该电路是否具备正反馈：

假设运算放大器的 "+" 端输入相位为 0° 的信号，经放大器放大后输出的信号相位仍是 0°，输出信号通过 RC 串并联电路反馈到运算放大器 "+" 端，因为 RC 串并联电路不会对频率为 f_0 的信号 $\left(f_0 = \dfrac{1}{2\pi RC}\right)$ 移相，故反馈到 "+" 端的 f_0 信号相位仍为 0°。对频率为 f_0 的信号来说，该反馈为正反馈；对其他频率信号而言，因为 RC 电路会对它们进行移相，导致反馈到 "+" 端的信号相位不再是 0°，所以不是正反馈。

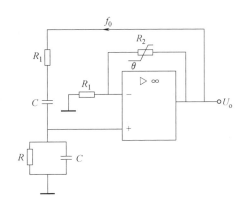

图 6-21　RC 桥式振荡器

电路振荡过程分析：

接通电源后，运算放大器输出微弱的各种频率信号，它们经 RC 串并联电路反馈到运算放大器的 "+" 端，因为 RC 串、并联电路的选频作用，所以只有频率为 f_0 的信号反馈到 "+" 端的电压最高。f_0 信号经放大器放大后输出，然后又反馈到 "+" 端，如此放大、反馈过程反复进行，放大器输出的 f_0 信号幅度越来越大。

R_2 为负温度系数热敏电阻，当运算放大器输出的 f_0 信号幅度较小时，流过 R_2 的反馈信号小，R_2 阻值大，放大器的电压放大倍数 A_u 大 $\left(A_u = 1 + \dfrac{R_2}{R_1}\right)$，随着 f_0 信号幅度越来越大，流过 R_2 的反馈信号也越来越大，R_2 温度升高，阻值变小，放大器的电压放大倍数下降。当 $A_u = 3$ 时，衰减倍数与放大倍数相等，输出的 f_0 信号幅度不再增大，电路输出幅度稳定的 f_0 信号。

6.5 *LC* 振荡器（高频振荡器）

LC 振荡器是指选频电路由电感和电容构成的振荡器。常见的 LC 振荡器有变压器反馈式振荡器、电感三点式振荡器和电容三点式振荡器。

6.5.1 变压器反馈式振荡器

变压器反馈式振荡器如图 6-22 所示。

1. 电路组成及工作条件的判断

晶体管 VT 和电阻 R_1、R_2、R_3 等元件构成放大电路；线圈 L_1、电容 C_1 构成选频电路，其频率 $f_0 = \dfrac{1}{2\pi\sqrt{L_1 C_1}}$，变压器 T_1、电容 C_3 构成反馈电路。下面用瞬时极性法判断反馈类型。

假设晶体管 VT 基极电压上升（图中用 "+" 表示），集电极电压会下降（图中用 "−" 表示），T_1 的 L_1 下端电压下降，L_1 的上端电压上升（电感两端电压极性相反），由于同名端的缘故，线圈 L_2 的上端电压上升，L_2 的上正电压经 C_3 反馈到 VT 基极，反馈电压变化与假设的电压变化相同，故该反馈为正反馈。

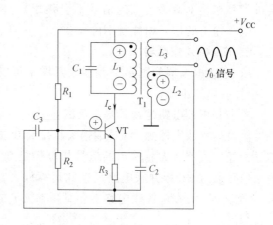

图 6-22　变压器反馈式振荡器

2. 电路振荡过程

接通电源后，晶体管 VT 导通，有电流 I_c 经 L_1 流过 VT，I_c 是一个变化的电流（由小到大），它包含着微弱的 $0 \sim \infty$ Hz 各种频率信号，因为 L_1、C_1 构成的选频电路的频率为 f_0，它从这些信号中选出 f_0 信号，选出后在 L_1 上有 f_0 信号电压（其他频率信号在 L_1 上没有电压或电压很小），L_1 上的 f_0 信号电压感应到 L_2 上，L_2 上的 f_0 信号电压再通过 C_3 耦合到 VT 的基极，放大后从集电极输出，选频电路将放大的 f_0 信号选出，在 L_1 上有更高的 f_0 信号电压，该信号又感应到 L_2 上再反馈到 VT 的基极，如此反复进行，VT 输出的 f_0 信号幅度越来越大，反馈到 VT 基极的 f_0 信号也越来越大。随着反馈信号逐渐增大，VT 放大电路的放大倍数 A 不断减小，当放大电路的放大倍数 A 与反馈电路的衰减倍数 $1/F$（主要由 L_1 与 L_2 的匝数比决定）相等时，VT 输出送到 L_1 上的 f_0 信号电压不能再增大，L_1 上幅度稳定的 f_0 信号电压感应到 L_3 上，送给需要 f_0 信号的电路。

6.5.2　电感三点式振荡器

电感三点式振荡器如图 6-23 所示。为了分析方便，可先画出该电路的交流等效图。电路的交流等效图不考虑直流工作情况，只考虑交流工作情况。下面以绘制图 6-23 所示的电感三点式振荡器为例来说明电路的交流等效图的绘制要点，其绘制过程如图 6-24 所示。具体步骤如下：

1）将电源正极 $+V_{CC}$ 与地（负极）用导线连接起来，如图 6-24a 所示。这是因为直流电源的内阻很小，对交流信号相当于短路，故对交流信号来说，电源正负极之间相当于导线。

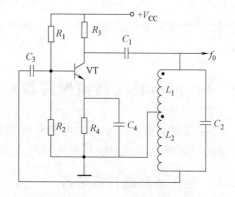

图 6-23　电感三点式振荡器

2）将电阻 R_1、R_2、R_3、R_4 这些元件去掉，如图 6-24b 所示。这是因为这些电阻是用来为晶体管提供直流工作条件的，并且对电路中的交流信号影响很小，故可去掉。

3）将电容 C_1、C_3、C_4 用导线代替，如图 6-24c 所示。这是因为电容 C_1、C_3、C_4 的容量很大，对电路中的交流信号阻碍很小，相当于短路，故可用导线取代，C_2 容量小，对交流信号不能相当短路，故应保留。

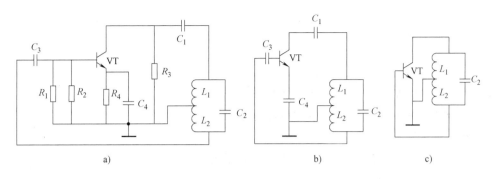

图 6-24 电感三点式振荡器交流等效图绘制过程

经过上述三个步骤画出来的图 6-24c 电路就是图 6-23 电路的交流等效图。从等效图可以看出，**晶体管的三个电极连到电感的三端，所以将该振荡器称为电感三点式振荡器。**

电感三点式振荡器分析如下：

1. 电路组成及工作条件的判断

晶体管 VT 和电阻 R_1、R_2、R_3、R_4 等元件构成放大电路；L_1、L_2、C_2 构成选频电路，其频率 $f_0 = \dfrac{1}{2\pi\sqrt{(L_1+L_2)\,C_2}}$；$L_2$、$C_3$ 构成反馈电路；C_1、C_3 为耦合电容，C_2 为旁路电容。

反馈类型判断：假设 VT 基极电压上升，集电极电压会下降，该电压通过耦合电容 C_1 使线圈 L(分成 L_1、L_2 两部分) 的上端电压下降，那么其下端电压就上升（线圈两端电压极性相反），下端上升的电压经 C_3 反馈到 VT 基极，反馈电压变化与假设的电压变化相同，故该反馈为正反馈。

2. 电路振荡过程

接通电源后，晶体管 VT 导通，有电流 I_c 流过 VT，I_c 是一个变化的电流（由小到大），它包含着各种频率的信号。L_1、L_2、C_1 构成的选频电路的频率为 f_0，它从 VT 集电极输出的各种频率的信号中选出 f_0 信号，选出后在 L_1、L_2 上有 f_0 信号电压（其他频率信号在 L_1、L_2 上没有电压或电压很小），L_2 上的 f_0 信号电压通过电容 C_3 耦合到 VT 的基极，经 VT 放大后，f_0 信号从集电极输出，又送到选频电路，在 L_1、L_2 上的 f_0 信号电压更高，L_2 上的 f_0 信号再反馈到 VT 的基极，如此反复进行，VT 输出的 f_0 信号幅度越来越大，反馈到 VT 基极的 f_0 信号也越来越大。随着反馈信号逐渐增大，VT 放大电路的放大倍数 A 不断减小，当放大电路的放大倍数 A 与反馈电路的衰减倍数 $1/F$ 相等时（衰减倍数主要由 L_2 匝数决定，匝数越少，反馈信号越小，即衰减倍数越大），VT 输出的 f_0 信号不能再增大，稳定的 f_0 信号输出送给其他的电路。

6.5.3 电容三点式振荡器

电容三点式振荡器如图 6-25 所示。

1. 电路组成及工作条件的判断

VT 和电阻 R_1、R_2、R_3、R_4 等元件构成放大电路；L、C_2、C_3 构成选频电路，其频率

$$f_0 = \cfrac{1}{2\pi \sqrt{L\left(\cfrac{C_2 C_3}{C_2 + C_3}\right)}}$$; C_3、C_5 构成反馈电路；C_1、C_5

为耦合电容，C_4 为旁路电容。因为 C_1、C_4、C_5 容量比较大，相当于短路，故图中**晶体管的三个电极可看成是分别接到电容的三端，所以将该振荡器称为电容三点式振荡器。**

反馈类型的判断：假设晶体管 VT 基极电压瞬时极性为"+"，集电极电压的极性为"−"，通过耦合电容 C_1 使 C_2 的上端极性为"−"，C_2 的下端极性为"+"，C_3 上端的极性为"−"，C_3 下端的极性为

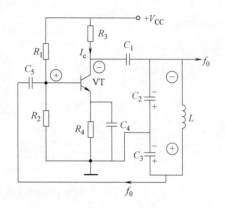

图 6-25　电容三点式振荡器

"+"，C_3 下正电压反馈到 VT 基极，反馈信号电压的极性与假设的电压极性变化一致，故反馈为正反馈。

2. 电路振荡过程

接通电源后，晶体管 VT 导通，有电流 I_c 流过 VT，I_c 是一个变化的电流（由小到大），它包含着各种频率的信号。这些信号经 C_1 加到 L、C_2、C_3 构成的选频电路，选频电路从中选出 f_0 信号，选出后在 C_2、C_3 上有 f_0 信号电压（其他频率信号在 C_2、C_3 上没有电压或电压很小），C_2 上的 f_0 信号电压通过电容 C_5 耦合到 VT 的基极，经 VT 放大后 f_0 信号从集电极输出，又送到选频电路，在 C_2、C_3 上的 f_0 信号电压更高，C_3 上的 f_0 信号再反馈到 VT 的基极，如此反复进行，VT 输出的 f_0 信号幅度越来越大，反馈到 VT 基极的 f_0 信号也越来越大。随着反馈信号的逐渐增大，VT 放大电路的放大倍数 A 不断减小，当放大电路的放大倍数 A 与反馈电路的衰减倍数 $1/F$ 相等时（衰减倍数主要由 C_2、C_3 分压决定），VT 输出的 f_0 信号不再增大，稳定的 f_0 信号输出送给其他的电路。

第7章

电源电路识图

　　电路工作时需要提供电源，电源是电路工作的动力。电源的种类很多，如干电池、蓄电池和太阳电池等，但最常见的电源则是220V交流市电。大多数电子设备的供电都来自220V市电，不过这些电器内部电路真正需要的是直流电压，为了解决这个问题，电子设备内部通常设有电源电路，其任务是将220V交流电压转换成很低的直流电压，再供给内部各个电路。

　　电源电路通常是由整流电路、滤波电路和稳压电路组成的。电源电路的组成框图如图7-1所示。

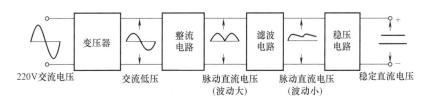

图7-1　电源电路的组成框图

　　220V的交流电压先经变压器降压，得到较低的交流电压，交流低压再由整流电路转换成脉动直流电压，该脉动直流电压的波动很大（即电压时大时小，变化幅度很大），经滤波电路平滑后波动变小，然后经稳压电路进一步稳压后，得到稳定的直流电压，供给其他电路作为直流电源。

7.1　整流电路

　　整流电路的功能是将交流电转换成直流电。整流电路主要有半波整流电路、全波整流电路、桥式整流电路和倍压整流电路等。

7.1.1　半波整流电路

1. 电路结构与原理

半波整流电路采用一个二极管将交流电转换成直流电，由于它只能利用到交流电的半个

周期，故称为半波整流。半波整流电路及有关电压波形如图 7-2 所示。

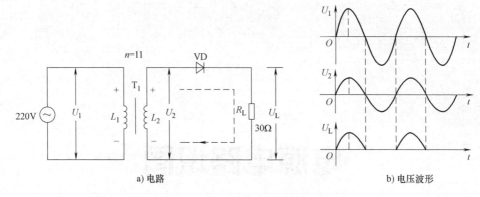

a) 电路 b) 电压波形

图 7-2 半波整流电路及电压波形

电路工作原理说明如下：

220V 交流电压送到变压器 T_1 一次绕组 L_1 两端，L_1 两端的交流电压 U_1 的波形如图 7-2b 所示，该电压感应到二次绕组 L_2 上，在 L_2 上得到较低的交流电压 U_2。当 L_2 上的交流电压 U_2 为正半周时，U_2 的极性是上正下负，二极管 VD 导通，有电流流过二极管和电阻 R_L，电流方向是：U_2 上正→VD→R_L→U_2 下负；当 L_2 上的交流电压 U_2 为负半周时，U_2 电压的极性是上负下正，二极管截止，无电流流过二极管 VD 和电阻 R_L。如此反复工作，在电阻 R_L 上会得到图 7-2b 所示脉动直流电压 U_L。

从上面分析可以看出，半波整流电路只能在交流电压半个周期内导通，另外半个周期不能导通，即半波整流电路只能利用半个周期的交流电压。

2. 电路计算

由于交流电压时刻在发生变化，所以整流后输出的直流电压 U_L 也会变化（电压时高时低），这种大小变化的直流电压称为脉动直流电压。根据理论和实验都可得出，半波整流电路负载 R_L 两端的平均电压为

$$U_L = 0.45 U_2$$

负载 R_L 流过的电流平均值为

$$I_L = \frac{U_L}{R_L} = 0.45 \frac{U_2}{R_L}$$

例如，在图 7-2a 中，$U_1 = 220V$，变压器 T_1 的匝数比 $n = 11$，负载 $R_L = 30\Omega$，那么电压 $U_2 = 220V/11 = 20V$，负载 R_L 两端的电压 $U_L = 0.45 \times 20V = 9V$，$R_L$ 流过的平均电流 $I_L = 0.45 \times 20/30A = 0.3A$。

3. 元件选用

对于整流电路，整流二极管的选择非常重要。在选择整流二极管时，主要考虑最高反向工作电压 U_{RM} 和最大整流电流 I_{RM}。

在半波整流电路中，整流二极管两端承受的最高反向电压为 U_2 的峰值，即

$$U = \sqrt{2} U_2$$

整流二极管流过的平均电流与负载电流相同，即

$$I = 0.45\frac{U_2}{R_L}$$

例如，图 7-2a 半波整流电路中的 $U_2 = 20V$、$R_L = 30\Omega$，那么整流二极管两端承受的最高反向电压 $U = \sqrt{2}\,U_2 \approx 1.41 \times 20V = 28.2V$，流过二极管的平均电流 $I = 0.45\frac{U_2}{R_L} = 0.45 \times 20/30A = 0.3A$。

在选择整流二极管时，所选择二极管的最高反向电压 U_{RM} 应大于在电路中承受的最高反向电压，最大整流电流 I_{RM} 应大于流过二极管的平均电流。因此，要让图 7-2a 中的二极管正常工作，应选用 U_{RM} 大于 28.2V、I_{RM} 大于 0.3A 的整流二极管，若选用参数小于该值的整流二极管，则容易反向击穿或烧坏。

4. 特点

半波整流电路的结构简单，使用元器件少，但整流输出的直流电压波动大。另外，由于整流时只利用了交流电压的半个周期（半波），故效率很低，因此半波整流常用在对效率和电压稳定性要求不高的小功率电子设备中。

7.1.2　全波整流电路

1. 电路结构与原理

全波整流电路采用两个二极管将交流电转换成直流电，由于它可以利用交流电的正、负半周，所以称为全波整流。全波整流电路及有关电压波形如图 7-3 所示，这种整流电路采用两只整流二极管，采用的变压器二次线圈 L_2 被对称分为 L_{2A} 和 L_{2B} 两部分。

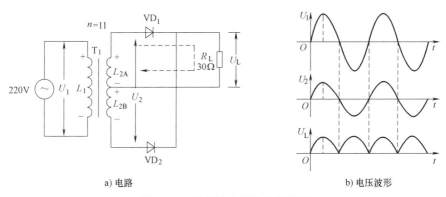

a) 电路　　　　　　　　　　　b) 电压波形

图 7-3　全波整流电路及电压波形

电路工作原理说明如下：

交流电压 U_1 送到变压器 T_1 的一次绕组 L_1 两端，U_1 电压波形如图 7-3b 所示。当交流电压 U_1 正半周送到 L_1 时，L_1 上电压极性为上正下负，该电压感应到 L_{2A}、L_{2B} 上，其上的电压极性也是上正下负。L_{2A} 的上正下负电压使 VD_1 导通，有电流流过负载 R_L，其途径是：L_{2A} 上正→VD_1→R_L→L_{2A} 下负；此时 L_{2B} 的上正下负电压对 VD_2 为反向电压（L_{2B} 下负对应 VD_2 正极），故 VD_2 不能导通。当交流电压 U_1 负半周到来时，L_1 上的交流电压极性为上负下正，L_{2A}、L_{2B} 感应到的电压极性也为上负下正，L_{2B} 的上负下正电压使 VD_2 导通，有电流流过负载 R_L，其途径是：L_{2B} 下正→VD_2→R_L→L_{2B} 上负，此时 L_{2A} 的上负下正电压对 VD_1 为反向电压，VD_1 不能导通。如此反复工作，在 R_L 上会得到图 7-3b 所示的脉动直流电压 U_L。

从上面分析可以看出，全波整流能利用到交流电压的正、负半周，效率大大提高，达到半波整流的两倍。

2. 电路计算

全波整流电路能利用到交流电压的正、负半周，故负载 R_L 两端的平均电压值是半波整流两倍，即

$$U_L = 0.9U_{2A}$$

U_{2A} 为变压器二次绕组 L_{2A} 或 L_{2B} 两端的电压，$U = U_2/2$，所以上式也可以写成

$$U_L = 0.45U_2$$

负载 R_L 流过的电流平均值为

$$I_L = \frac{U_L}{R_L} = 0.45\frac{U_2}{R_L}$$

例如，图 7-3a 中的 $U_1 = 220V$，变压器 T_1 的匝数比 $n = 11$，负载 $R_L = 30\Omega$，那么电压 $U_2 = 220V/11 = 20V$，负载 R_L 两端的电压 $U_L = 0.45 \times 20V = 9V$，$R_L$ 流过的平均电流 $I_L = 0.45 \times 20/30A = 0.3A$。

3. 元件选用

在全波整流电路中，每个整流二极管有半个周期处于截止状态，由于一只二极管截止时另一个二极管导通，整个 L_2 线圈上的电压通过导通的二极管加到截止的二极管两端，**截止的二极管两端承受的最高反向电压为**

$$U = \sqrt{2}\,U_2$$

由于负载电流是两个整流二极管轮流导通半个周期得到的，故**流过二极管的平均电流为负载电流的一半**，即

$$I = \frac{I_L}{2} = 0.225\frac{U_2}{R_L}$$

图 7-3a 全波整流电路中的 $U_2 = 20V$、$R_L = 30\Omega$，那么整流二极管两端承受的最高反向电压 $U = \sqrt{2}\,U_2 = 1.41 \times 20V = 28.2V$，流过二极管的平均电流 $I = 0.225\frac{U_2}{R_L} = 0.225 \times 20/30A = 0.15A$。

综上所述，要让图 7-3a 中的二极管正常工作，应选用 U_{RM} 大于 28.2V、I_{RM} 大于 0.15A 的整流二极管。

4. 特点

全波整流电路的输出直流电压脉动小，整流二极管流过的电流小，但由于两个整流二极管轮流导通，使变压器始终只有半个二次线圈工作，使变压器利用率低，从而使输出电压低、输出电流小。

7.1.3 桥式整流电路

1. 电路结构与原理

桥式整流电路采用四个二极管将交流电转换成直流电，由于四个二极管在电路中连接与

电桥相似，故称为**桥式整流电路**。桥式整流电路及有关电压波形如图 7-4 所示。

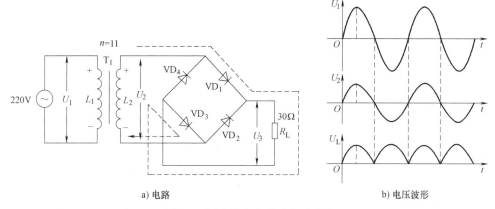

a) 电路　　　　　　　　　　　b) 电压波形

图 7-4　桥式整流电路及电压波形

电路工作原理分析如下：

交流电压 U_1 送到变压器一次绕组 L_1 两端，该电压经降压感应到 L_2 上，在 L_2 上得到 U_2 电压，U_1、U_2 电压波形如图 7-4b 所示。当交流电压 U_1 为正半周时，L_1 上的电压极性是上正下负，L_2 上感应的电压 U_2 极性也是上正下负，L_2 上正下负的电压 U_2 使 VD_1、VD_3 导通，有电流流过 R_L，电流途径是：L_2 上正 → VD_1 → R_L → VD_3 → L_2 下负；当交流电压负半周到来时，L_1 上的电压极性是上负下正，L_2 上感应的电压 U_2 极性也是上负下正，L_2 上负下正电压 U_2 使 VD_2、VD_4 导通，电流途径是：L_2 下正 → VD_2 → R_L → VD_4 → L_2 上负。如此反复工作，在 R_L 上得到图 7-4b 所示脉动直流电压 U_L。

从上面分析可以看出，桥式整流电路在交流电压整个周期内都能导通，即桥式整流电路能利用整个周期的交流电压。

2. 电路计算

由于桥式整流电路能利用到交流电压的正、负半周，故负载 R_L 两端的平均电压值是半波整流两倍，即

$$U_L = 0.9 U_2$$

负载 R_L 流过的电流平均值为

$$I_L = \frac{U_L}{R_L} = 0.9 \frac{U_2}{R_L}$$

例如，图 7-4a 中的 $U_1 = 220V$，变压器 T_1 的匝数比 $n = 11$，负载 $R_L = 30\Omega$，那么电压 $U_2 = 220V/11 = 20V$，负载 R_L 两端的电压 $U_L = 0.9 \times 20V = 18V$，$R_L$ 流过的平均电流 $I_L = 0.9 \times 20/30A = 0.6A$。

3. 元件选用

在桥式整流电路中，每个整流二极管有半个周期处于截止状态，在截止时，**整流二极管两端承受的最高反向电压为**

$$U = \sqrt{2} U_2$$

由于整流二极管只有半个周期导通，故**流过整流二极管的平均电流为负载电流的一半**，即

$$I = 0.45 \frac{U_2}{R_L}$$

图 7-4a 桥式整流电路中的 $U_2 = 20V$、$R_L = 30\Omega$，那么整流二极管两端承受的最高反向电压 $U = \sqrt{2}U_2 = 1.41 \times 20V = 28.2V$，流过二极管的平均电流 $I = 0.45 \frac{U_2}{R_L} = 0.45 \times 20/30A = 0.3A$。

因此，要让图 7-4a 中的二极管正常工作，应选用 U_{RM} 大于 28.2V、I_{RM} 大于 0.3A 的整流二极管，若选用参数小于该值的整流二极管，则容易反向击穿或烧坏。

4. 特点

桥式整流电路输出的直流电压脉动小，由于能利用到交流电压正、负半周，故整流效率高，正因为有这些优点，故大量电子设备的电源电路采用桥式整流电路。

7.1.4 倍压整流电路

倍压整流电路是一种将较低交流电压转换成较高直流电压的整流电路。倍压整流电路可以成倍地提高输出电压，根据提升电压倍数不同，倍压整流可分为两倍压整流、三倍压整流、四倍压整流等。

1. 两倍压整流电路

两倍压整流电路如图 7-5 所示。

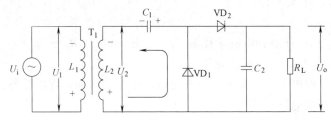

图 7-5 两倍压整流电路

电路工作原理说明如下：

交流电压 U_i 送到变压器 T_1 一次绕组 L_1，再感应到二次绕组 L_2 上，L_2 上的交流信号电压为 U_2，U_2 电压最大值（峰值）为 $\sqrt{2}U_2$。当交流电压的负半周到来时，L_2 上电压极性为上负下正，该电压经 VD_1 对 C_1 充电，充电途径是：L_2 下正→VD_1→C_1→L_2 上负，在 C_1 上充得左负右正电压，该电压大小约为 $\sqrt{2}U_2$；当交流电压的正半周到来时，L_2 上电压的极性为上正下负，该上正下负电压与 C_1 上的左负右正电压叠加（与两节电池叠加相似），再经 VD_2 对 C_2 充电，充电途径是：C_1 右正→VD_2→C_2→L_2 下负（L_2 上的电压与 C_1 上的电压叠加后，C_1 右端相当于整个电压的正极，L_1 下负相当于整个电压的负极），结果在 C_2 上获得大小为 $2\sqrt{2}U_2$ 的电压 U_o，提供给负载 R_L。

2. 七倍压整流电路

七倍压整流电路如图 7-6 所示。

七倍压整流电路的工作原理与两倍压整流电路基本相同。当 U_2 电压极性为上负下正时，它经 VD_1 对 C_1 充得左正右负电压，大小为 $\sqrt{2}U_2$；当 U_2 电压变为上正下负时，上正下负的 U_2 电压与 C_1 左正右正电压叠加，经 VD_2 对 C_2 充得左正右负电压，大小为 $2\sqrt{2}U_2$；当

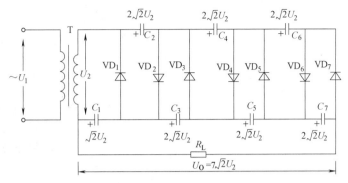

图 7-6　七倍压整流电路

U_2 电压又变为上负下正时，上负下正的 U_2 电压、C_1 上的左正右负电压与 C_2 上的左正右负电压三个电压进行叠加，由于 U_2 电压、C_1 上的电压极性相反，相互抵消，故叠加后总电压为 $2\sqrt{2}U_2$，它经 VD_3 对 C_3 充电，在 C_3 上充得左正右负的电压，电压大小为 $2\sqrt{2}U_2$。电路中的 C_4、C_5、C_6、C_7 充电原理与 C_3 充电基本类似，它们两端充得的电压大小均为 $2\sqrt{2}U_2$。

在电路中，除了 C_1 两端电压为 $\sqrt{2}U_2$ 外，其他电容两端电压均为 $2\sqrt{2}U_2$，总电压 U_0 取自 C_1、C_3、C_5、C_7 的叠加电压。如果在电路中灵活接线，可以获得一倍压、二倍压、三倍压、四倍压、五倍压和六倍压。

3. 倍压整流电路的特点

倍压整流电路可以通过增加整流二极管和电容的方法成倍地提高输出电压，但这种整流电路的输出电流比较小。

7.2　滤波电路

整流电路能将交流电转变为直流电，但由于交流电压大小时刻都在变化，故整流后流过负载的电流大小也时刻变化。例如当变压器线圈的正半周交流电压逐渐上升时，经二极管整流后流过负载的电流会逐渐增大；而当线圈的正半周交流电压逐渐下降时，经整流后流过负载的电流会逐渐减小，这样忽大忽小的电流流过负载，负载很难正常工作。为了让流过负载的电流大小稳定不变或变化尽量小，需要在整流电路后加上滤波电路。

常见滤波电路有电容滤波电路、电感滤波电路、复合滤波电路和电子滤波电路等。

7.2.1　电容滤波电路

电容滤波是利用电容充、放电原理工作的。电容滤波电路及有关电压波形如图 7-7 所示，电容 C 为滤波电容。220V 交流电压经变压器 T 降压后，在 L_2 上得到图 7-7b 所示的 U_2 电压，在没有滤波电容 C 时，负载 R_L 得到电压为 U_{L1}，U_{L1} 随 U_2 电压波动而波动，波动变化很大，如 t_1 时刻 U_{L1} 电压最大，t_2 时刻 U_{L1} 电压变为 0，这样时大时小、时有时无的电压使负载无法正常工作，在整流电路之后增加滤波电容可以解决这个问题。

电容滤波工作原理说明如下：

在 $0\sim t_1$ 期间，U_2 电压极性为上正下负且逐渐上升，其波形如图 7-7b 所示。VD_1、VD_3

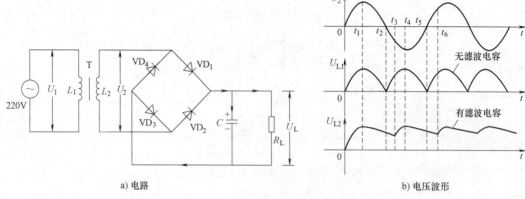

a) 电路　　　　　　　　　　　　b) 电压波形

图 7-7　电容滤波电路及电压波形

导通，U_2 通过 VD_1、VD_3 整流输出的电流一方面流过负载 R_L，另一方面对电容 C 充电，在电容 C 上充得上正下负的电压，t_1 时刻充得电压最高。

在 $t_1 \sim t_2$ 期间，U_2 电压极性为上正下负但逐渐下降，电容 C 上的电压高于 U_2 电压，VD_1、VD_3 截止，电容 C 开始对 R_L 放电，使整流二极管截止时 R_L 仍有电流流过，电容 C 上的电压因放电缓慢下降。

在 $t_2 \sim t_3$ 期间，U_2 电压极性变为上负下正且逐渐增大，但电容 C 上的电压仍高于 U_2 电压，VD_1、VD_3 截止，电容 C 继续对 R_L 放电，C 上的电压继续下降。

在 $t_3 \sim t_4$ 期间，U_2 电压极性为上负下正且继续增大，U_2 电压开始大于电容 C 上的电压，VD_2、VD_4 导通，U_2 电压通过 VD_2、VD_4 整流输出的电流又流过负载 R_L，并对电容 C 充电，在电容 C 上的上正下负的电压又开始升高。

在 $t_4 \sim t_5$ 期间，U_2 电压极性仍为上负下正但逐渐减小，电容 C 上的电压高于 U_2 电压，VD_2、VD_4 截止，电容 C 又对 R_L 放电，使 R_L 仍有电流流过，C 上的电压因放电而缓慢下降。

在 $t_5 \sim t_6$ 期间，U_2 电压极性变为上正下负且逐渐增大，但电容 C 上的电压仍高于 U_2 电压，VD_2、VD_4 截止，电容 C 继续对 R_L 放电，C 上的电压则继续下降。

t_6 时刻以后，电路会重复 $0 \sim t_6$ 过程，从而在负载 R_L 两端（也是电容 C 两端）得到图 7-7b 所示的 U_{L2} 电压。将图 7-7b 中的 U_{L1} 和 U_{L2} 电压波形比较不难发现，增加了滤波电容后在负载上得到的电压大小波动较无滤波电容时要小得多。

电容使整流电路输出电压波动变小的功能称为滤波。电容滤波的实质是在输入电压高时通过充电将电能存储起来，而在输入电压较低时通过放电将电能释放出来，从而保证负载得到波动较小的电压。

电容能使整流输出电压波动变小，电容的容量越大，其两端的电压波动越小，即电容容量越大，滤波效果越好。容量大和容量小的电容可相当于大水缸和小茶杯，大水缸蓄水多，在停水时可以供很长时间的用水，而小茶杯蓄水少，停水时供水时间短，还会造成用水时有时无。

7.2.2　电感滤波电路

电感滤波是利用电感储能和放能原理工作的。电感滤波电路如图 7-8 所示，电感 L 为滤波电感。220V 交流电压经变压器 T 降压后，在 L_2 上得到 U_2 电压。

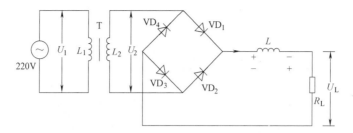

图 7-8　电感滤波电路

电感滤波原理说明如下：

当 U_2 电压极性为上正下负且逐渐上升时，VD_1、VD_3 导通，有电流流过电感 L 和负载 R_L，电流途径是：L_2 上正→VD_1→电感 L→R_L→VD_3→L_2 下负，电流在流过电感 L 时，电感会产生左正右负的自感电动势阻碍电流，同时电感存储能量，由于电感自感电动势的阻碍，流过负载的电流缓慢增大。

当 U_2 电压极性为上正下负且逐渐下降时，经整流二极管 VD_1、VD_3 流过电感 L 和负载 R_L 的电流变小，电感 L 马上产生左负右正的自感电动势开始释放能量，产生电流，电流的途径是：L 右正→R_L→VD_3→L_2→VD_1→L 左负，该电流与 U_2 电压产生的电流一齐流过负载 R_L，使流过 R_L 的电流不会因 U_2 下降而变小。

当 U_2 电压极性为上负下正时，VD_2、VD_4 导通，电路工作原理与 U_2 电压极性为上正下负时基本相同，这里不再叙述。

从上面分析可知，当输入电压高使整流电流大时，电感产生电动势对电流有阻碍作用，避免流过负载的电流突然增大（让电流缓慢增大），而当输入电压低使整流电流小时，电感又产生反电动势，反电动势产生的电流与减小的整流电流叠加一起流过负载，避免流过负载的电流因输入电压下降而迅速减小，这样就使得流过负载的电流大小波动大大减小。

电感滤波的效果与电感的电感量有关，电感量越大，流过负载的电流波动越小，滤波效果越好。

7.2.3　复合滤波电路

单独的电容滤波或电感滤波效果往往不理想，因此可将**电容、电感和电阻组合起来构成复合滤波电路**，从而达到较好的滤波效果。

1. *LC* 滤波电路

LC 滤波电路由电感和电容构成，其电路结构如图 7-9 点画线框内部分所示。整流电路输出的脉动直流电压先由电感 L 滤除大部分波动成分，少量的波动成分再由电容 C 进一步滤掉，供给负载的电压波动就很小。

***LC* 滤波电路带负载能力很强，即使负载变化时，输出电压都比较稳定。**另外，由于电容接在电感之后，在刚接通电源时，电感会对突然流过的浪涌电流产生阻碍，从而减小浪涌电流对整流二极管的冲击。

2. *LC*-π 形滤波电路

LC-π 形滤波电路由一个电感和两个电容接成 π 形构成，其电路结构如图 7-10 点画线框

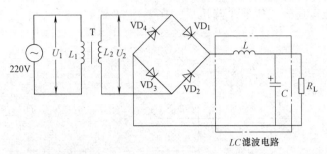

图 7-9 *LC* 滤波电路

内部分所示。整流电路输出的脉动直流电压依次经电容 C_1、电感 L 和电容 C_2 滤波后，波动成分基本被滤掉，供给负载的电压波动很小。

LC-π 形滤波电路滤波效果要好于 LC 滤波电路，由于电容 C_1 接成电感之前，在刚接通电源时，变压器二次绕组通过整流二极管对 C_1 充电的浪涌电流很大，为了缩短浪涌电流的持续时间，一般要求 C_1 的容量小于 C_2。

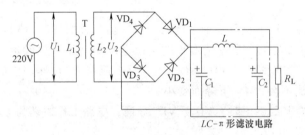

图 7-10 *LC*-π 形滤波电路

3. *RC*-π 形滤波电路

RC-π 形滤波电路用电阻替代电感，并与电容接成 π 形构成。*RC*-π 形滤波电路如图7-11 虚线框内部分所示。整流电路输出的脉动直流电压经电容 C_1 滤除部分波动成分后，在通过电阻 R 时，波动电压在 R 上会产生一定压降，从而使 C_2 上波动电压大大减小。R 阻值越大，滤波效果越好。

RC-π 形滤波电路成本低、体积小，但电流在经过电阻时有电压降和损耗，会导致输出电压下降，所以这种滤波电路主要用在负载电流不大的电路中。另外，R 的阻值不能太大，一般为几十至几百欧，且应满足 $R \ll R_L$。

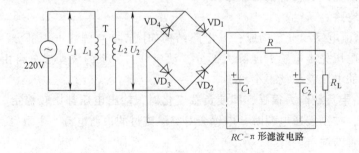

图 7-11 *RC*-π 形滤波电路

7.2.4　电子滤波电路

对于 RC 滤波电路来说，电阻 R 的阻值越大，滤波效果越好，但电阻阻值太大会使电路损耗增大、输出电压偏低。**电子滤波电路是一种由 RC 滤波电路和晶体管组合构成的电路**，其电路如图 7-12 所示。其中晶体管 VT 和 R、C 构成电子滤波电路。

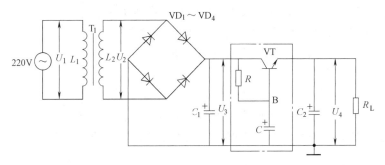

图 7-12　电子滤波电路

变压器二次线圈 L_2 两端的电压 U_2 经 $VD_1 \sim VD_4$ 整流后，在 C_1 上得到脉动直流电压 U_3，该电压再经电阻 R、电容 C 进行滤波，由于 R 阻值很大，大部分波动电压落在 R 上，加上 C_2 具有滤波作用，电容 C 两端电压波动极小，也即 B 点电压变化小，B 点电压提供给晶体管 VT 作基极电压，因为 VT 基极电压变化小，故 VT 基极电流 I_b 变化小，I_c 变化也很小，变化小的 I_c 对 C_3 充电，在 C_3 上得到的电压也变化小，即 C_3 上的电压大小较稳定，供给负载 R_L。

电子滤波电路常用在整流电流不大，但滤波要求高的电路中，**R 的阻值一般为几千欧，C 的容量为几微法至 100μF。**

7.3　稳压电路

滤波电路可以将整流输出波动大的脉动直流电压平滑成波动小的直流电压，但如果因供电原因引起 220V 电压大小变化时（如 220V 上升至 240V），经整流得到的脉动直流电压平均值随之会变化（升高），滤波供给负载的直流电压也会变化（升高）。**为了保证在市电电压大小发生变化时，提供给负载的直流电压始终保持稳定，需要在整流滤波电路之后增加稳压电路。**

7.3.1　简单的稳压电路

稳压二极管是一种具有稳压功能的元件，采用稳压二极管和限流电阻可以组成简单的稳压电路，如图 7-13 所示。

输入电压 U_i 经限流电阻 R 送到稳压二极管 VS 两端，VS 被反向击穿，有电流流过 R 和 VS，R 两端的电压为 U_R，VS 两端的电压为 U_o，U_i、U_R 和 U_o 三者满足：

$$U_i = U_R + U_o$$

如果输入电压 U_i 升高，流过 R 和 VS 的电流增大，R 两端的电压 U_R 增大（$U_R = I_R$，I

增大，故 U_R 也增大），由于稳压二极管具有"击穿后两端电压保持不变"的特点，所以 U_o 电压保持不变，从而实现了输入电压 U_i 升高时输出电压 U_o 保持不变的稳压功能。

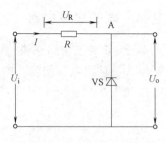

图 7-13　简单稳压电路

如果输入电压 U_i 下降，只要 U_i 电压大于稳压二极管的稳压值，稳压二极管就仍处于反向导通状态（击穿状态），由于 U_i 下降，流过 R 和 VS 的电流减小，R 两端的电压 U_R 减小（$U_R = IR$，I 减小，U_R 也减小），稳压二极管两端电压保持不变，即 U_o 电压仍保持不变，从而实现了输入电压 U_i 下降时让输出电压 U_o 保持不变的稳压功能。

要让稳压二极管在电路中能够稳压，应满足以下条件：

1）稳压二极管在电路中需要反接（即正极接低电位，负极接高电位）。

2）加到稳压二极管两端的电压不能小于它的击穿电压（也即稳压值）。

例如，图 7-13 电路中的稳压二极管 VS 的稳压值为 6V，当输入电压 $U_i = 9V$ 时，VS 处于击穿状态，$U_o = 6V$，$U_R = 3V$；若 U_i 由 9V 上升到 12V，U_o 仍为 6V，而 U_R 则由 3V 升高到 6V（因输入电压升高使流过 R 的电流增大而导致 U_R 升高）；若 U_i 由 9V 下降到 5V，稳压二极管无法击穿，限流电阻 R 无电流通过，$U_R = 0$，$U_o = 5V$，此时稳压二极管无稳压功能。

7.3.2　串联型稳压电路

串联型稳压电路由晶体管和稳压二极管等组成，由于电路中的晶体管与负载是串联关系，所以称为串联型稳压电路。

1. 简单的串联型稳压电路

图 7-14 是一种简单的串联型稳压电路。

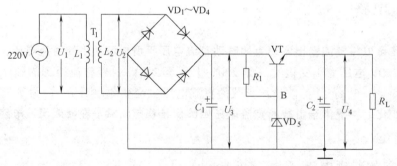

图 7-14　一种简单的串联型稳压电路

电路工作原理说明如下：

220V 交流电压经变压器 T_1 降压后得到 U_2 电压，U_2 电压经整流电路对 C_1 进行充电，在 C_1 上得到上正下负的电压 U_3，该电压经限流电阻 R_1 加到稳压二极管 VD_5 两端，由于 VD_5 的稳压作用，在 VD_5 的负极，也即 B 点得到一个与 VD_5 稳压值相同的电压 U_B，U_B 电压送到晶体管 VT 的基极，VT 产生 I_b 电流，VT 导通，有 I_c 电流从 VT 的 c 极流入、e 极流出，对滤波电容 C_2 充电，在 C_2 上得到上正下负的 U_4 电压供给负载 R_L。

稳压过程：若 220V 交流电压上升至 240V，变压器 T_1 二次绕组 L_2 上的电压 U_2 也上升，经整流滤波后在 C_1 上充得电压 U_3 上升，因 U_3 电压上升，流过 R_1、VD_5 的电流增大，R_1 上的电压 U_{R1} 电压增大，由于稳压二极管 VD_5 击穿后两端电压保持不变，故 B 点电压 U_B 仍保持不变，VT 基极电压不变，I_b 不变，I_c 也不变（$I_c = \beta I_b$，I_b、β 都不变，故 I_c 也不变），因为 I_c 电流大小不变，故 I_c 对 C_3 充得电压 U_4 也保持不变，从而实现了输入电压上升时保持输出电压 U_4 不变的稳压功能。

对于 220V 交流电压下降时电路的稳压过程，读者可自行分析。

2. 常用的串联型稳压电路

图 7-15 是一种常用的串联型稳压电路。

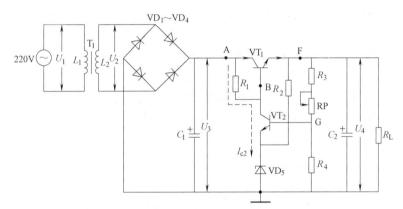

图 7-15 一种常用的串联型稳压电路

电路工作原理说明如下：

220V 交流电压经变压器 T_1 降压后得到 U_2 电压，U_2 电压经整流电路对 C_1 进行充电，在 C_1 上得到上正下负的电压 U_3，这里的 C_1 可相当于一个电源（类似充电电池），其负极接地，正极电压送到 A 点，A 点电压 U_A 与 U_3 相等。U_A 电压经 R_1 送到 B 点，也即调整管 VT_1 的基极，有 I_{b1} 电流由 VT_1 的基极流往发射极，VT_1 导通，有 I_c 电流由 VT_1 的集电极流往发射极，该 I_c 电流对 C_2 充电，在 C_2 上充得上正下负的电压 U_4，该电压供给负载 R_L。

U_4 电压在供给负载的同时，还经 R_3、RP、R_4 分压为比较管 VT_2 提供基极电压，VT_2 有 I_{b2} 电流从基极流向发射极，VT_2 导通，马上有 I_{c2} 流过 VT_2，I_{c2} 电流途径是：A 点→R_1→VT_2 的 c、e 极→VD_5→地。

稳压过程：若 220V 交流电压上升至 240V，变压器 T_1 二次绕组 L_2 上的电压 U_2 也上升，经整流滤波后在 C_1 上充得电压 U_3 上升，A 点电压上升，B 点电压上升，VT_1 的基极电压上升，I_{b1} 增大，I_{c1} 增大，C_2 充电电流增大，C_2 两端电压 U_4 升高，U_4 电压经 R_3、RP、R_4 分压在 G 点得到的电压也升高，VT_2 基极电压 U_{b2} 升高。由于 VD_5 的稳压作用，VT_2 的发射极电压 U_{e2} 保持不变，VT_2 的基极-射极之间的电压差 U_{be2} 增大（$U_{be2} = U_{b2} - U_{e2}$，$U_{b2}$ 升高，U_{e2} 不变，故 U_{be2} 增大），VT_2 的 I_{b2} 电流增大，I_{c2} 电流也增大，流过 R_1 的 I_{c2} 电流增大，R_1 两端产生的电压降 U_{R1} 增大，B 点电压 U_B 下降，即 VT_1 的基极电压下降，VT_1 的 I_{b1} 下降，I_{c1} 下降，C_2 的充电电流减小，C_2 两端的电压 U_4 下降，回落到正常电压值。

在 220V 交流电压不变的情况下，若要提高输出电压 U_4，可调节调压电位器 RP。

调高输出电压的过程为：将电位器 RP 的滑动端上移→RP 阻值变大→G 点电压下降→

VT_2 基极电压 U_{b2} 下降→VT_2 的 U_{be2} 下降（$U_{be2} = U_{b2} - U_{e2}$，$U_{b2}$ 下降，因 VD_5 稳压作用 U_{e2} 保持不变，故 U_{be2} 下降）→VT_2 的 I_{b2} 电流减小→I_{c2} 电流也减小→流过 R_1 的 I_{c2} 电流减小→R_1 两端产生的电压降 U_{R1} 减小→B 点电压 U_B 上升→VT_1 的基极电压上升→VT_1 的 I_{b1} 增大→I_{c1} 增大→C_2 的充电电流增大→C_2 两端的电压 U_4 上升。

7.4 开关电源

开关电源是一种应用很广泛的电源，常用在彩色电视机、计算机和复印机等功率较大的电子设备中。与前面的串联型稳压电源相比，**开关电源主要有以下特点：**

1）**效率高、功耗小**。开关电源的效率一般在 80% 以上，串联调整型电源效率只有 50% 左右。

2）**稳压范围宽**。开关电源稳压范围在 130～260V，性能优良的开关电源可达到 90～280V，而串联调整型电源稳压范围在 190～240V。

3）**质量小，体积小**。开关电源不使用体积大且笨重的电源变压器，只用到体积小的开关变压器，又因为效率高，损耗小，所以开关电源不用大的散热片。

开关电源虽然有很多优点，但电路复杂，维修难度大，另外干扰性很强。

7.4.1 开关电源基本工作原理

开关电源电路较复杂，但其基本工作原理却不难理解，开关电源基本工作原理如图 7-16 所示。

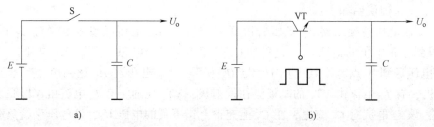

图 7-16　开关电源基本工作原理

在图 7-16a 所示电路中，当开关 S 合上时，电源 E 经 S 对 C 充电，在 C 上获得上正下负的电压，当开关 S 断开时，C 往后级电路（未画出）放电。若开关 S 闭合时间长，则电源 E 对 C 的充电时间也长，C 两端电压 U_o 会升高；如果 S 闭合时间短，电源 E 对 C 的充电时间短，C 上充电少，C 两端电压会下降。由此可见，改变开关的闭合时间长短就能改变输出电压的高低。

在实际的开关电源中，开关 S 常用晶体管来代替，并且在晶体管的基极加一个控制信号（脉冲信号）来控制晶体管导通和截止，如图 7-16b 所示。当控制信号高电平送到晶体管的基极时，晶体管基极电压会上升而导通，VT 的 c、e 极相当于短路，电源 E 经 VT 的 c、e 极对 C 充电；当控制信号低电平到来时，VT 基极电压下降而截止，VT 的 c、e 极相当于开路，C 往后级电路放电。如果晶体管基极的控制信号高电平持续时间长，低电平持续时间短，电源 E 对 C 的充电时间长，C 放电时间短，C 两端电压会上升。

由此可见，控制晶体管导通、截止时间长短就能改变输出电压，开关电源就是利用这个原理来工作的。

7.4.2 三种类型的开关电源工作原理分析

1. 串联型开关电源
串联型开关电源如图 7-17 所示。

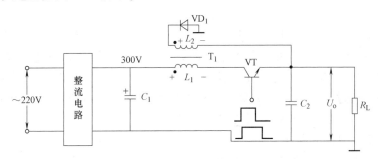

图 7-17 串联型开关电源

220V 交流市电经整流和 C_1 滤波后，在 C_1 上得到 300V 的直流电压（市电电压为 220V，该值是指有效值，其最大值可达到 $220\sqrt{2}\,\text{V}=311\text{V}$，故 220V 市电直接整流后可得到 300V 的直流电压），该电压经 L_1 送到开关管 VT 的集电极。

开关管 VT 的基极加有脉冲信号，当脉冲信号高电平送到 VT 的基极时，VT 饱和导通，300V 的电压经 L_1、VT 的 c、e 极对电容 C_2 充电，在 C_2 上充得上正下负的电压，充电电流在经过 L_1 时，L_1 会产生左正右负的电动势阻碍电流，L_2 上会感应出左正右负的电动势（同名端极性相同），续流二极管 VD_1 截止；当脉冲信号低电平送到 VT 的基极时，VT 截止，无电流流过 L_1，L_1 马上产生左负右正的电动势，L_2 上感应出左负右正的电动势，二极管 VD_1 导通，L_2 上的电动势对 C_2 充电，充电途径是：L_2 的右正→C_2→地→VD_1→L_2 的左负，在 C_2 上充得上正下负的电压 U_o，供给负载 R_L。

稳压过程：若 220V 市电电压下降，C_1 上的 300V 电压也会下降，如果 VT 基极的脉冲宽度不变，在 VT 导通时，充电电流会因 300V 电压下降而减小，C_2 充电少，两端的电压 U_o 会下降。为了保证在市电电压下降时 C_2 两端的电压不会下降，可将送到 VT 基极的脉冲信号变宽（高电平持续时间长），VT 导通时间长，C_2 充电时间长，C_2 两端的电压又回升到正常值。

2. 并联型开关电源
并联型开关电源如图 7-18 所示。

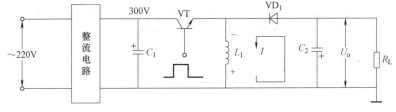

图 7-18 并联型开关电源

220V 交流电经整流和 C_1 滤波后，在 C_1 上得到 300V 的直流电压，该电压送到开关管 VT 的集电极。开关管 VT 的基极加有脉冲信号，当脉冲信号高电平送到 VT 的基极时，VT 饱和导通，300V 的电压产生电流经 VT、L_1 到地，电流在经过 L_1 时，L_1 会产生上正下负的电动势阻碍电流，同时 L_1 中存储了能量；当脉冲信号低电平送到 VT 的基极时，VT 截止，无电流流过 L_1，L_1 马上产生上负下正的电动势，该电动势使续流二极管 VD_1 导通，并对电容 C_2 充电，充电途径是：L_1 的下正→C_2→VD_1→L_1 的上负，在 C_2 上充得上负下正的电压 U_o，该电压供给负载 R_L。

稳压过程：若市电电压上升，C_1 上的 300V 电压也会上升，流过 L_1 的电流大，L_1 存储的能量多，在 VT 截止时 L_1 产生的上负下正电动势高，该电动势对 C_2 充电，使电压 U_o 升高。为了保证在市电电压上升时 C_2 两端的电压不会上升，可让送到 VT 基极的脉冲信号变窄，VT 导通时间短，流过 L_2 的电流时间短，L_2 储能减小，在 VT 截止时产生的电动势下降，对 C_2 充电电流减小，C_2 两端的电压又回落到正常值。

3. 变压器耦合型开关电源

变压器耦合型开关电源如图 7-19 所示。

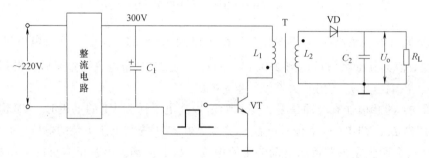

图 7-19　变压器耦合型开关电源

220V 的交流电压经整流电路整流和 C_1 滤波后，在 C_1 上得到 +300V 的直流电压，该电压经开关变压器 T 的一次绕组 L_1 送到开关管 VT 的集电极。

开关管 VT 的基极加有控制脉冲信号，当脉冲信号高电平送到 VT 的基极时，VT 饱和导通，有电流流过，其途径是：+300V→L_1→VT 的 c、e 极→地，电流在流经 L_1 时，L_1 上会产生上正下负的电动势阻碍电流，L_1 上的电动势感应到二次绕组 L_2 上。由于同名端的原因，L_2 上感应的电动势极性为上负下正；当脉冲信号低电平送到 VT 的基极时，VT 截止，无电流流过 L_1，L_1 马上产生相反的电动势，其极性是上负下正，该电动势感应到二次绕组 L_2 上，L_2 上得到上正下负的电动势，此电动势经二极管 VD 对 C_2 充电，在 C_2 上得到上正下负的电压 U_o，该电压供给负载 R_L。

稳压过程：若 220V 的电压上升，经电路整流滤波后在 C_1 上得到 300V 电压也上升，在 VT 饱和导通时，流经 L_1 的电流大，L_1 中存储的能量多，当 VT 截止时，L_1 产生的上负下正电动势高，L_2 上感应得到的上正下负电动势高，L_2 上的电动势经 VD 对 C_2 充电，在 C_2 上充得的电压 U_o 升高。为了保证在市电电压上升时，C_2 两端的电压不会上升，可让送到 VT 基极的脉冲信号变窄，VT 导通时间短，电流流过 L_1 的时间短，L_1 储能减小，在 VT 截止时，L_1 产生的电动势低，L_2 上感应得到的电动势低，L_2 上电动势经 VD 对 C_2 充电减少，C_2 上的电压下降，回到正常值。

7.4.3 自激式开关电源电路

从前面的分析可知，在开关电源工作时一定要在开关管基极加控制脉冲，根据控制脉冲产生方式不同，可将开关电源分为自激式开关电源和他激式开关电源。

图 7-20 是一种典型的自激式开关电源电路。其一般由整流滤波电路、振荡电路、稳压电路和保护电路等部分组成，下面就从这几方面来分析这个开关电源电路工作原理。

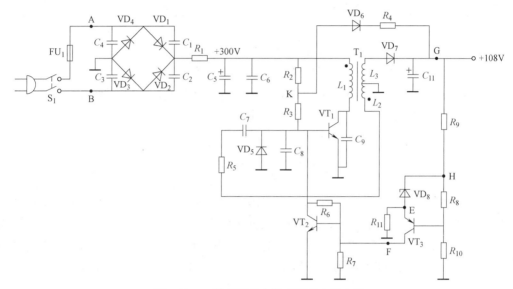

图 7-20 一种典型的自激式开关电源电路

（1）整流滤波电路

$VD_1 \sim VD_4$、$C_1 \sim C_4$、FU_1、C_5、C_6 和 R_1 等构成整流滤波电路，其中 $VD_1 \sim VD_4$ 组成桥式整流电路；$C_1 \sim C_4$ 为保护电容，在开机时，电流除了流过整流二极管外，还分出一部分对保护电容充电，从而使流过整流二极管的电流不至于过大而被烧坏；C_5、C_6 为滤波电容；R_1 为保护电阻，它是一个大功率的电阻，阻值很小，相当于一个有阻值的熔丝，当后级电路出现短路时，流过 R_1 的电流很大，R_1 会烧坏而开路，保护后级电路不被烧坏；FU_1 为熔丝，S_1 为电源开关。

整流滤波电路工作原理：220V 的交流电压经电源开关 S_1 和熔丝 FU_1 送到整流电路。当交流电压的正半周期来时，整流电路输入端电压的极性分别是 A 点为正，B 点为负，该电压经 VD_1、VD_3 对 C_5 充电，充电途径是：A 点→VD_1→C_5→地→VD_3→B 点，在 C_5 上充得上正下负的电压；当交流电压负半周期来时，A 点电压的极性为负，B 点电压的极性为正，该电压经 VD_2、VD_4 对 C_5 充电，充电途径是：B 点→VD_2→C_5→地→VD_4→A 点，在 C_5 上充得 300V 的电压。因为 220V 的市电最大值可达到 $220\sqrt{2}\,V = 311V$，故可以在 C_5 上充得 300V 的电压。

（2）振荡电路

振荡电路的功能是产生控制脉冲信号，来控制开关管的导通和截止。

振荡电路由 T_1、VT_1、R_2、R_3、VD_5、C_7、R_5、L_2 等构成，其中 T_1 为开关变压器，VT_1 为开关管，R_2、R_3 为启动电阻，L_2、R_5、C_7 构成正反馈电路，L_2 为正反馈线圈，C_7 为正反

馈电容。C_8 为滤波电容，用来旁路 VT_1 基极的高频干扰信号；C_9 为保护电容，用来降低 VT_1 截止时 L_1 上产生的反峰电压（反峰电压会对 C_9 充电而下降），避免过高的反峰电压击穿开关管 VT_1。VD_5 用于构成 C_7 放电回路。

振荡电路的工作过程如下。

1）启动过程：C_5 上的 +300V 电压经 T_1 的一次绕组 L_1 送到 VT_1 的集电极。另外，+300V 电压还会经 R_2、R_3 降压后为 VT_1 提供基极电压，VT_1 有了集电极电压和基极电压后就会导通，导通后有 I_b 和 I_c，I_b 的途径是：+300V→R_2→R_3→VT_1 的 b、e 极→地，I_c 的途径是：+300V→L_1→VT_1 的 c、e 极→地。

2）振荡过程：VT_1 启动后导通，有 I_c 流过 L_1，L_1 马上产生上正下负的电动势 E_1 阻碍电流通过，由于同名端的原因，正反馈线圈 L_2 上感应出上负下正的电动势 E_2，L_2 的下正电压经 R_5、C_7 反馈到 VT_1 的基极，VT_1 基极电压上升，I_{b1} 电流增大，I_{c1} 电流增大，流过 L_1 的 I_{c1} 电流增大，L_1 产生上正下负电动势 E_2 更高，L_2 的下端更高的正电压又反馈到 VT_1 基极，VT_1 基极电压又增大，这样形成强烈的正反馈，该过程如下：

$$U_{b1}\uparrow \to I_{b1}\uparrow \to I_{c1}\uparrow \to E_1\uparrow \to E_2\uparrow$$
$$L_2\text{ 的下正电压}$$

正反馈使 VT_1 的基极电压、I_{b1} 电流和 I_{c1} 电流一次比一次高，当 I_b、I_c 大到一定程度时，I_{b1} 增大，I_{c1} 电流不会再增大，开关管 VT_1 进入饱和状态。VT_1 饱和后，L_2 的电动势开始对 C_7 充电，充电途径是：L_2 下正→R_5→C_7→VT_1 的 b、e 极→地→L_2 上负，结果在 C_7 上充得左正右负的电压，C_7 的右负电压送到 VT_1 的基极，VT_1 基极电压下降，VT_1 退出饱和进入放大状态。

VT_1 进入放大状态后，I_{c1} 电流较饱和状态有所减小，即流过 L_1 的 I_{c1} 电流减小，L_1 马上产生上负下正电动势 E_1'，L_2 上感应出上正下负的电动势 E_2'，L_2 上的下负电压经 R_5、C_7 反馈到 VT_1 的基极，VT_1 基极电压 U_{b1} 下降，基极电流 I_{b1} 下降，I_{c1} 电流下降，流过 L_1 的电流 I_{c1} 下降，L_1 产生上负下正的电动势 E_1' 增大（L_1 的上负电压更低，下正电压更高，E_1' 的值更大），L_2 感应出上正下负的电动势 E_2' 增大，L_2 的下负电压又经 R_5、C_7 反馈到 VT_1 的基极，使 U_{b1} 下降，这样又形成了强烈正反馈。该过程如下：

$$U_{b1}\downarrow \to I_{b1}\downarrow \to I_{c1}\downarrow \to E_1'\uparrow \to E_2'\uparrow$$
$$L_2\text{ 下负电压}$$

正反馈使 VT_1 的基极电压、I_{b1} 电流和 I_{c1} 电流一次比一次小，最后 I_{b1}、I_{c1} 都为 0A，VT_1 进入截止状态。

在 VT_1 截止期间，L_1 上的上负下正电动势感应到次级线圈 L_3 上，L_3 上得到上正下负电动势，该电动势经 VD_7 对 C_{11} 充电，在 C_{11} 上充得上正下负的电压，大小为 +108V。另外，在 VT_1 截止期间，C_7 开始放电，放电途径是：C_7 左正→R_5→L_2→地→VD_5→C_7 右负，放电将 C_7 右端负电荷慢慢中和，VT_1 基极电压开始回升，当基极电压回升到某一值时，VT_1 又开始导通，又有电流流过 L_1，L_1 又会产生上正下负的电动势 E_1。以后电路不断重复上述工作过程。

（3）稳压电路

VT_2、VT_3、$R_6 \sim R_{11}$、VD_8 等构成稳压电路，VT_2 为脉宽控制管，VT_3 为取样管，VD_8 为稳压二极管。

稳压过程：若 220V 市电电压上升，经整流滤波后，在 C_5 上充得 +300V 电压上升，电源电路输出端 C_{11} 上的电压 +108V 也会上升，H 点电压上升，H 点电压一路经 VD_8 送到 VT_3 的发射极，使 U_{e3} 上升，H 点电压同时另一路经 R_9、R_8 送到 VT_3 基极，使 U_{b3} 也上升，因为稳压二极管具有保持两端电压不变的稳压功能，所以 H 点上升的电压会全送到 VT_3 的发射极，从而使 U_{e3} 电压较 U_{b3} 上升得更多，U_{eb3} 增大（$U_{eb3} = U_{e3} - U_{b3}$，$U_{e3}$ 上升更多，U_{b3} 上升得少），I_{b3} 增大，I_{e3} 增大，VT_3 导通程度加深，VT_3 的 e、c 极之间的阻值减小，E 点电压上升，F 点电压也上升，VT_2 的基极电压 U_{b3} 上升，I_{b2} 增大，I_{c2} 增大，VT_2 导通程度深，VT_2 的 c、e 极之间的阻值减小，这样会使开关管 VT_1 的基极电压下降，VT_1 因基极电压低而截止时间长（因基极电压低，所以上升至饱和所需时间长），饱和时间缩短。VT_1 饱和导通时间短，电流流过 L_1 的时间短，L_1 储能减少，在 VT_1 截止时，L_1 产生的电动势低，L_3 上的感应电动势低，L_3 经 VD_7 对 C_{11} 充电减少，C_{11} 两端电压下降，回落到正常值（+108V）。

（4）保护电路

R_4、VD_6 构成欠电压过电流保护电路。在电源电路正常工作时，二极管 VD_6 负端电压高（电压为 +108V），因此 VD_6 截止，保护电路不工作。若 +108V 的负载电路（图中未画出）出现短路，C_{11} 往后级电路放电快（放电电流大），C_{11} 两端电压会下降很多，G 点电压下降，VD_6 导通，K 点电压下降，由于 K 点电压很低，所以供给 VT_1 基极电压低，不足以使 VT_1 导通，VT_1 处于截止状态，无电流流过 L_1，L_1 无能量存储，不会产生电动势，L_3 上则无感应电动势，无法继续对 C_{11} 充电，C_{11} 两端无电压供给后级电路，从而保护了后级电路不会进一步损坏。

7.4.4 他激式开关电源电路

他激式开关电源与自激式开关电源的区别在于：他激式开关电源有单独的振荡器，自激式开关电源则没有独立的振荡器，开关管是振荡器的一部分。他激式开关电源中独立的振荡器产生控制脉冲信号，来控制开关管工作在开关状态，另外电路中无正反馈线圈构成的正反馈电路。他激式开关电源组成示意图如图 7-21 所示。

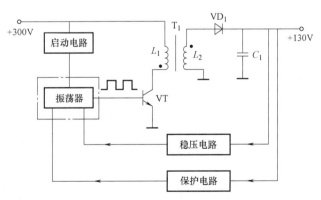

图 7-21 他激式开关电源组成示意图

+300V 电压经启动电路为振荡器（振荡器做在集成电路中）提供电源，振荡器开始工作，产生脉冲信号送到开关管的基极，当脉冲信号高电平到来时，开关管 VT 饱和导通，低电平到来时，VT 截止，VT 工作在开关状态，L_1 上有电动势产生，感应到 L_2 上，L_2 的感应电

动势经 VD_1 对 C_1 充电，在 C_1 上得到+130V 的电压。

稳压过程：若负载很重（负载阻值变小），+130V 电压会下降，该下降的电压送到稳压电路，稳压电路检测出输出电压下降后，会输出一个控制信号送到振荡器，让振荡器产生的脉冲信号宽度变宽（高电平持续时间长），开关管 VT 的导通时间变长，L_1 储能多，VT 截止时 L_1 产生的电动势升高，L_2 感应出的电动势也升高，该电动势对 C_1 充电，使 C_1 两端的电压上升，仍回到+130V。

保护过程：若某些原因使输出电压+130V 上升过高（如负载电路存在开路），该过高的电压送到保护电路，保护电路工作，它输出一个控制电压到振荡器，让振荡器停止工作，振荡器不能产生脉冲信号，无脉冲信号送到开关管 VT 的基极，VT 处于截止状态，无电流流过 L_1，L_1 无能量存储无法产生电动势，L_2 上也无感应电动势，无法对 C_1 充电，C_1 两端电压变为 0V，这样可以避免过高的输出电压击穿负载电路中的元器件，从而保护负载电路。

第8章

门电路与组合逻辑电路识图

8.1　门电路

　　门电路是组成各种复杂数字电路的基本单元。门电路包括基本门电路和复合门电路，复合门电路又称组合门电路，由基本门电路组合而成。基本门电路是组成各种数字电路最基本的单元。

　　基本门电路有三种：与门、或门和非门。常见的复合门电路有：与非门、或非门、与或非门、异或门和同或门等。

8.1.1　与门电路

1. 电路结构与原理

　　与门电路结构如图 8-1 所示，它是一个由二极管和电阻构成的电路，其中 A、B 为输入端，S_1、S_2 为开关，Y 为输出端，+5V 电压经 R_1、R_2 分压，在 E 点得到+3V 的电压。

　　与门电路工作原理说明如下：

　　当 S_1、S_2 均拨至位置"2"时，A、B 端电压都为 0V，由于 E 点电压为 3V，所以二极管 VD_1、VD_2 都导通，E 点电压马上下降到 0.7V，Y 端输出电压为 0.7V。

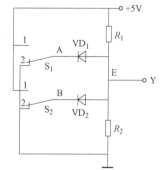

图 8-1　与门的电路结构

　　当 S_1 拨至位置"2"、S_2 拨至位置"1"时，A 端电压为 0V，B 端电压为 5V，由于 E 点电压为 3V，所以二极管 VD_1 马上导通，E 点电压下降到 0.7V，此时 VD_2 正端电压为 0.7V，负端电压为 5V，VD_2 处于截止状态，Y 端输出电压为 0.7V。

　　当 S_1 拨至位置"1"、S2 拨至位置"2"时，A 端电压为 5V，B 端电压为 0V，VD_2 导通，VD_1 截止，E 点为 0.7V，Y 端输出电压为 0.7V。

　　当 S_1、S_2 均拨至位置"1"时，A、B 端电压都为 5V，VD_1、VD_2 均不能导通，E 点电压为 3V，Y 端输出电压为 3V。

为了分析方便，在数字电路中通常将 0~1V 范围的电压规定为低电平，用 "0" 表示，将 3~5V 范围的电压称为高电平，用 "1" 表示。根据该规定，可将与门电路工作原理简化如下：

1）当 A = 0、B = 0 时，Y = 0。

2）当 A = 0、B = 1 时，Y = 0。

3）当 A = 1、B = 0 时，Y = 0。

4）当 A = 1、B = 1 时，Y = 1。

由此可见，与门电路的功能是：只有输入端都为高电平时，输出端才会输出高电平；只要有一个输入端为低电平，输出端就会输出低电平。

2. 真值表

真值表是用来列举电路各种输入值和对应输出值的表格。它能让人们直观地看出电路输入与输出之间的关系。表 8-1 为与门电路的真值表。

表 8-1　与门电路的真值表

输　　入		输　　出	输　　入		输　　出
A	B	Y	A	B	Y
0	0	0	1	0	0
0	1	0	1	1	1

3. 逻辑表达式

真值表虽然能直观地描述电路输入和输出之间的关系，但比较麻烦且不便记忆。为此可**采用关系式来表达电路输入与输出之间的逻辑关系，这种关系式称为逻辑表达式**。

与门电路的逻辑表达式是

$$Y = A \cdot B$$

式中，"·" 表示 "与"，读作 "A 与 B"。

4. 与门的图形符号

图 8-1 所示的与门电路由多个元件组成，这在画图和分析时很不方便，可以用一个简单的符号来表示整个与门电路，这个符号称为图形符号。与门电路的图形符号如图 8-2 所示，其中旧符号是指早期采用的符号，常用符号是指有些国家采用的符号，新标准符号是指我国最新公布的标准符号。

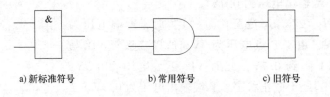

a) 新标准符号　　　　b) 常用符号　　　　c) 旧符号

图 8-2　与门图形符号

5. 与门芯片

在数字电路系统中，已很少采用分立元器件组成与门电路，市面上有很多集成化的与门芯片（又称与门集成电路）。74LS08 是一种较常用的与门芯片，其外形和结构如图 8-3 所示。从图 8-3b 可以看出，74LS08 内部有四个与门，每个与门有 2 个输入端、1 个输出端。

a) 外形

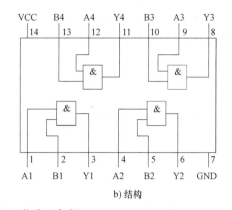

b) 结构

图 8-3 74LS08 芯片（与门）

8.1.2 或门电路

1. 电路结构与原理

或门电路结构如图 8-4 所示，它由二极管和电阻构成，其中 A、B 为输入端，Y 为输出端。

或门电路工作原理说明如下：

当 S_1、S_2 均拨至位置"2"时，A、B 端电压都为 0V，二极管 VD_1、VD_2 都无法导通，E 点电压为 0，Y 端输出电压为 0V，即 A = 0、B = 0 时，Y = 0。

当 S_1 拨至位置"2"、S_2 拨至位置"1"时，A 端电压为 0V，B 端电压为 5V，二极管 VD_2 马上导通，E 点电压为 4.3V，此时 VD_1 处于截止状态，Y 端输出电压为 4.3V。即 A = 0、B = 1 时，Y = 1。

当 S_1 拨至位置"1"、S_2 拨至位置"2"时，A 端电压为 5V，B 端电压为 0V，VD_1 导通，VD_2 截止，E 点为 4.7V，Y 端输出电压为 4.3V，即 A = 1、B = 0 时，Y = 1。

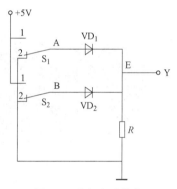

图 8-4 或门电路结构

当 S_1、S_2 均拨至位置"1"时，A、B 端电压都为 5V，VD_1、VD_2 均导通，E 点电压为 4.3V，Y 端输出电压为 4.3V，即 A = 1、B = 1 时，Y = 1。

由此可见，或门电路的功能是：只要输入端有一个为高电平，输出端就为高电平；只有输入端都为低电平时，输出端才输出低电平。

2. 真值表

或门电路的真值表见表 8-2。

表 8-2 或门电路的真值表

输 入		输 出	输 入		输 出
A	B	Y	A	B	Y
0	0	0	1	0	1
0	1	1	1	1	1

3. 逻辑表达式

或门电路的逻辑表达式为

$$Y = A + B$$

式中，"+"表示"或"。

4. 或门的图形符号

或门电路的图形符号如图 8-5 所示。

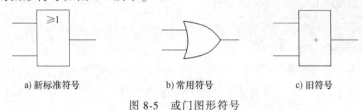

a) 新标准符号   b) 常用符号   c) 旧符号

图 8-5 或门图形符号

5. 或门芯片

74LS32 是一种较常用的或门芯片，其外形和结构如图 8-6 所示。从图 8-6b 可以看出，74LS32 内部有四个或门，每个或门有 2 个输入端、1 个输出端。

a) 外形   b) 结构

图 8-6 74LS32 芯片（或门）

8.1.3 非门电路

1. 电路结构与原理

非门电路结构如图 8-7 所示，它是由晶体管和电阻构成的电路，其中 A 为输入端，Y 为输出端。

非门电路工作原理说明如下：

当 S_1 拨至位置 "2" 时，A 端电压为 0V 时，晶体管 VT_1 截止，E 点电压为 5V，Y 端输出电压为 5V，即 A = 0 时，Y = 1。

当 S_1 拨至位置 "1" 时，A 端电压为 5V 时，晶体管 VT_1 饱和导通，E 点电压低于 0.7V，Y 端输出电压也低于 0.7V，即 A = 1 时，Y = 0。

由此可见，**非门电路的功能是输入与输出状态总是相反**。

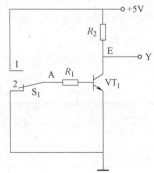

图 8-7 非门电路结构

2. 真值表

非门电路的真值表见表8-3。

表8-3 非门电路的真值表

输　　入	输　　出	输　　入	输　　出
A	Y	A	Y
1	0	0	1

3. 逻辑表达式

非门电路的逻辑表达式为

$$Y = \overline{A}$$

式中的"–"表示"非"（或相反）。

4. 非门的图形符号

非门电路的图形符号如图8-8所示。

a)新标准符号　　　　b)常用符号　　　　c)旧符号

图8-8 非门图形符号

5. 非门芯片

74LS04是一种常用的非门芯片（又称反相器），其外形和结构如图8-9所示。从图8-9b可以看出，74LS04内部有六个非门，每个非门有1个输入端、1个输出端。

a)外形

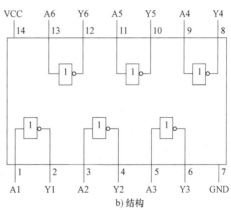

b)结构

图8-9 74LS04芯片（非门）

8.1.4 与非门电路

1. 结构与原理

与非门是由与门和非门组成的，其逻辑结构及符号如图8-10所示。

与非门工作原理说明如下：

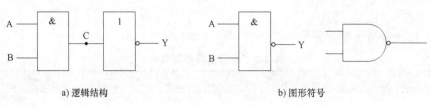

a) 逻辑结构　　　　　　　　　　　　　b) 图形符号

图 8-10　与非门

当 A 端输入 "0"、B 端输入 "1" 时，与门的 C 端会输出 "0"，C 端的 "0" 送到非门的输入端，非门的 Y 端（输出端）会输出 "1"。

A、B 端其他三种输入情况读者可以按上述方法分析，这里不再叙述。

2. 逻辑表达式

与非门的逻辑表达式为

$$Y = \overline{A \cdot B}$$

3. 真值表

与非门的真值表见表 8-4。

表 8-4　与非门的真值表

输　　入		输　　出	输　　入		输　　出
A	B	Y	A	B	Y
0	0	1	1	0	1
0	1	1	1	1	0

4. 逻辑功能

与非门的逻辑功能是：只有输入端全为 "1" 时，输出端才为 "0"；只要有一个输入端为 "0"，输出端就为 "1"。

5. 常用与非门芯片

74LS00 是一种常用的与非门芯片，其外形和结构如图 8-11 所示。从图 8-11b 可以看出，74LS00 内部有四个与非门，每个与非门有 2 个输入端、1 个输出端。

a) 外形　　　　　　　　　　　　　b) 结构

图 8-11　74LS00 芯片（与非门）

8.1.5　或非门电路

1. 结构与原理

或非门是由或门和非门组合而成的，其逻辑结构和符号分别如图 8-12 所示。

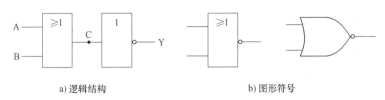

a) 逻辑结构   b) 图形符号

图 8-12 或非门

或非门工作原理说明如下：

当 A 端输入"0"、B 端输入"1"时，或门的 C 端会输出"1"，C 端的"1"送到非门的输入端，结果非门的 Y 端（输出端）会输出"0"。

A、B 端其他三种输入情况读者可以按上述方法进行分析。

2. 逻辑表达式

或非门的逻辑表达式为

$$Y = \overline{A+B}$$

根据逻辑表达式很容易求出与输入值对应的输出值，例如，当 A = 0、B = 1 时，Y = 0。

3. 真值表

或非门的真值表见表 8-5。

表 8-5 或非门的真值表

输 入		输 出	输 入		输 出
A	B	Y	A	B	Y
0	0	1	1	0	0
0	1	0	1	1	0

4. 逻辑功能

或非门的逻辑功能是：只有输入端全为"0"时，输出端才为"1"；只要输入端有一个"1"，输出端就为"0"。

5. 常用或非门芯片

74LS27 是一种常用的或非门芯片，其外形和结构如图 8-13 所示。从图 8-13b 可以看出，74LS27 内部有三个或非门，每个或非门有 3 个输入端、1 个输出端。

a) 外形

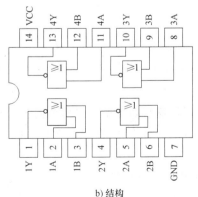

b) 结构

图 8-13 74LS27 芯片（或非门）

8.1.6 异或门电路

1. 结构与原理

异或门是由两个与门、两个非门和一个或门组成的，其逻辑结构和符号如图 8-14 所示。

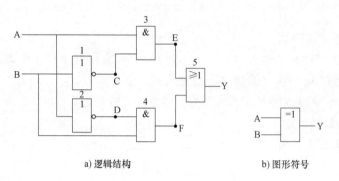

a) 逻辑结构　　　　　　　　　　b) 图形符号

图 8-14　异或门电路

异或门工作原理说明如下：

当 A = 0，B = 0 时，非门 1 输出端 C = 1，非门 2 的输出端 D = 1，与门 3 输出端 E = 0，与门 4 输出端 F = 0，或门 5 输出端 Y = 0。

当 A = 0，B = 1 时，非门 1 输出端 C = 0，非门 2 的输出端 D = 1，与门 3 输出端 E = 0，与门 4 输出端 F = 1，或门 5 输出端 Y = 1。

A、B 端其他输入情况读者可以按上述方法进行分析。

2. 逻辑表达式

异或门的逻辑表达式为

$$Y = A \cdot \overline{B} + \overline{A} \cdot B = A \oplus B$$

3. 真值表

异或门的真值表见表 8-6。

表 8-6　异或门的真值表

输　入		输　出	输　入		输　出
A	B	Y	A	B	Y
0	0	0	1	0	1
0	1	1	1	1	0

4. 逻辑功能

异或门的逻辑功能是：当两个输入端一个为 "0"、另一个为 "1" 时，输出端为 "1"；当两个输入端同时为 "1" 或同时为 "0" 时，输出端为 "0"。该特点简述为异出 "1"，同出 "0"。

5. 常用异或门芯片

74LS86 是一个四组 2 输入异或门芯片，其外形和结构如图 8-15 所示。从图 8-15b 可以看出，74LS86 内部有四组异或门，每组异或门有 2 个输入端和 1 个输出端。

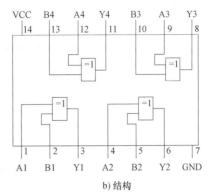

a) 外形   b) 结构

图 8-15　74LS86 芯片（异或门）

8.2　组合逻辑电路

组合逻辑电路又称组合电路，它任何时刻的输出只由当时的输入决定，而与电路的原状态（以前的状态）无关，电路没有记忆功能。

常见的组合逻辑电路有编码器、译码器、数值比较器、数据选择器和奇偶校验器等。

8.2.1　编码器

在数字电路中，将输入信号转换成一组二进制代码的过程称为编码。编码器是指能实现编码功能的电路。计算机键盘内部就用到编码器，当按下某个按键时，会给编码器输入一个信号，编码器会将该信号转换成一串由1、0组成的二进制代码送入计算机，按压不同的按键时，编码器转换成的二进制代码不同，计算机根据代码不同就能识别按下哪个按键。编码器的种类很多，主要分为普通编码器和优先编码器。

1. 普通编码器

普通编码器任何时刻只允许输入一个信号，若同时输入多个信号，编码输出就会产生混乱。图 8-16 是一个典型普通编码器的电路结构。

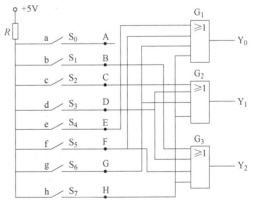

图 8-16　典型普通编码器的电路结构

工作原理说明如下：

图 8-16 中的 $S_0 \sim S_7$ 8 个按键分别代表 a~h 8 个字母（各个按键上刻有相应的字母），当按下不同的按键时，编码器 $Y_0 \sim Y_2$ 端会输出不同的二进制代码。

当按下代表字母"a"的按键 S_0 时，A 端为 1（高电平），但 A 端不与三个或门电路相连，又因为 $S_1 \sim S_7$ 的按键都未按下，故三个或门输入都为 0，结果编码器输出 $Y_2 Y_1 Y_0 = 000$，即字母"a"经编码器编码后转换成二进制代码 000。

按下代表字母"f"的按键 S_5 时，F 端为 1，F = 1 加到 G_1 和 G_3 的输入端，G_1 输出 $Y_0 =$

1，G_3 输出 $Y_2 = 1$，而 G_2 输出 $Y_1 = 0$，结果编码器输出 $Y_2 Y_1 Y_0 = 101$，即字母 "f" 经编码器编码后转换成二进制代码 101。

当按下其他代表不同字母的按键时，编码器会输出相应的二进制代码，具体见表 8-7。

在图 8-16 所示的编码器中，如果同时按下多个按键，如同时按下 "b"、"c" 键，编码输出的代码为 $Y_2 Y_1 Y_0 = 110$，它与按下 "d" 键时的编码输出相同。因此普通编码器在任意时刻只允许输入一个信号。

表 8-7　普通编码器的真值表

代表符号	输入变量	编码输出代码			代表符号	输入变量	编码输出代码		
		Y_0	Y_1	Y_2			Y_0	Y_1	Y_2
a	A = 1	0	0	0	e	E = 1	1	0	0
b	B = 1	0	0	1	f	F = 1	1	0	1
c	C = 1	0	1	0	g	G = 1	1	1	0
d	D = 1	0	1	1	h	H = 1	1	1	1

2. 优先编码器

普通编码器在任意时刻只允许输入一个信号，而**优先编码器同一时刻允许输入多个信号，但仅对输入信号中优先级别最高的一个信号进行编码输出**。

（1）8-3 线优先编码器芯片

74LS148 是一种常用的 8-3 线优先编码器芯片，其各脚功能和真值表如图 8-17 所示，表中的 × 表示无论输入何值，均不影响输出。74LS148 有 8 个编码输入端（0~7）、三个编码输出端（A0~A2）、一个输入使能端（EI）、一个输出使能端（EO）和一个片扩展输出端（GS）。由于该编码器芯片有 8 个输入端和 3 个输出端，故称为 8-3 线编码器。

输入									输出				
EI	0	1	2	3	4	5	6	7	A2	A1	A0	GS	EO
H	X	X	X	X	X	X	X	X	H	H	H	H	H
L	H	H	H	H	H	H	H	H	H	H	H	H	L
L	X	X	X	X	X	X	X	L	L	L	L	L	H
L	X	X	X	X	X	X	L	H	L	L	H	L	H
L	X	X	X	X	X	L	H	H	L	H	L	L	H
L	X	X	X	X	L	H	H	H	L	H	H	L	H
L	X	X	X	L	H	H	H	H	H	L	L	L	H
L	X	X	L	H	H	H	H	H	H	L	H	L	H
L	X	L	H	H	H	H	H	H	H	H	L	L	H
L	L	H	H	H	H	H	H	H	H	H	H	L	H

图 8-17　8-3 线优先编码器各脚功能与真值表

（引脚图）74LS148：
1 - 4
2 - 5
3 - 6
4 - 7
5 - EI
6 - A2
7 - A1
8 - GND
9 - A0
10 - 0
11 - 1
12 - 2
13 - 3
14 - GS
15 - EO
16 - VCC

从图 8-17 中不难看出：

1）当输入使能端 EI = H 时，0~7 端无论输入何值，输出端均为 H。即 EI = H 时，编码器无法编码。

2）当 EI = L 时，编码器可以对输入信号进行编码。在 8 个输入端中，优先级别由高到低依次是 7、6、…、1、0，当优先级别高的端子有信号输入时（端子为低电平 L 时表示有信号输入），编码器仅对该端信号进行编码，而不理睬优先级别低的端子。

另外，在编码器有编码输入时，会使GS = L、EO = H，无编码输入时，GS = H、EO = L。

（2）8-3 线优先编码器应用电路

图 8-18 是一个由 74LS148 芯片组成的8-3 线优先编码器，其输入使能端 EI 接地（EI = L），让芯片能进行编码，GS、EO 端悬空未用。

当按键 S0 ~ S7 均未按下时，编码器 0 ~ 7 端子均为高电平，编码器无输入。

当 S6 按下时，编码器 6 端变为低电平，表示 6 端有编码输入，编码器编码输出 A2A1A0 = 001，经非门反相后变为 110。

当 S6、S5 同时按下时，编码器 6、5 端均为低电平，但编码器仅对 6 端输入进行编码，编码输出 A2A1A0 仍为 001。

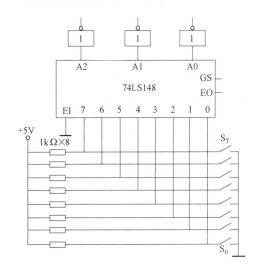

图 8-18　由 74LS148 芯片组成的
8-3 线优先编码器应用电路

8.2.2　译码器

"译码"是编码的逆过程，编码是将输入信号转换成二进制代码，而译码是将二进制代码翻译成特定的输出信号的过程。能完成译码功能的电路称为译码器。常见的译码器有二进制译码器、二-十进制译码器和显示译码器等。

1. 二进制译码器

二进制译码器是一种能将不同组合的二进制代码译成相应输出信号的电路。下面以 2 位二进制译码器为例来说明二进制译码器的工作原理。

2 位二进制译码器框图如图 8-19 所示，其真值表见表 8-8。

当 AB = 00 时，译码器 Y_0 端输出 "1"，Y_1、Y_2、Y_3 均为 "0"。

当 AB = 01 时，译码器 Y_1 端输出 "1"，Y_0、Y_2、Y_3 均为 "0"。

当 AB = 10 时，译码器 Y_2 端输出 "1"，Y_0、Y_1、Y_3 均为 "0"。

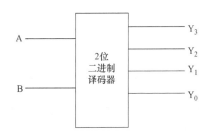

图 8-19　2 位二进制译码器

当 AB = 11 时，译码器 Y_3 端输出 "1"，Y_0、Y_1、Y_2 均为 "0"。

表 8-8　2 位二进制译码器真值表

输	入	输			出	输	入	输			出
A	B	Y_3	Y_2	Y_1	Y_0	A	B	Y_3	Y_2	Y_1	Y_0
0	0	0	0	0	1	1	0	0	1	0	0
0	1	0	0	1	0	1	1	1	0	0	0

2 位二进制译码器的电路结构如图 8-20 所示。

当 A = 0、B = 0 时，非门 G_A 输出 "1"，非门 G_B 输出 "1"，与门 G_3 两个输入端同时输入 "0"，故输出端 $Y_3 = 0$；与门 G_2 两个输入端一个为 "0"，另一个为 "1"，输出端 $Y_2 = 0$；与门 G_1 两个输入端一个为 "0"，另一个为 "1"，输出端 $Y_1 = 0$；与门 G_0 两个输入端同时输入 "1"，故输出端 $Y_0 = 1$。也就是说，当 AB = 00 时，只有 Y_0 输出为 "1"。

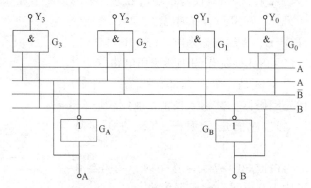

图 8-20　2 位二进制译码器电路结构

当 A = 0、B = 1 时，非门 G_A 输出 "1"，非门 G_B 输出 "0"，与门 G_3 两个输入端一个为 "0"，另一个为 "1"，输出端 $Y_3 = 0$；与门 G_2 两个输入端同时输入 "0"，输出端 $Y_2 = 0$；与门 G_1 两个输入端同时输入 "1"，输出端 $Y_1 = 1$；与门 G_0 两个输入端一个为 "0"，另一个为 "1"，输出端 $Y_0 = 0$。也就是说，当 AB = 01 时，只有 Y_1 输出为 "1"。

当 A = 1、B = 0 时，只有 $Y_2 = 1$；当 A = 1、B = 1 时，只有 $Y_3 = 1$；A、B 为其他值时的分析过程与上述过程相同，这里不再叙述。

2 位二进制译码器可以将 2 位代码译成 4 种输出状态，故又称 2-4 线译码器，而 *n* 位二进制译码器可以译成 2^n 种输出状态。

2. 二-十进制译码器

二-十进制译码器的功能是将 8421BCD 码中的 10 个代码译成 10 个相应的输出信号。74LS42 是一种常用的二-十进制译码器芯片，其各引脚功能如图 8-21 所示，其真值表见表 8-5。

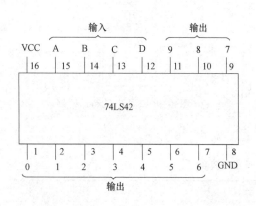

BCD码输入				译码输出										对应十进制数
D	C	B	A	0	1	2	3	4	5	6	7	8	9	十进制数
L	L	L	L	L	H	H	H	H	H	H	H	H	H	0
L	L	L	H	H	L	H	H	H	H	H	H	H	H	1
L	L	H	L	H	H	L	H	H	H	H	H	H	H	2
L	L	H	H	H	H	H	L	H	H	H	H	H	H	3
L	H	L	L	H	H	H	H	L	H	H	H	H	H	4
L	H	L	H	H	H	H	H	H	L	H	H	H	H	5
L	H	H	L	H	H	H	H	H	H	L	H	H	H	6
L	H	H	H	H	H	H	H	H	H	H	L	H	H	7
H	L	L	L	H	H	H	H	H	H	H	H	L	H	8
H	L	L	H	H	H	H	H	H	H	H	H	H	L	9
H	L	H	L	H	H	H	H	H	H	H	H	H	H	伪码
H	L	H	H	H	H	H	H	H	H	H	H	H	H	
H	H	L	L	H	H	H	H	H	H	H	H	H	H	
H	H	L	H	H	H	H	H	H	H	H	H	H	H	
H	H	H	L	H	H	H	H	H	H	H	H	H	H	
H	H	H	H	H	H	H	H	H	H	H	H	H	H	

图 8-21　二-十进制译码器芯片 74LS42 的各脚功能和真值表

当输入二进制代码 DCBA = 0000 时，74LS42 的 1 脚输出为 "0"，其他输出端均为 "1"

（该译码器输出端为 "1" 表示无输出，而输出端为 "0" 表示有输出）。

当输入二进制代码 DCBA = 0011 时，74LS42 的 4 脚输出为 "0"，其他输出端均为 "1"。

当输入二进制代码 DCBA = 1010 时，74LS42 的所有输出端均为 "1"。也就是说，当二-十进制译码器输入 1010 时，译码器无输出。实际上，当 DCBA 为 1010、1011、1100、1101、1110、1111 时，译码器都无输出，这些代码称为伪码。

8.2.3　显示译码器

显示译码器的功能是将输入的二进制代码译成一定的输出信号，让输出信号驱动显示器来显示与输入代码相对应的字符。 显示译码器种类很多，这里介绍 BCD-七段显示译码器，它可以将 BCD 码译成一定的输出信号，该信号能驱动七段数码显示器显示与 BCD 码对应的十进制数。

74LS47 是一种常用的 BCD-七段显示译码器芯片，其各引脚功能和真值表如图 8-22 所示。

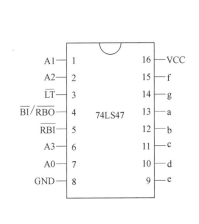

控制			输入				输出							显示字形
$\overline{LT}$	$\overline{RBI}$	$\overline{BI}/\overline{RBO}$	A3	A2	A1	A0	a	b	c	d	e	f	g	
H	H	H	L	L	L	L	L	L	L	L	L	L	H	0
H	X	H	L	L	L	H	H	L	L	H	H	H	H	1
H	X	H	L	L	H	L	L	L	H	L	L	H	L	2
H	X	H	L	L	H	H	L	L	L	L	H	H	L	3
H	X	H	L	H	L	L	H	L	L	H	H	L	L	4
H	X	H	L	H	L	H	L	H	L	L	H	L	L	5
H	X	H	L	H	H	L	H	H	L	L	L	L	L	6
H	X	H	L	H	H	H	L	L	L	H	H	H	H	7
H	X	H	H	L	L	L	L	L	L	L	L	L	L	8
H	X	H	H	L	L	H	L	L	L	H	H	L	L	9
H	X	H	H	L	H	L	H	H	H	L	L	H	L	⊏
H	X	H	H	L	H	H	H	H	L	L	H	H	L	⊐
H	X	H	H	H	L	L	H	L	H	H	H	L	L	∪
H	X	H	H	H	L	H	L	H	H	L	H	L	L	⊔
H	X	H	H	H	H	L	H	H	H	L	L	L	L	⊏
H	X	H	H	H	H	H	H	H	H	H	H	H	H	全暗
X	X	L	X	X	X	X	H	H	H	H	H	H	H	全暗
H	L	L	L	L	L	L	H	H	H	H	H	H	H	全暗
L	X	H	X	X	X	X	L	L	L	L	L	L	L	8

图 8-22　74LS47 芯片的各脚功能和真值表

74LS47 有三类端子：输入端、输出端和控制端。A3 ~ A0 为输入端，用来输入 8421BCD 码；a ~ g 为输出端，芯片对输入的 BCD 码译码后，会从 a ~ g 端输出相应的信号，来驱动七段显示器显示与 BCD 码对应的十进制数。$\overline{LT}$ 端为灯测试输入端。只要 $\overline{LT}$ = 0，就可以使 a ~ g 端输出全为低电平，将七段显示器所有段全部点亮，以检查显示器各段显示是否正常。

$\overline{RBI}$ 端为灭零输入端。当多位七段显示器显示多位数字时，利用该端 $\overline{RBI}$ = 0 可以将不希望显示的 "0" 熄灭，比如 8 位七段显示器显示数字 "12.3"，如果不灭零，会显示 "0012.3000"，灭零后则显示 "12.3"。

$\overline{BI}/\overline{RBO}$ 端为灭灯输入/灭零输出端，它是一个双功能端子。当 $\overline{BI}/\overline{RBO}$ 端用作输入端使

用时，称灭灯输入控制端，只要 $\overline{BI}/\overline{RBO}=0$，无论 A3、A2、A1、A0 输入什么，a~g 端输出全为高电平，使七段显示器的各段同时熄灭。当 $\overline{BI}/\overline{RBO}$ 作为输出端使用时，称为灭零输出端。当 A3A2A1A0 = 0000 且有灭零信号输入（$\overline{RBI}=0$）时，该端会输出低电平，表示译码器已进行了灭零操作。

8.2.4　数据选择器

数据选择器又称为多路选择开关，它是一个多路输入、一路输出的电路，其功能是在选择控制信号的作用下，从多路输入的数据中选择其中一路输出。 数据选择器在音响设备、电视机、计算机和通信设备中广泛应用。

1. 结构与原理

图 8-23a 是典型的四选一数据选择器电路结构，图 8-23b 为其等效图。

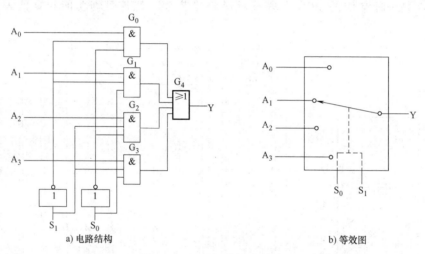

a) 电路结构　　b) 等效图

图 8-23　四选一数据选择器

A_0、A_1、A_2、A_3 为数据选择器的四个输入端；Y 为数据选择器的输出端；S_0、S_1 为数据选择控制端，用来控制数据选择器选择四路数据中的某一路数据输出。为了分析更直观，假设数据选择器的四路输入端 A_0、A_1、A_2、A_3 分别输入 1、1、1、1。

当 $S_0=0$、$S_1=1$ 时，S_1 的"1"经非门后变成"0"送到与门 G_0 和 G_1 的输入端，与门 G_0 和 G_4 关闭（与门只要有一个输入为"0"，输出就为"0"），A_0 和 A_1 数据"1"均无法通过；S_0 的"0"一路直接送到与门 G_3 输入端，与门 G_3 关闭，A_3 数据"1"无法通过与门 G_3；而与门 G_2 的两个输入端则输入由 S_1 直接送来的"1"和由 S_0 经非门转变成"1"，故与门 G_2 开通，G_2 输出"1"，该数据"1"送到或门 G_4，G_4 输出"1"。也就是说，当 $S_0=0$、$S_1=1$ 时，A_2 数据能通过与门 G_2 和或门 G_4 从 Y 端输出。

当 $S_0=1$、$S_1=1$ 时，与门 G_3 开通，A_3 数据被选择输出。

当 $S_0=0$、$S_1=0$ 时，与门 G_0 开通，A_0 数据被选择输出。

当 $S_0=1$、$S_1=0$ 时，与门 G_1 开通，A_1 数据被选择输出。

四选一数据选择器的真值表见表 8-9。表中的"×"表示无论输入什么值（1 或 0）都不影响输出结果。

表 8-9 四选一数据选择器的真值表

选择控制输入		输 入				输 出
S_1	S_0	A_0	A_1	A_2	A_3	Y
0	0	A_0	×	×	×	A_0
0	1	×	A_1	×	×	A_1
1	0	×	×	A_2	×	A_2
1	1	×	×	×	A_3	A_3

除了四选一数据选择器外，还有八选一数据选择器和十六选一数据选择器。八选一数据选择器需要三个数据选择控制端，而十六选一数据选择器需要四个数据选择控制端。

2. 常用数据选择器芯片

74LS153 是一个常用的双四选一数据选择器芯片，其各引脚功能和真值表如图 8-24 所示。

74LS153 内部有两个完全相同的四选一数据选择器，C3 ~ C0 为数据输入端，Y 为数据输出端。1G、2G 分别是 1 组、2 组选通端，当 1G = 0 时，第 1 组数据选择器工作；当 2G = 0 时，第 2 组数据选择器工作；当 1G、2G 均为高电平时，1、2 组数据选择器均不工作。

A、B 为选择控制端，在 G 端为低电平时，可以选择某路输入数据并输出。例如当 1G = 0 时，若 AB = 10，1C1 端输入的数据会被选择并从 1Y 端输出。

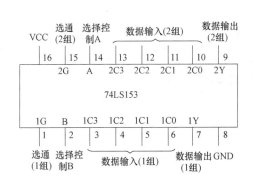

选择控制		数据输入				选通	数据输出
B	A	C0	C1	C2	C3	G	Y
X	X	X	X	X	X	H	L
L	L	L	X	X	X	L	L
L	L	H	X	X	X	L	H
L	H	X	L	X	X	L	L
L	H	X	H	X	X	L	H
H	L	X	X	L	X	L	L
H	L	X	X	H	X	L	H
H	H	X	X	X	L	L	L
H	H	X	X	X	H	L	H

图 8-24 74LS153 的各脚功能和真值表

8.2.5 奇偶校验器

在数字电子设备中，数字电路之间经常要进行数据传递。由于受一些因素的影响，数据在传送过程中可能会产生错误，从而会引起设备工作不正常。为了解决这个问题，常常在数据传送电路中设置奇偶校验器。

1. 奇偶校验原理

奇偶校验是检验数据传递是否发生错误的方法之一。它是通过检验传递数据中"1"的个数是奇数还是偶数来判断传递数据是否有错误。

**奇偶校验有奇校验和偶校验之分。对于奇校验，若数据中有奇数个"1"，则校验结果为 0，若数据中有偶数个 "1"，则校验结果为 1；对于偶校验，若数据中有偶数个 "1"，则校验结果为 0，若数据中有奇数个 "1"，则校验结果为 1。

下面以图 8-25 所示的 8 位并行传递奇偶校验示意图为例来说明奇偶校验原理。

在图 8-25 中，发送器通过 8 根数据线同时向接收器传递 8 位数据，这种通过多根数据线同时传递多位数的数据传递方式称为并行传递。发送器在往接收器传递数据的同时，也会把数据传递给发送端的奇偶校验器，假设发送端要传递的数据是 10101100。

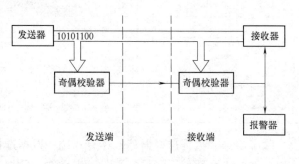

图 8-25　8 位并行传递奇偶校验示意图

若图 8-25 中的奇偶校验器为奇校验，发送器的数据 10101100 送到奇偶校验器，由于数据中的 "1" 的个数是偶数个，奇偶校验器输出 1，它送到接收端的奇偶校验器。与此同时，发送端的数据 10101100 也送到接收端的奇偶校验器，这样送到接收端的奇偶校验器的数据中 "1" 的个数为奇数个（含发送端奇偶校验器送来的 "1"），如果数据传递没有发生错误，接收端的奇偶校验器输出 0，它去控制接收器工作，接收发送过来的数据。如果数据在传递过程中发生了错误，数据由 10101100 变为 10101000，那么送到接收端奇偶校验器的数据中的 "1" 的个数是偶数个（含发送端奇偶校验器送来的 "1"），校验器输出为 1，它一方面控制接收器，禁止接收器接收错误的数据，同时还去触发报警器，让它发出数据错误报警。

若图 8-25 中的奇偶校验器为偶校验，发送器的数据为 10101100 时，发送端的奇偶校验器会输出 0。如果传递的数据没有发生错误，接收端的奇偶校验器会输出 0；如果传递的数据发生错误，10101100 变成了 10101000，接收端的奇偶校验器会输出 1。

2. 奇偶校验器

奇偶校验器可采用异或门构成，2 位奇偶校验器和 3 位奇偶校验器分别如图 8-26a、b 所示。

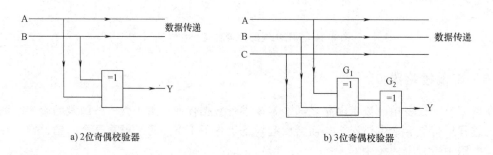

a) 2位奇偶校验器　　　　　b) 3位奇偶校验器

图 8-26　奇偶校验器

图 8-26a 所示的 2 位奇偶校验器由一个异或门构成，当 A、B 都输入 "1"，即输入的 "1" 为偶数个时，输出 Y = 0；当 A、B 中只有一个为 "1"，即输入的 "1" 为奇数个时，输

出 Y=1。

图 8-26b 所示的 3 位奇偶校验器由两个异或门构成。当 A=1、B=1、C=1 时，输出 Y=1；当 A=1、B=1，而 C=0 时，异或门 G_1 输出为 "0"，异或门 G_2 输出为 "0"，即输入的 "1" 为偶数个时，输出 Y=0。

以上两种由异或门组成的奇偶校验器具有偶校验功能，如果将异或门换成异或非门组成奇偶校验器，它就具有奇校验功能。

从图 8-26 可以看出，由于接收端的奇偶校验器除了要接收传递的数据外，还要接收发送端奇偶校验器送来的校验位，所以接收端的奇偶校验器的位数较发送端多 1 位。

下面以图 8-27 所示电路为例进一步说明奇偶校验器的实际应用。

图 8-27 中的发送器要送 2 位数 AB=10 到接收器，A=1、B=0 一方面通过数据线往接收器传递，另一方面送到发送端的奇偶校验器，该校验器为偶校验，它输出的校验位为 1。校验位 1 与 A=1、B=0 送到接收端奇偶校验器，此校验器校验输出为 "0"，该校验位 0 去控制接收器，让接收器接收数据线送到的正确数据。

如果数据在传递过程中，AB 由 10 变为 11（注：送到发送端奇偶校验器的数据 AB 是正确的，仍为 10，只是数据传送到接收器的途中发生了错误，由 10 变成 11），发送端的奇偶校验器输出的校验位仍为 1，而由于传送到接收端的数据 10 变成了 11，所以接收端的奇偶校验器输出校验位为 1，它禁止接收器接收错误的数据，同时控制报警器报警。

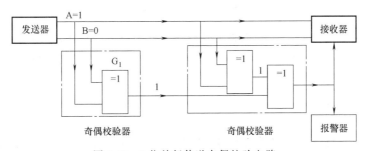

图 8-27 2 位并行传递奇偶校验电路

第9章

时序逻辑电路与脉冲电路识图

时序逻辑电路简称时序电路，是一种具有记忆功能的电路。时序逻辑电路是由组合逻辑电路与记忆电路（又称存储电路）组合而成的。常见时序逻辑电路有触发器、寄存器和计数器等。

9.1 触发器

触发器是一种具有记忆功能的电路，是时序逻辑电路中的基本单元电路。触发器的种类很多，常见的有基本 RS 触发器、同步 RS 触发器、D 触发器、JK 触发器、T 触发器和主从触发器等。

9.1.1 基本 RS 触发器

基本 RS 触发器是一种结构最简单的触发器，其他类型触发器大多是在基本 RS 触发器基础上改进得到的。

1. 结构与原理

基本 RS 触发器如图 9-1 所示。

基本 RS 触发器是由两个交叉的与非门
组成，有 $\overline{R}$ 端（称为置"0"端）和 $\overline{S}$ 端
（称为置"1"端），字母上标"-"表示该
端低电平有效。逻辑符号的输入端加上圆圈
也表示低电平有效。另外，基本 RS 触发器
有两个输出端 Q 和 $\overline{Q}$，Q 和 $\overline{Q}$ 的值总是相反
的，以 Q 端输出的值作为触发器的状态。当

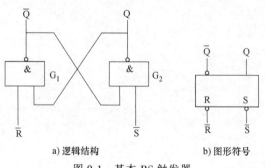

a) 逻辑结构　　　　　b) 图形符号

图 9-1　基本 RS 触发器

Q 端为"0"时（此时 $\overline{Q}=1$），就说触发器处于"0"状态；若 Q = 1，则触发器处于"1"
状态。

基本 RS 触发器工作原理说明如下：

（1）当 $\overline{R}=1$、$\overline{S}=1$ 时

若触发器原状态为"1"［即 $Q=1$（$\overline{Q}=0$）］，与非门 G_1 的两个输入端均为"1"（$\overline{R}=1$、$Q=1$），与非门 G_1 输出为"0"；与非门 G_2 两输入端 $\overline{S}=1$、$\overline{Q}=0$，与非门 G_2 输出则为"1"。此时的 $Q=1$、$\overline{Q}=0$，电路状态不变。

若触发器原状态为"0"［即 $Q=0$（$\overline{Q}=1$）］，与非门 G_1 两输入端 $\overline{R}=1$、$Q=0$，则输出端 $\overline{Q}=1$；与非门 G_2 两输入端 $\overline{S}=1$、$\overline{Q}=1$，输出端 $Q=0$，电路状态仍保持不变。

也就是说，当 $\overline{R}$、$\overline{S}$ 输入端输入都为"1"时，触发器保持原状态不变。

（2）当 $\overline{R}=0$、$\overline{S}=1$ 时

若触发器原状态为"1"［即 $Q=1$（$\overline{Q}=0$）］，与非门 G_1 两输入端 $\overline{R}=0$、$Q=1$，输出端 $\overline{Q}$ 由"0"变为"1"；与非门 G_2 两输入端均为"1"（$\overline{S}=1$、$\overline{Q}=1$），输出端 Q 由"1"变为"0"，电路状态由"1"变为"0"。

若触发器原状态为"0"［即 $Q=0$（$\overline{Q}=1$）］，与非门 G_1 两输入端 $\overline{R}=0$、$Q=0$，输出端 $\overline{Q}$ 仍为"1"；与非门 G_2 两输入端均为"1"（$\overline{S}=1$、$\overline{Q}=1$），输出端 Q 仍为"0"，即电路状态仍为"0"。

由上述过程可以看出，不管触发器原状态如何，只要 $\overline{R}=0$、$\overline{S}=1$，触发器状态马上变为"0"，所以 $\overline{R}$ 端称为置"0"端（或称复位端）。

（3）当 $\overline{R}=1$、$\overline{S}=0$ 时

若触发器原状态为"1"［即 $Q=1$（$\overline{Q}=0$）］，与非门 G_1 两输入端均为"1"（$\overline{R}=1$、$Q=1$），输出端 $\overline{Q}$ 仍为"0"，与非门 G_2 两输入端 $\overline{S}=0$、$\overline{Q}=0$，输出端 Q 为"1"，即电路状态仍为"1"。

若触发器原状态为"0"［即 $Q=0$（$\overline{Q}=1$）］，与非门 G_1 两输入端 $\overline{R}=1$、$Q=0$，输出端 $\overline{Q}=1$；与非门 G_2 两输入端 $\overline{S}=0$、$\overline{Q}=1$，输出端 $Q=1$，这是不稳定的，$Q=1$ 反馈到与非门 G_1 输入非端，与非门 G_1 输入端现在变为 $\overline{R}=1$、$Q=1$，其输出端 $\overline{Q}=0$，$\overline{Q}=0$ 反馈到与非门 G_2 输入端，与非门 G_2 输入端为 $\overline{S}=1$、$\overline{Q}=0$，其输出端 $Q=1$，电路此刻达到稳定（即触发器状态不再变化），状态为"1"。

由此可见，不管触发器原状态如何，只要 $\overline{R}=1$、$\overline{S}=0$，触发器状态马上变为"1"。所以 $\overline{S}$ 端称为置"1"端，即 $\overline{S}$ 为低电平时，能将触发器状态置为"1"。

（4）当 $\overline{R}=0$、$\overline{S}=0$ 时

此时与非门 G_1、G_2 的输入端都至少有一个为"0"，这样会出现 $\overline{Q}=1$、$Q=1$，这种情况是不允许的。

综上所述，基本 RS 触发器具的逻辑功能是置"0"、置"1"和保持。

2. 功能表

基本 RS 触发器的功能表见表 9-1。

表 9-1　基本 RS 触发器的功能表

$\overline{R}$	$\overline{S}$	Q	逻 辑 功 能	$\overline{R}$	$\overline{S}$	Q	逻 辑 功 能
0	1	0	置"0"	1	1	不变	保持
1	0	1	置"1"	0	0	不定	不允许

3. 特征方程

基本 RS 触发器的输入、输出和原状态之间的关系也可以用特征方程来表示。基本 RS 触发器的特征方程为

$$\begin{cases} Q^{n+1}=S+\overline{R}Q^n \\ \overline{R}+\overline{S}=1 \end{cases}$$

特征方程中的 $\overline{R}+\overline{S}=1$ 是约束条件，它的作用是规定 $\overline{R}$、$\overline{S}$ 不能同时为 "0"。在知道基本 RS 触发器的输入和原状态的情况下，不用分析触发器的工作过程，仅利用上述特征方程就能知道触发器的输出状态。例如，已知触发器原状态为 "1"（$Q^n=1$），当 $\overline{R}$ 为 "0"、$\overline{S}$ 为 "1" 时，只要将 $Q^n=1$、$\overline{R}=0$、$\overline{S}=1$ 代入方程即可得 $Q^{n+1}=0$。也就是说，在知道 $Q^n=1$、$\overline{R}$ 为 "0"、$\overline{S}$ 为 "1" 时，通过特征方程计算出来的结果可知触发器状态应为 "0"。

9.1.2　同步 RS 触发器

1. CP 脉冲

在数字电路系统中，会有很多的触发器，为了使它们能按统一的节拍工作，大多需要加控制脉冲进行控制，只有当控制脉冲到来时，各触发器才能工作，该控制脉冲称为时钟脉冲，简称 **CP**，其波形如图 9-2 所示。

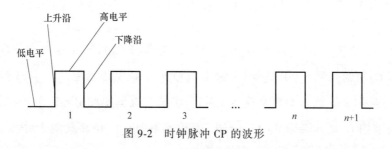

图 9-2　时钟脉冲 CP 的波形

时钟脉冲每个周期都可分为四个部分：低电平部分、高电平部分、上升沿部分（由低电平变为高电平的部分）和下降沿部分（由高电平变为低电平的部分）。

2. 同步 RS 触发器

（1）符号与功能说明

同步 RS 触发器是在基本 RS 触发器改进并增加时钟脉冲输入端构成的，其图形符号如图 9-3 所示。

当无时钟脉冲 CP 时，无论 R、S 端输入什么信号，触发器的输出状态都不改变，即触发器不工作。当有时钟脉冲 CP

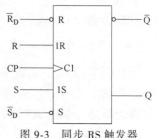

图 9-3　同步 RS 触发器的图形符号

到来时，同步触发器就相当一个基本的 RS 触发器。

$\overline{R}_D$ 为同步 RS 触发器置"0"端，$\overline{S}_D$ 为置"1"端。当 $\overline{R}_D$ 为"0"时，将触发器置"0"（Q=0）；当 $\overline{S}_D$ 为"0"时，将触发器置"1"（Q=1）；在不需要置"0"和置"1"时，让 $\overline{R}_D$、$\overline{S}_D$ 都为"1"，不影响触发器的工作。

同步 RS 触发器在无时钟脉冲时不工作，在有时钟脉冲时，其逻辑功能与基本 RS 触发器相同，即置"0"、置"1"和保持。

（2）功能表

同步 RS 触发器的功能表见表 9-2。

表 9-2 同步 RS 触发器的功能表

R	S	Q^{n+1}	逻辑功能	R	S	Q^{n+1}	逻辑功能
0	0	Q^n	保持	1	0	0	置"0"
0	1	1	置"1"	1	1	不定	不允许

（3）特征方程

同步 RS 触发器的特征方程为

$$\begin{cases} Q^{n+1} = S + \overline{R}Q^n \\ R \cdot S = 0 \end{cases}$$

**特征方程中的约束条件是 R·S=0，它规定了 R 和 S 不能同时为"1"，因为 R、S 同时为"1"会使送到基本 RS 触发器两个输入端的信号同时为"0"，从而会出现基本 RS 触发器工作状态不定的情况。

9.1.3 D 触发器

D 触发器又称为延时触发器或数据锁存触发器，这种触发器在数字系统应用十分广泛，它可以组成锁存器、寄存器和计数器等部件。

1. 符号与功能说明

D 触发器的图形符号如图 9-4 所示。

D 触发器工作原理说明如下：

1）当无时钟脉冲到来（即 CP=0）时，无论 D 端输入何值，触发器都保持原状态。

2）当有时钟脉冲到来（即 CP=1）时，触发器的工作可分为以下两种情况：

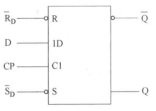

图 9-4 D 触发器的图形符号

① 若 D=0，触发器的状态变为"0"，即 Q=0。

② 若 D=1，触发器的状态变为"1"，即 Q=1。

综上所述，**D 触发器的逻辑功能是：在无 CP 脉冲时不工作；在有 CP 脉冲时，触发器的输出 Q 与输入 D 的状态相同。**

2. 状态表

D 触发器的状态表见表 9-3。

表 9-3 D 触发器的状态表

D	Q^{n+1}
0	0
1	1

3. 特征方程

D 触发器的特征方程为

$$Q^{n+1} = D$$

4. 常用 D 触发器芯片

74LS374 是一种常用 D 触发器芯片，内部有 8 个相同的 D 触发器，其各引脚功能和状态表如图 9-5 所示。

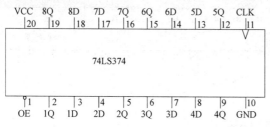

OE	CLK	D	Q
L	↑	H	H
L	↑	L	L
L	L	X	Q_0
H	X	X	Z

图 9-5 74LS374 的各脚功能与状态表

74LS374 的 1D~8D 和 1Q~8Q 分别为内部 8 个触发器的输入、输出端。CLK 为时钟脉冲输入端，该端输入的脉冲会送到内部每个 D 触发器的 CP 端，CLK 端标注的"∨"表示当时钟信号上升沿来时，触发器输入有效。OE 为公共输出控制端，当 OE = H 时，8 个触发器的输入端和输出端之间处于高阻状态；当 OE = L 且 CLK 脉冲上升沿来时，D 端数据通过触发器从 Q 端输出；当 OE = L 且 CLK 脉冲为低电平时，Q 端输出保持不变。

74LS374 内部有 8 个 D 触发器，可以根据需要全部或个别使用。例如，使用第 7、8 个触发器，8D = 1、7D = 0，当 OE = L 且 CLK 端 CP 脉冲上升沿来时，输入端数据通过触发器，输出端 8Q = 1、7Q = 0，当 CP 脉冲变为低电平后，D 端数据变化，Q 端数据不再变化，即输出数据被锁定，因此 D 触发器常用来构成数据锁存器。

9.1.4 JK 触发器

1. 符号与功能说明

JK 触发器的图形符号如图 9-6 所示。

JK 触发器工作原理说明如下：

1）当无时钟脉冲到来时（即 CP = 0），无论 J、K 输入何值，触发器状态保持不变。

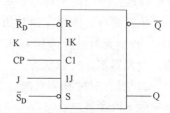

图 9-6 JK 触发器的图形符号

2）当有时钟脉冲到来时（即 CP = 1），触发器工作情况可分为以下四种：

① 当 J = 1、K = 1 时，若触发器原状态为 Q = 0（$\overline{Q}$ = 1），则由"0"变为"1"；若触发原状态为 Q = 1（$\overline{Q}$ = 0），则由"1"变为"0"。也就是说，**当 J = 1、K = 1，并且有时钟脉冲到来（即 CP = 1）时，触发器状态翻转（即新状态与原状态相反）。**

② 当 $J = 1$、$K = 0$ 时，若触发器原状态为 $Q = 1$（$\overline{Q} = 0$），则状态不变，仍为 "1"；若触发器原状态为 $Q = 0$（$\overline{Q} = 1$），则状态变为 "1"。也就是说，**当 $J = 1$、$K = 0$，并且有时钟脉冲到来时，无论触发器原状态为 "0" 还是 "1"，现均变为 "1"。**

③ 当 $J = 0$、$K = 1$ 时，若触发器原状态为 $Q = 0$（$\overline{Q} = 1$），则状态不变（Q 仍为 "0"）；若触发器原状态为 $Q = 1$（$\overline{Q} = 0$），则状态变为 "0"。也就是说，**当 $J = 0$、$K = 1$，并且有时钟脉冲到来时，无论触发器原状态如何，现均变为 "0"。**

④ 当 $J = 0$、$K = 0$ 时，无论触发器原状态如何，均保持原状态不变。也就是说，**当 $J = 0$、$K = 0$ 时，触发器的状态保持不变。**

综上所述，**JK 触发器具有的逻辑功能是：翻转、置 "1"、置 "0" 和保持。**

2. 功能表

JK 触发器的功能表见表 9-4。

表 9-4　JK 触发器的功能表

J	K	Q^{n+1}	J	K	Q^{n+1}
0	0	Q^n（保持）	1	0	1（置"1"）
0	1	0（置"0"）	1	1	$\overline{Q^n}$（翻转）

3. 特征方程

JK 触发器特征方程为

$$Q^{n+1} = \overline{J}Q^n + \overline{K}Q^n$$

4. 常用 JK 触发器芯片

74LS73 是一种常用的 JK 触发器芯片，内部有两个相同的 JK 触发器，其各引脚功能及内部结构和状态表如图 9-7 所示。

74LS73 的 CLR 端为清 0 端，当 CLR = 0 时，无论 J、K 端输入为何值，Q 端输出都为 0。CLK 端为时钟脉冲 CP 输入端，当 CP 为高电平时，J、K 端输入无效，触发器输出状态不变；在 CP 下降沿到来且 CLR = 1 时，J、K 端输入不同值，触发器具有保持、翻转、置 "1" 和置 "0" 功能。

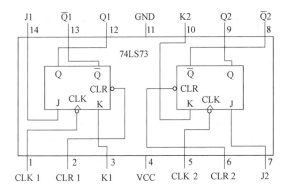

图 9-7　74LS73 的各脚功能及内部结构和状态表

9.1.5　边沿触发器

触发器工作时一般都加有时钟脉冲 CP，当 CP 到来时触发器工作，CP 过后触发器不工作。给触发器加时钟脉冲的目的是让触发器每来一个时钟脉冲状态就变化一次，但如果在时钟脉冲持续期间，输入信号再发生变化，那么触发器的状态也会随之变化。**在一个时钟脉冲持续期间，触发器的状态连续多次变化的现象称为空翻。采用边沿触发器可以有效克服空翻。**

边沿触发器只有在 CP 脉冲上升沿或下降沿来时输入才有效，其他期间处于封锁状态，即使输入信号变化也不会影响触发器的输出状态，因为 CP 脉冲上升沿或下降沿持续时间很短，在短时间输入信号因干扰发生变化的可能性很小，故边沿触发器的抗干扰性很强。

图 9-8 是两种常见的边沿触发器，**CP 端的"∧"表示边沿触发方式，同时带小圆圈表示下降沿触发，无小圆圈表示上升沿触发。**图 9-8a 为下降沿触发型 JK 触发器，当 CP 脉冲下降沿来时，JK 触发器的输出状态会随 JK 端输入而变化，CP 脉冲

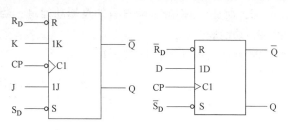

a) 下降沿触发型JK触发器　　　b) 上升沿触发型D触发器

图 9-8　边沿触发器的图形符号

下降沿过后，即使输入发生变化，输出不会变化。图 9-8b 为上升沿触发型 D 触发器，当 CP 脉冲上升沿来时，D 触发器的输出状态会随 D 端输入而变化。

9.2　寄存器

9.2.1　寄存器概述

寄存器是一种能存取二进制数据的电路。将数据存入寄存器的过程称为"写"，当往寄存器中"写"入新数据时，以前存储的数据会消失。将数据从寄存器中取出的过程称为"读"，数据被"读"出后，寄存器中的该数据并不会消失，这就像阅读图书，书上的文字被人读取后，文字仍留存在书上。

寄存器能存储数据是因为它采用了具有记忆功能的电路——触发器，一个触发器能存放一位二进制数。一个 8 位寄存器至少需要 8 个触发器组成。

1. 结构与原理

寄存器主要由触发器组成，图 9-9 是一个由 D 触发器构成的 4 位寄存器，它用到了 4 个 D 触发器，这些触发器在 CP 脉冲的下降沿到来时才能工作，$\overline{C}_r$ 为复位端，同时接到四个触发器的复位端。

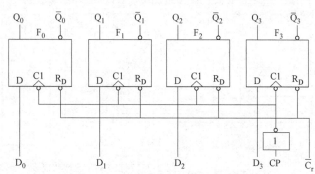

图 9-9　由 D 触发器构成的 4 位寄存器

下面分析图9-9所示寄存器的工作原理，为了分析方便，这里假设输入的4位数码 D_3 $D_2D_1D_0=1011$。

当时钟脉冲CP为低电平时，CP=0，经非门后变成高电平，高电平送到4个触发器的 C1端（时钟控制端），由于这4个触发器是下降沿触发有效，现 C1=1，故它们不工作。

当时钟脉冲CP上升沿来时，经非门后脉冲变成下降沿，送到4个触发器的C1端，4个触发器工作。如果这时输入的4位数码 $D_3D_2D_1D_0=1011$，因为D触发器的输出和输入是相同的，所以4个D触发器的输出 $Q_3Q_2Q_1Q_0=1011$

CP时钟脉冲上升沿过后，4个D触发器都不工作，输出 $Q_3Q_2Q_1Q_0=1011$ 不会变化，即输入的4位数码1011被保存下来了。

$\overline{C_r}$ 为复位端，当需要将四个触发器进行清零时，可以在 $\overline{C_r}$ 加一个低电平，该低电平同时加到4个触发器的复位端，对它们进行复位，结果 $Q_3Q_2Q_1Q_0=0000$。

2. 常用寄存器芯片

74LS175是一个由D触发器构成的4位寄存器芯片，内部有4个D触发器，其各脚功能和状态表如图9-10所示。

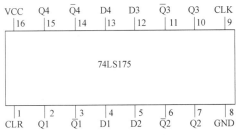

输入			输出	
CLR	CLK	D	Q	$\overline{Q}$
L	X	X	L	H
H	↑	H	H	L
H	↑	L	L	H
H	L	X	Q_0	$\overline{Q}_0$

图9-10 74LS175的各引脚功能和状态表

74LS175的CLR端为清0端，当CLR=0时，对寄存器进行清0，使Q端输出都为0（$\overline{Q}$ 都为1）。CLK端为时钟脉冲CP输入端，当CP为低电平时，D端输入无效，触发器输出状态不变；在CP上升沿到来且CLR=1时，D端输入数据被寄存器保存下来，Q=D。

9.2.2 移位寄存器

移位寄存器简称移存器，除了具有寄存器存储数据的功能外，还有对数据进行移位的功能。移位寄存器可按下列方式分类：

1）按数据的移动方向来分，有左移寄存器、右移寄存器和双向移位寄存器。

2）按输入、输出方式来分，有串行输入-并行输出、串行输入-串行输出、并行输入-并行输出和并行输入-串行输出方式。

1. 左移寄存器

图9-11是一个由D触发器构成的4位左移寄存器。

从图9-11中可以看出，该左移寄存器由4个D触发器和4个与门电路构成。$\overline{R_D}$ 端为复位清零端，当负脉冲加到4个触发器时，各个触发器都被复位，状态都变为"0"。CP端为移位脉冲（时钟脉冲），只有移位脉冲上升沿加到各个触发器CP端时，这些触发器才能工作。

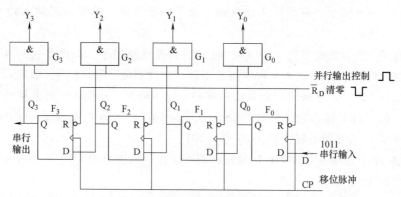

图 9-11 4 位左移寄存器

左移寄存器的数据从右端第一个 D 触发器 F_0 的 D 端输入，由于数据是一个接一个地输入 D 端，所以这种**逐位输入数据的方式称为串行输入**。左移寄存器的数据输出有两种方式：

1）从最左端触发器 F_3 的 Q_3 输出端将数据一个接一个输出（串行输出）。

2）从 4 个触发器的 4 个输出端同时输出 4 位数，这种**同时输出多位数据的方式称为并行输出**，这 4 位数再通过 4 个输出门传送到 4 个输出端 Y_3、Y_2、Y_1、Y_0。

左移寄存器的工作过程分以下两步进行：

第一步：先对寄存器进行复位清零。在 $\overline{R_D}$ 端输入一个负脉冲，该脉冲分别加到四个触发器的复位清零端（R 端），四个触发器的状态都变为 "0"，即 $Q_0 = 0$、$Q_1 = 0$、$Q_2 = 0$、$Q_3 = 0$。

第二步：从输入端逐位输入数据，设输入数据是 1011。

当第一个移位脉冲上升沿送到 4 个 D 触发器时，各个触发器开始工作，此时第一位输入数 "1" 送到第一个触发器 F_0 的 D 端，F_0 输出 $Q_0 = 1$（D 触发器的输入与输出相同），移位脉冲过后各触发器不工作。

当第二个移位脉冲上升沿到来时，各个触发器又开始工作，触发器 F_0 的输出 $Q_0 = 1$ 送到第二个触发器 F_1 的 D 端，F_1 输出 $Q_1 = 1$，与此同时，触发器 F_0 的 D 端输入第二位数据 "0"，F_0 输出 $Q_0 = 0$，移位脉冲过后各触发器不工作。

当第三个移位脉冲到上升沿来时，触发器 F_1 输出端 $Q_1 = 1$ 移至触发器 F_2 输出端，$Q_2 = 1$，而触发器 F_0 的 $Q_0 = 0$ 移至触发器 F_1 输出端，$Q_1 = 0$，触发器 F_0 输入的第三位数 "1" 移到输出端，$Q_0 = 1$。

当第四个移位脉冲上升沿到来时，触发器 F_2 输出端 $Q_2 = 1$ 移至触发器 F_3 输出端，$Q_3 = 1$，触发器 F_1 的 $Q_1 = 0$ 移至触发器 F_2 输出端，$Q_2 = 0$，触发器 F_0 的 $Q_0 = 1$ 移至触发器 F_1 输出端，$Q_1 = 1$，触发器 F_0 输入的第四位数 "1" 移到输出端，$Q_0 = 1$。

四个移位脉冲过后，4 个触发器的输出端 $Q_3 Q_2 Q_1 Q_0 = 1011$，它们加到 4 个与门 $G_3 \sim G_0$ 的输入端，如果这时有并行输出控制正脉冲（即为 1）加到各个与门，这些与门打开，1011 这 4 位数会同时送到输出端，而使 $Y_3 Y_2 Y_1 Y_0 = 1011$。

如果需要将 1011 这 4 位数从 Q_3 端逐个移出（串行输出），必须再用 4 个移位脉冲对寄存器进行移位。从某一位数输入寄存器开始，需要再来 4 个脉冲该位数才能从寄存器串行输出端输出，也就是说**移位寄存器具有延时功能，其延迟时间与时钟脉冲周期有关**。在数字电路中常将它用作数字延时器。

2. 常用双向移位寄存器芯片 74LS194

74LS194 是一个由 RS 触发器构成的 4 位双向移位寄存器芯片，内部有 4 个 RS 触发器及有关控制电路，其各引脚功能如图 9-12 所示，其状态表见表 9-5。

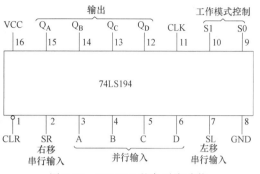

图 9-12 74LS194 的各引脚功能

表 9-5 74LS194 状态表

输 入										输 出			
CLR	模式控制		CLK	串行输入		并行输入				Q_A	Q_B	Q_C	Q_D
	S1	S0		SL	SR	A	B	C	D				
L	X	X	X	X	X	X	X	X	X	L	L	L	L
H	X	X	L	X	X	X	X	X	X	Q_{A0}	Q_{B0}	Q_{C0}	Q_{D0}
H	H	H	↑	X	X	a	b	c	d	a	b	c	d
H	L	H	↑	X	H	X	X	X	X	H	Q_{An}	Q_{Bn}	Q_{Cn}
H	L	H	↑	X	L	X	X	X	X	L	Q_{An}	Q_{Bn}	Q_{Cn}
H	H	L	↑	H	X	X	X	X	X	Q_{Bn}	Q_{Cn}	Q_{Dn}	H
H	H	L	↑	L	X	X	X	X	X	Q_{Bn}	Q_{Cn}	Q_{Dn}	L
H	L	L	X	X	X	X	X	X	X	Q_{A0}	Q_{B0}	Q_{C0}	Q_{D0}

74LS194 的 CLR 端为清 0 端，当 CLR = 0 时，对寄存器进行清 0，QA ~ QD 端输出都为 0。CLK 端为时钟脉冲 CP 输入端，CP 上升沿触发有效。74LS194 有并行预置、左移、右移和禁止移位四种工作模式，工作在何种模式受 S1、S0 端控制。SR 为右移数据输入端，SL 为左移数据输入端，A、B、C、D 为并行数据输入端。

当 CLR = 1 且 S1 = S0 = 1 时，寄存器工作在并行预置模式，在 CP 上升沿来时，A ~ D 端输入的数据 a、b、c、d 从 Q_A ~ Q_D 端输出，CP 上升沿过后，Q_A ~ Q_D 端数据保持不变。

当 CLR = 1 且 S1 = 0、S0 = 1 时，寄存器工作在右移模式，在 CP 上升沿来时，SR 端输入的数据（如 1）被移入寄存器，若移位前 Q_A、Q_B、Q_C、Q_D 端数据为 Q_{An}、Q_{Bn}、Q_{Cn}、Q_{Dn}，右移后 Q_A、Q_B、Q_C、Q_D 端数据变为 1、Q_{An}、Q_{Bn}、Q_{Cn}。

当 CLR = 1 且 S1 = 1、S0 = 0 时，寄存器工作在左移模式，在 CP 上升沿来时，SL 端输入的数据（如 0）被移入寄存器，若移位前 Q_A、Q_B、Q_C、Q_D 端数据为 Q_{An}、Q_{Bn}、Q_{Cn}、Q_{Dn}，左移后 Q_A、Q_B、Q_C、Q_D 端数据变为 Q_{Bn}、Q_{Cn}、Q_{Dn}、0。

当 CLR = 1 且 S1 = 0、S0 = 0 时，寄存器工作在禁止移位模式，CP 脉冲触发无效，并行和左移、右移串行输入均无效，Q_A、Q_B、Q_C、Q_D 端数据保持不变。

9.3 计数器

计数器是一种具有计数功能的电路，主要由触发器和门电路组成，是数字系统中使用最多的时序逻辑电路之一。计数器不但可用来对脉冲的个数进行计数，还可以用作数字运算、分频、定时控制等。

计数器种类有二进制计数器、十进制计数器和任意进制计数器（或称 N 进制计数器），这些计数器中又有加法计数器（又称递增计数器）和减法计数器（也称递减计数器）之分。

9.3.1 二进制计数器

图 9-13 是一个 3 位二进制异步加法计数器的电路结构。它由三个 JK 触发器组成，其中 J、K 端都悬空，相当于 $J=1$、$K=1$，时钟脉冲输入端的 "<" 和小圆圈表示脉冲下降沿（由 "1" 变为 "0" 时）来时工作有效。

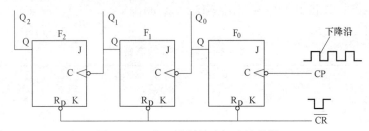

图 9-13　3 位二进制异步加法计数器

计数器的工作过程分为以下两步：

第一步：计数器复位清零。

在工作前应先对计数器进行复位清零。在复位控制端送一个负脉冲到各触发器 R_D 端，触发器状态都变为 "0"，即 $Q_2Q_1Q_0=000$。

第二步：计数器开始计数。

当第一个时钟脉冲的下降沿到触发器 F_0 的 CP 端时，触发器 F_0 开始工作，由于 $J=K=1$，JK 触发器的功能是 "翻转"，触发器 F_0 的状态由 "0" 变为 "1"，即 $Q_0=1$，其他触发器状态不变，计数器的输出为 $Q_2Q_1Q_0=001$。

当第二个时钟脉冲的下降沿到触发器 F_0 的 CP 端时，F_0 触发器状态又翻转，Q_0 由 "1" 变为 "0"，这相当于给触发器 F_1 的 CP 端加了一个脉冲的下降沿，触发器 F_1 状态翻转，Q_1 由 "0" 变为 "1"，计数器的输出为 $Q_2Q_1Q_0=010$。

当第三个时钟脉冲下降沿到触发器 F_0 的 CP 端时，F_0 触发器状态又翻转，Q_0 由 "0" 变为 "1"，F_1 触发器状态不变 $Q_1=1$，计数器的输出为 011。

同样道理，当第四至第七个脉冲到来时，计数器的 $Q_2Q_1Q_0$ 依次变为 100、101、110、111。由此可见，随着脉冲的不断到来，计数器的计数值不断递增，这种计数器称为加法计数器。当再输入一个脉冲时，$Q_2Q_1Q_0$ 又变为 000，随着时钟脉冲的不断到来，计数器又重新开始对脉冲进行计数。3 位二进制异步加法计数器的时钟脉冲输入个数与计数器的状态见表 9-6。

表 9-6　3 位二进制异步加法计数器状态表

输入 CP 脉冲序号	计数器状态			输入 CP 脉冲序号	计数器状态		
	Q_2	Q_1	Q_0		Q_2	Q_1	Q_0
0	0	0	0	5	1	0	1
1	0	0	1	6	1	1	0
2	0	1	0	7	1	1	1
3	0	1	1	8	0	0	0
4	1	0	0				

N 位二进制加法器计数器的最大计数为 2^n-1 个，所以 3 位异步二进制加法计数器最大计数为 $2^3-1=7$ 个。

异步二进制加法计数器除了能计数外，还具有分频作用。3 位异步二进制加法计数器的 CP 脉冲和各触发器输出波形如图 9-14 所示。

从波形图可以看出，当第一个时钟脉冲下降沿来时，Q_0 由 "0" 变为 "1"，Q_1、Q_2 状态不变；当第二个时钟脉冲下降沿来时，Q_0 由 "1" 变为 "0"，Q_1 由

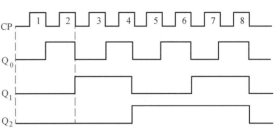

图 9-14　3 位异步二进制加法计数器工作波形图

"0" 变为 "1"，Q_3 状态不变。观察波形还可以发现：每个触发器输出端（Q 端）的脉冲信号频率只有输入端（C 端）脉冲信号一半，也就是说，信号每经一个触发器后频率会降低一半，这种功能称为 "两分频"。由于每个触发器能将输入信号的频率降低一半，3 位二进制计数器采用 3 个触发器，它最多能将信号频率降低 $2^3=8$ 倍。例如，图 9-18 中的 CP 脉冲频率为 1000Hz，那么 Q_0、Q_1、Q_2 端输出的脉冲频率分别是 500Hz、250Hz、125Hz。

9.3.2　十进制计数器

十进制计数器与 4 位二进制计数器有些相似，但 4 位二进制计数器需要计数到 1111 然后才能返回到 0000，而十进制计数器要求计数到 1001（相当于 9）就返回 0000。8421BCD 码十进制计数器是最常用的一种。

8421BCD 码十进制计数器如图 9-15 所示。

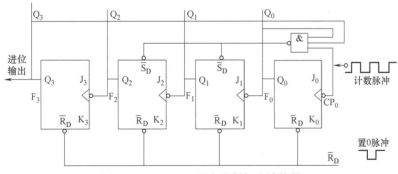

图 9-15　8421BCD 码十进制加法计数器

该计数器是一个 8421BCD 码异步十进制加法计数器，由 4 个 JK 触发器和一个与非门构成，与非门的输出端接到触发器 F_1、F_2 的 $\overline{S}_D$ 端（置 "1" 端），输入端则接到时钟信号输入端（CP 端）和触发器 F_0、F_3 的输出端（即 Q_0 端和 Q_3 端）。

计数器的工作过程分为以下两步：

第一步：计数器复位清零。在工作前应先对计数器进行复位清零。在复位控制端送一个负脉冲到各触发器 R_D 端，触发器状态都变为 "0"，即 $Q_3Q_2Q_1Q_0=0000$。

第二步：计数器开始计数。

当第一个计数脉冲（时钟脉冲）下降沿送到触发器 F_0 的 CP 端时，触发器 F_0 翻转，Q_0

由"0"变为"1"，触发器 F_1、F_2、F_3 状态不变，Q_3、Q_2、Q_1 均为"0"，与非门的输出端为"1"，即触发器 F_1、F_2 置位端 $\overline{S}_D$ 为"1"，不影响 F_1、F_2 的状态，计数器输出为 $Q_3Q_2Q_1Q_0 = 0001$。

当第二个计数脉冲下降沿送到触发器 F_0 的 CP 端时，触发器 F_0 翻转，Q_0 由"1"变为"0"，Q_0 的变化相当于一个脉冲的下降沿送到触发器 F_1 的 CP 端，F_1 翻转，Q_1 由"0"变为"1"，与非门输出端仍为"1"，计数器输出为 $Q_3Q_2Q_1Q_0 = 0010$。

同样道理，当依次输入第三至第九个计数脉冲时，计数器则依次输出 0011、0100、0101、0110、0111、1000、1001。

当第十个计数脉冲上升沿送到触发器 F_0 的 CP 端时，CP 端由"0"变为"1"，相当于 CP = 1，此时 $Q_0 = 1$、$Q_3 = 1$，与非门三个输入端都为"1"，马上输出"0"，分别送到触发器 F_1、F_2 的置"1"端（$\overline{S}_D$ 端），F_1、F_2 的状态均由"0"变为"1"，即 $Q_1 = 1$、$Q_2 = 1$，计数器的输出为 $Q_3Q_2Q_1Q_0 = 1111$。

当第十个计数脉冲下降沿送到触发器 F_0 的 CP 端时，F_0 翻转，Q_0 由"1"变"0"，它送到触发器 F_1 的 CP 端，F_1 翻转，Q_1 由"1"变为"0"，Q_1 的变化送到触发器 F_2 的 CP 端，F_2 翻转，Q_2 由"1"变为"0"，Q_2 的变化送到触发器 F_3 的 CP 端，F_3 翻转，Q_3 由"1"变为"0"，计数器输出为 $Q_3Q_2Q_1Q_0 = 0000$。

第十一个计数脉冲下降沿到来时，计数器又重复上述过程进行计数。

从上述过程可以看出，当输入 1~9 计数脉冲时，计数器依次输出 0000~1001，当输入第十个计数脉冲时，计数器输出变为 0000，然后重新开始计数，它跳过了 4 位二进制数表示十进制数出现的 1010、1011、1100、1101、1110、1111 六个数。

9.4 脉冲电路

脉冲电路主要包括脉冲产生电路和脉冲整形电路。脉冲产生电路的功能是产生各种脉冲信号；脉冲整形电路的功能是对已有的信号进行整形，从而得到符合要求的脉冲信号。

9.4.1 脉冲信号

1. 脉冲信号的定义
脉冲信号是指在短暂时间内作用于电路的电压或电流信号。常见的脉冲信号如图 9-16 所示。

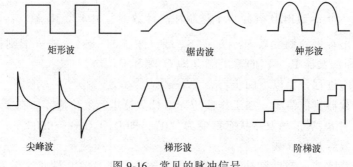

图 9-16 常见的脉冲信号

2. 脉冲信号的参数

在众多的脉冲信号中，应用最广泛的是矩形脉冲信号，实际的矩形脉冲信号如图 9-17 所示。下面以该波形来说明脉冲信号的一些参数。

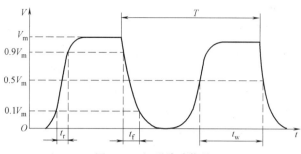

图 9-17 矩形脉冲信号

脉冲信号的参数如下：

1）脉冲幅度 V_m： 是指脉冲的最大幅度。

2）脉冲的上升沿时间 t_r： 是指脉冲从 $0.1V_m$ 上升到 $0.9V_m$ 所需的时间。

3）脉冲的下降沿时间 t_f： 是指脉冲从 $0.9V_m$ 下降到 $0.1V_m$ 所需的时间。

4）脉冲的宽度 t_w： 是指从脉冲前沿的 $0.5V_m$ 到脉冲后沿 $0.5V_m$ 处的时间长度。

5）脉冲的周期 T： 是指在周期性脉冲中，相邻的两个脉冲对应点之间的时间长度。它的倒数就是这个脉冲的频率 $f = 1/T$。

6）占空比 D： 它是指脉冲宽度与脉冲周期的比值，即 $D = t_w/T$，$D = 0.5$ 的矩形脉冲就称为方波。

9.4.2 RC 电路

RC 电路是指由电阻 R 和电容 C 组成的电路，它是脉冲产生和整形电路中常用到的电路。

1. RC 充放电电路

RC 充放电电路如图 9-18 所示，下面通过充电和放电两个过程来分析这个电路。

（1）RC 充电电路

RC 充电电路如图 9-19 所示。

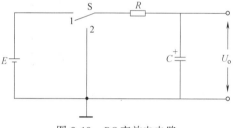

图 9-18 RC 充放电电路

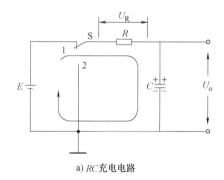 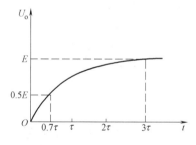

a) RC充电电路   b) 充电时电容两端电压变化曲线

图 9-19 RC 充电电路

将开关 S 置于"1"处，电源 E 开始通过电阻 R 对电容 C 充电，由于刚开始充电时电容两端没有电荷，故电容两端电压为 0，即 $U_o = 0$。从图中可以看出 $U_R + U_o = E$，因为 $U_o = 0V$，所以刚开始时 $U_R = E$，充电电流 $I = U_R/R$，该电流很大，它对电容 C 充电很快，随着电容不断被充电，它两端电压 U_o 很快上升，电阻 R 两端电压 U_R 不断减小，当电容两端充得电压 $U_o = E$ 时，电阻两端电压 $U_R = 0$，充电结束，电容充电时两端电压变化如图 9-4b 所示。

电容充电速度与 **R、C** 的大小有关：**R 的阻值越大，充电越慢，反之越快；C 的容量越大，充电越慢，反之越快。**为了衡量 RC 电路充电快慢，采用一个时间常数 τ（念作"tāo"）表示。**时间常数是指 R 和 C 的乘积，**即

$$\tau = RC$$

式中，τ 的单位是秒（s）；R 的单位是欧姆（Ω）；C 的单位是法拉（F）。

RC 充电电路在刚开始充电时充电电流大，以后慢慢减小，经过 $t = 0.7\tau$，电容上充得的电压 U_o 约为 $0.5E$（即 $U_o \approx 0.5E$），通常规定在 $t = (3 \sim 5)\tau$ 时，$U_o \approx E$，充电过程基本结束。另外，RC 充电电路时间常数 τ 越大，充电时间越长，反之则时间越短。

（2）RC 放电电路

RC 放电电路如图 9-20 所示。

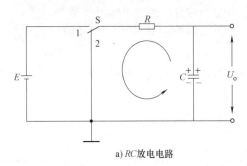

a) RC 放电电路　　　　　　　　b) 放电时电容两端电压变化曲线

图 9-20　RC 放电电路

电容 C 充电后，将开关 S 置于"2"处，电容 C 开始通过电阻 R 放电，由于刚开始放电时电容两端电压为 E，即 $U_o = E$，放电电流 $I = U_o / R$，该电流很大，电容 C 放电很快，随着电容不断放电，它两端电压 U_o 很快下降，因为 U_o 不断下降，故放电电流也很快减小，当电容两端电压 $U_o = 0$ 时，放电电流也为 0，放电结束，电容放电时两端电压变化如图 9-21b 所示。

电容放电速度与 R、C 的大小有关：R 的阻值越大，放电越慢，反之越快；C 的容量越大，放电越慢，反之越快。

RC 放电电路在刚开始放电时放电电流大，以后慢慢减小，经过 $t = 0.7\tau$，电容上的电压 U_o 约下降到 $0.5E$（即 $U_o \approx 0.5E$），经过 $t = (3 \sim 5)\tau$，$U_o \approx 0$，放电过程基本结束。RC 放电电路的时间常数 τ 越大，放电时间越长，反之则时间越短。

2. RC 积分电路

RC 积分电路能将矩形波转变成三角波（或锯齿波）。RC 积分电路如图 9-21a 所示，给积分电路输入图 9-21b 所示的矩形脉冲 U_i 时，它就会输出三角波 U_o。

电路工作过程说明如下：

在 $0 \sim t_1$ 期间，矩形脉冲为低电平，输入电压 $U_i = 0$，未对电容 C 充电，故输出电压 $U_o = 0$。

在 $t_1 \sim t_2$ 期间，矩形脉冲为高电平，输入电压 U_i 的极性是上正下负，它经 R 对 C 充电，在 C 上充得上正下负的电压 U_o。随着充电的进行，U_o 电压慢慢上升，因为积分电路的时间常数 $\tau = RC$ 远大于脉冲的宽度 t_w，所以 t_2 时刻，电容 C 上的电压 U_o 无法充到矩形脉冲的幅度值 V_m。

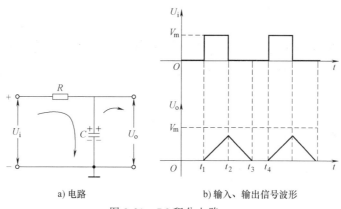

a) 电路   b) 输入、输出信号波形

图 9-21   RC 积分电路

在 $t_2 \sim t_4$ 期间，矩形脉冲又为低电平，电容 C 上的上正下负电压开始往后级电路（未画出）放电，随着放电的进行，U_o 电压慢慢下降，t_3 时刻电容放电完毕，$U_o = 0V$，由于电容已放完电，故在 $t_3 \sim t_4$ 期间 U_o 始终为 0。

t_4 时刻以后，电路重复上述过程，从而在输出端得到图 9-21b 所示的三角波 U_o。

积分电路正常工作应满足：电路的时间常数 τ 应远大于输入矩形脉冲的脉冲宽度 t_w，即 $\tau \gg t_w$，通常 $\tau \geq 3t_w$ 时就可认为满足该条件。

3. RC 微分电路

RC 微分电路能将矩形脉冲转变成宽度很窄的尖峰脉冲信号。 RC 微分电路如图 9-22 所示，给微分电路输入图图 9-22b 所示的矩形脉冲 U_i 时，它会输出尖峰脉冲信号 U_o。

电路工作过程说明如下：

在 $0 \sim t_1$ 期间，矩形脉冲为低电平，输入电压 $U_i = 0$，无电流流过电容和电阻，故电阻 R 两端的电压 $U_o = 0$。

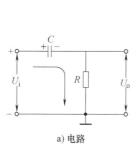

a) 电路

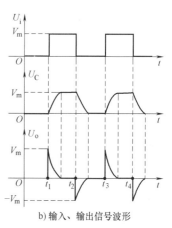

b) 输入、输出信号波形

图 9-22   RC 微分电路

在 $t_1 \sim t_2$ 期间，矩形脉冲为高电平，输入电压 U_i 的极性是上正下负，在 t_1 时刻，由于电容 C 还没被充电，故电容两端的电压 $U_C = 0$，而电阻 R 两端的 $U_o = V_m$，t_1 时刻后 U_i 开始对电容充电，由于该电路的时间常数很小，因此电容充电速度很快，U_C 电压（左正右负）很快上升到 V_m，该电压保持为 V_m 直到 t_2 时刻，而电阻 R 两端的电压 U_o 很快下降到 0。也就是说，在 $t_1 \sim t_2$ 期间，R 两端得到一个正的尖峰脉冲电压 U_o。

在 $t_2 \sim t_3$ 期间，矩形脉冲又为低电平，输入电压 $U_i = 0$，输入端电路相当于短路，电容 C 左端通过输入电路接地，电容 C 相当于与电阻 R 并联，电容 C 上的左正右负电压 V_m 加到电阻 R 两端，R 两端得到一个上负下正的 $-V_m$ 电压，$U_o = -V_m$。然后电容 C 开始通过输入端电路和 R 放电。由于 RC 电路时间常数小，电容放电很快，两端电压下降很快，R 两端的负电压也快速减小，当电容放电完毕，流过 R 的电流为 0，R 两端电压 U_o 上升到 0，$U_o = 0$ 一直

维持到 t_3 时刻。也就是说，在 $t_2 \sim t_3$ 期间，R 两端得到一个负的尖峰脉冲电压 U_o。

t_3 时刻以后，电路重复上述过程，从而在输出端得到图 9-22b 所示的正负尖峰脉冲信号。

微分电路正常工作应满足：电路的时间常数 τ 应远小于输入矩形脉冲的脉冲宽度 t_w，即 $\tau \ll t_w$，通常 $\tau \leqslant 1/5 t_w$ 时就可认为满足该条件。

9.4.3　多谐振荡器

多谐振荡器又称矩形波发生器，其功能是产生矩形脉冲信号。图 9-23 是一种常见的多谐振荡器。

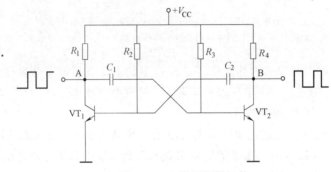

图 9-23　多谐振荡器

从图 9-23 可以看出，多谐振荡器在结构上对称，并且晶体管 VT_1、VT_2 同型号，$C_1 = C_2$，$R_1 = R_4$，$R_2 = R_3$。

但实际上电路不可能完全对称，假设 VT_1 的 β 值略大于 VT_2 的 β 值，接通电源后，VT_1 的 I_{c1} 就会略大于 I_{c2}，这样 VT_1 的 U_A 会略低于 VT_2 的 U_B，即 U_A 电压偏低，由于电容两端电压不能突变，U_A 偏低的电压经电容 C_1 使 VT_2 的 U_{b2} 下降，U_{b2} 下降→U_{c2} 上升（$U_{b2} \downarrow \rightarrow I_{b2} \downarrow \rightarrow I_{c2} \downarrow \rightarrow U_{R4} \downarrow$，$U_{R4} = I_{c2} R_4 \rightarrow U_{c2} \uparrow$，$U_{c2} = V_{CC} - U_{R4}$）→$U_B \uparrow$，$U_B$ 上升经电容 C_2 使 VT_1 的 U_{b1} 上升，U_{b1} 上升使 U_A 下降，这样会形成强烈的正反馈，正反馈过程如下：

$$U_{b2} \downarrow \rightarrow U_{c2} \uparrow \rightarrow U_B \uparrow \rightarrow U_{b1} \uparrow \rightarrow U_{c1} \downarrow \rightarrow U_A \downarrow$$

正反馈结果使 VT_1 饱和，VT_2 截止。VT_1 饱和，A 点电压很低，相当于 A 点得到脉冲的低电平，VT_2 截止，B 点电压很高，相当于 B 点得到脉冲的高电平。

VT_1 饱和，VT_2 截止后，电源 V_{CC} 开始对 C_2 充电，充电途径是：$+V_{CC} \rightarrow R_4 \rightarrow C_2 \rightarrow VT_1$ 的 be 结→地，结果在 C_2 上充得左负右正的电压，C_2 的左负电压使 VT_1 的 U_{b1} 电压下降，在 C_2 充电的过程中，VT_1 保持饱和状态，VT_2 保持截止状态，这段时间内 A 点保持低电平、B 点保持高电平。

当 C_2 充电到一定程度时，C_2 的左负电压很低，它使得 VT_1 由饱和进入放大状态，VT_1 的 I_{c1} 减小，U_A 电压上升，经电容 C_1 使 VT_2 的 U_{b2} 电压上升，VT_2 由截止进入放大状态，有 I_{c2} 电流流过 R_4（截止时无 I_{c2} 电流流过 R_4），U_B 电压下降，它经 C_2 使 VT_1 的 U_{b1} 下降，这样又会形成强烈的正反馈，正反馈过程如下：

$$U_{b2} \uparrow \rightarrow U_B \downarrow \rightarrow U_{b1} \downarrow \rightarrow U_A \uparrow$$

正反馈结果使 VT_1 截止，VT_2 饱和。VT_1 截止，A 点电压很高，相当于 A 点得到脉冲的高电平，VT_2 饱和，B 点电压很低，相当于 B 点得到脉冲的低电平。

VT_1 截止，VT_2 饱和后，电源 V_{CC} 开始对 C_1 充电，充电途径是：$V_{CC} \rightarrow R_1 \rightarrow C_1 \rightarrow VT_2$ 的 be 结→地，结果在 C_1 上充得左正右负的电压，C_1 的右负电压使 VT_2 的 U_{b2} 下降。与此同时，电源也会经 R_2 对 C_2 反充电，充电途径是：$V_{CC} \rightarrow R_2 \rightarrow C_2 \rightarrow VT_2$ 的 ce 极→地，反充电将 C_2 上左负右正的电压中和。在 C_1 充电的过程中，VT_1 保持截止状态，VT_2 保持饱和状态，这段时间内 A 点保持高电平、B 点保持低电平。

当 C_1 充电到一定程度时，C_1 的右负电压很低，它使 VT_2 由饱和退出进入放大，VT_2 的 I_{c2} 减小，U_B 上升，经电容 C_2 使 VT_1 的 U_{b1} 上升，VT_1 由截止退出进入放大，有 I_{c1} 电流流过 R_1，U_A 下降，它经 C_1 使 VT_2 的 U_{b2} 下降，这样又会形成强烈的正反馈，电路又重复前述过程。

从上面的分析可知，晶体管 VT_1、VT_2 交替饱和截止，从而在 VT_1、VT_2 的集电极（即 A、B 点）会输出一对极性相反的矩形脉冲信号。这种多谐振荡器产生的脉冲宽度 t_w 和脉冲周期 T 分别为

$$t_w = 0.7RC$$
$$T = 2t_w = 1.4RC$$

9.5 555 定时器芯片及电路

555 定时器又称 555 时基电路，是一种中规模的数字-模拟混合集成电路，具有使用范围广、功能强等特点。如果给 555 定时器外围接一些元器件就可以构成各种应用电路，如多谐振荡器、单稳态触发器和施密特触发器等。555 定时器有 TTL 型（或称双极型，内部主要采用晶体管）和 CMOS 型（内部主要采用场效应晶体管），但它们的电路结构基本一样，功能也相同，本节以双极型 555 定时器为例进行说明。

9.5.1 结构与原理

555 定时器外形与内部电路结构如图 9-24 所示。从图中可以看出，它主要是由电阻分压

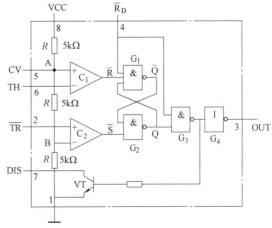

a) 外形　　　　　　　　　　b) 内部电路结构

图 9-24 555 定时器

器、电压比较器（运算放大器）、基本 RS 触发器、放电管和一些门电路构成。

1. 电阻分压器和电压比较器

电阻分压器由三个阻值相等的电阻 R 构成，两个运算放大器 C_1、C_2 构成电压比较器。三个阻值相等的电阻将电源分作三等份，比较器 C_1 的 "+" 端（⑤脚）电压 U_+ 为 $\frac{2}{3}V_{CC}$，比较器 C_2 的 "−" 电压 U_- 为 $\frac{1}{3}V_{CC}$。

如果 TH 端（⑥脚）输入的电压大于 $\frac{2}{3}V_{CC}$ 时，即运算放大器 C_1 的 $U_+ < U_-$，比较器 C_1 输出低电平 "0"；如果 $\overline{TR}$ 端（②脚）输入的电压大于 $\frac{1}{3}V_{CC}$ 时，即运算放大器 C_2 的 $U_+ > U_-$，比较器 C_1 输出高电平 "1"。

2. 基本 RS 触发器

基本 RS 触发器是由两个与非 G1、G2 门构成的，其功能说明如下：

1）当 $\overline{R}=0$、$\overline{S}=1$ 时，触发器置 "0"，即 $Q=0$，$\overline{Q}=1$。

2）当 $\overline{R}=1$、$\overline{S}=0$ 时，触发器置 "1"，即 $Q=1$，$\overline{Q}=0$。

3）当 $\overline{R}=1$、$\overline{S}=1$ 时，触发器 "保持" 原状态。

4）当 $\overline{R}=0$、$\overline{S}=0$ 时，触发器状态不定，这种情况禁止出现。

$\overline{R_D}$ 端（④脚）为定时器复位端，当 $\overline{R_D}=0$ 时，它送到基本 RS 触发器，对触发器置 "0"，即 $Q=0$，$\overline{Q}=1$；$\overline{R_D}=0$ 和触发器输出的 $Q=0$ 送到与非门 G3，与非门输出为 "1"，再经非门 G_4 后变为 "0"，从定时器的 OUT 端（③脚）输出 "0"。即当 $\overline{R_D}=0$ 时，定时器被复位，输出为 "0"，在正常工作时，应让 $\overline{R_D}=1$。

3. 放电管和缓冲器

晶体管 VT 为放电管，它的状态受与非门 G3 输出电平的控制，当 G3 输出为高电平时，VT 的基极为高电平而导通，⑦脚和①脚之间相当于短路；当 G_3 输出为低电平时，T 截止，⑦脚和①脚之间相当于开路。非门 G_4 为缓冲器，主要是提高定时器带负载能力，保证定时器 OUT 端能输出足够的电流，还能隔离负载对定时器的影响。

555 定时器的功能见表 9-7，表中标 "×" 表示不论为何种情况，都不影响结果。

表 9-7　555 定时器的功能表

输入			输出	
$\overline{R_D}$	TH	$\overline{TR}$	OUT	放电管状态
0	×	×	低	导通
II	$>\frac{2}{3}V_{CC}$	$>\frac{1}{3}V_{CC}$	低	导通
II	$<\frac{2}{3}V_{CC}$	$>\frac{1}{3}V_{CC}$	不变	不变
II	$<\frac{2}{3}V_{CC}$	$<\frac{1}{3}V_{CC}$	高	截止
I	$>\frac{2}{3}V_{CC}$	$<\frac{1}{3}V_{CC}$	高	截止

从表中可以看出 555 在各种情况下的状态，如在 $\overline{R}_D = 1$ 时，如果高触发端 $TH > \frac{2}{3}V_{CC}$、低触发端 $\overline{TR} > \frac{1}{3}V_{CC}$，则定时器 OUT 端会输出低电平 "0"，此时内部的放电管处于导通状态。

9.5.2 由 555 构成的单稳态触发器

单稳态触发器又称为单稳态电路，它是一种只有一种稳定状态的电路。如果没有外界信号触发，它始终保持一种状态不变，当有外界信号触发时，它将由一种状态转变成另一种状态，但这种状态是不稳定（称为暂态）的，一段时间后它会自动返回到原状态。

1. 由 555 构成的单稳态触发器

由 555 构成的单稳态触发器如图 9-25 所示。

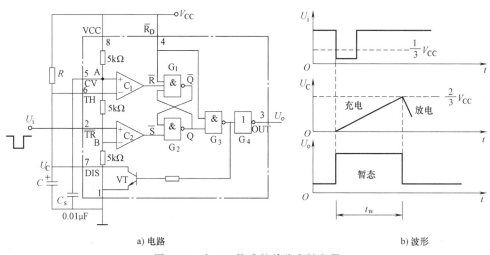

a) 电路　　　　　　　　　　　　　　　　b) 波形

图 9-25　由 555 构成的单稳态触发器

电路工作原理说明如下：

接通电源后，电源 V_{CC} 经电阻 R 对电容 C 充电，C 两端的电压 U_C 上升，当 U_C 上升超过时 $\frac{2}{3}V_{CC}$，高触发端（⑥脚）$TH > \frac{2}{3}V_{CC}$、低触发端（②脚）$\overline{TR} > \frac{1}{3}V_{CC}$（无触发信号 U_i 输入时，②脚为高电平），比较器 C_1 输出 $\overline{R} = 0$，比较器 C_2 输出 $\overline{S} = 1$，RS 触发器被置 0，$Q = 0$，G_3 输出为 1，G_4 输出为 0，即定时器 OUT 端（③脚）输出低电平 "0"，与此同时 G_3 输出的 1 使放电管 VT 导通，电容 C 通过⑦脚和①脚放电，使 $TH < \frac{2}{3}V_{CC}$，比较器 C_1 输出 $\overline{R} = 1$，由于此时 $\overline{S} = 1$，RS 触发器状态保持不变，定时器状态保持不变，输出 U_o 仍为低电平。

当低电平触发信号 U_i 来到时，$\overline{TR}$ 端的电压低于 $\frac{1}{3}V_{CC}$，比较器 C_2 输出使 $\overline{S} = 0$，触发器被置 1，$Q = 1$，G3 输出为 0，G4 输出为 1，定时器 OUT 端输出高电平 "1"，与此同时 G_3 输出的 0 使放电管 VT 截止，电源又通过 R 对 C 充电，C 上的电压 U_C 上升，在电容 C 充电期间，输出 U_o 保持为高电平，此为暂稳态。

当充电使 U_C 上升到大于 $\frac{2}{3}V_{CC}$ 时，即 $TH > \frac{2}{3}V_{CC}$，比较器 C_1 输出使 $\overline{R}=0$，触发器被置 0，$Q=0$，G_3 输出为 1，G_4 输出为 0，定时器 OUT 端输出由"1"变为"0"，同时 G_3 输出的 1 使放电管导通，电容 C 通过⑦脚和①脚内部的放电管放电。在此期间，定时器保持输出 U_o 为低电平。

从上面的分析可知，电路保持一种状态（"0"态）不变，当触发信号来时，电路马上转变成另一种状态（"1"态），但这种状态不稳定，一段时间后，电路又自动返回到原状态（"0"态），这就是单稳态触发器。此单稳态触发器的输出脉冲宽度 t_w 与 RC 元件有关，输出脉冲宽度 t_w 为

$$t_w \approx 1.1RC$$

R 通常取几百欧至几兆欧，C 一般取几百皮法至几百微法。

2. 单稳态触发器的应用

单稳态触发器的主要功能有整形、延时和定时等，具体应用很广泛。

（1）整形功能的应用

利用单稳态触发器可以将不规则的信号转换成矩形脉冲信号下面通过图 9-26 来说明单稳态触发器的整形原理。

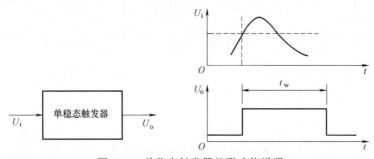

图 9-26 单稳态触发器整形功能说明

若给单稳态触发器输入端输入图示不规则信号 U_i 时，当 U_i 信号电压上升到一定值时，单稳态触发器被触发，状态改变，输出为高电平，过了 t_w 时间后，触发器又返回原状态，从而在输出端得到一个宽度为 t_w 矩形脉冲信号 U_o。

（2）延时功能的应用

利用单稳态触发器可以对脉冲信号进行一定的延时下面通过图 9-27 来说明单稳态触发器延时原理。

在 t_1 时刻，单稳态触发器输入信号 U_i 由高电平转为低电平，电路被触发，触发器由稳态"0"（低电平）转变成暂稳态"1"（高电平），在 t_2 时刻，单稳态触发器又返回到原状态"0"。

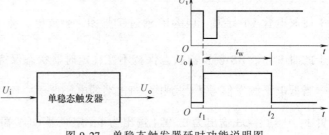

图 9-27 单稳态触发器延时功能说明图

触发信号在 t_1 时刻出现下降沿，经单稳态触发器后，输出信号在 t_2 时刻出现下降沿，t_2、t_1 时刻之间的时间差为 t_w。也就是说，当信号下降沿输入单稳态触发器后，需要经过 t_w 时间后下降沿才能从触发器中输出。只要改变单稳态触发器中的 RC 元件的值，就能改变脉冲的延时时间。

（3）定时功能的应用

利用单稳态触发器可以让脉冲信号高、低电平能持续规定的时间下面通过图9-28来说明单稳态触发器定时原理。

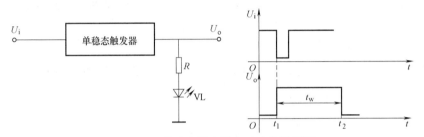

图 9-28　单稳态触发器定时功能说明图

在 t_1 时刻时，单稳态触发器输入信号 U_i 由高电平转为低电平，电路被触发，触发器由稳态"0"（低电平）转变成暂稳态"1"（高电平），在 t_2 时刻，单稳态触发器又返回到原状态"0"。

从图可以看出，输入信号宽度很窄，而输出信号很宽，高电平持续时间为 t_w，这可以让发光二极管在 t_w 时间内都能发光，t_w 时间的长短与触发信号的宽度无关，只与单稳态触发器的 RC 元件有关，改变 RC 值就能改变 t_w 的值，从而改变发光二极管发光时间。

9.5.3　由555构成的多谐振荡器

多谐振荡器的功能是产生矩形脉冲信号。由555构成的多谐振荡器如图9-29所示。

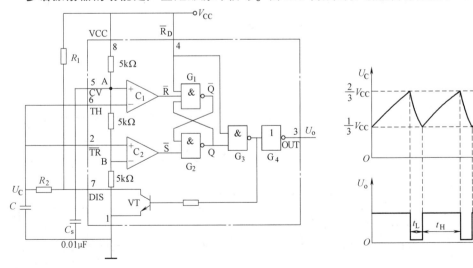

a) 电路　　　　　　　　b) 波形

图 9-29　由555构成的多谐振荡器

电路工作原理说明如下：

接通电源后，电源 V_{CC} 经 R_1、R_2 对电容 C 充电，电容 C 两端电压 U_C 上升，当 U_C 上升超过 $\frac{2}{3}V_{CC}$ 时，比较器 C_1 输出为低电平，内部 RS 触发器被复位清 0，输出端 U_o 由高电平变为低电平，如图 9-5b 所示，同时门 G_3 输出高电平使放电管 VT 导通，电容 C 通过 R_2 和 555 定时器 7 脚内部的放电管 VT 放电，U_C 电压下降，当 U_C 下降至小于 $\frac{1}{3}V_{CC}$ 时，比较器 C_2 输出为低电平，内部 RS 触发器被置 1，G_3 输出低电平使放电管 VT 截止，输出端 U_o 由低电平变为高电平，电容 C 放电时间 t_L（即 U_o 低电平时间）为

$$t_L = 0.7R_2C$$

放电管截止后，电容 C 停止放电，电源 V_{CC} 又重新经 R_1、R_2 对 C 充电，U_C 上升，U_C 上升至 $\frac{2}{3}V_{CC}$ 所需时间 t_H（即 U_o 高电平时间）为

$$t_H = 0.7(R_1+R_2)C$$

当 U_C 上升超过 $\frac{2}{3}V_{CC}$ 时，内部触发器又被复位清 0，U_o 又变为低电平，如此反复，在 555 定时器的输出端得到一个方波信号电压 U_o，该信号的频率 f 为

$$f = \frac{1}{t_L + t_H} \approx \frac{1.43}{(R_1 + 2R_2)C}$$

9.5.4　由 555 构成的施密特触发器

单稳态触发器只有一种稳定的状态，而**施密特触发器有两种稳定的状态，它从一种状态转换到另一种状态需要相应的电平触发。**

1. 由 555 构成的施密特触发器

由 555 构成的施密特触发器如图 9-30 所示。

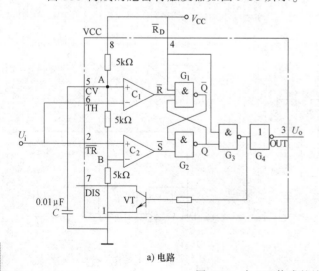

a) 电路

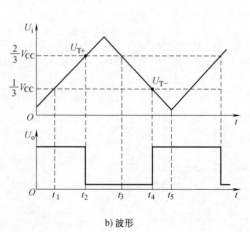

b) 波形

图 9-30　由 555 构成的施密特触发器

电路工作原理说明如下：

在 $0 \sim t_1$ 期间，输入电压 $U_i < \frac{1}{3}V_{CC}$，比较器 C_1 输出高电平，C_2 输出低电平，RS 触发器被置 1（即 $Q=1$），经门 G_3、G_4 后，③脚输出电压 U_o 为高电平。

在 $t_1 \sim t_2$ 期间，$\frac{1}{3}V_{CC} < U_i < \frac{2}{3}V_{CC}$，比较器 C_1 输出高电平，C_2 输出高电平，RS 触发器状态保持（Q 仍为 1），输出电压 U_o 仍为高电平。

在 $t_2 \sim t_3$ 期间，$U_i > \frac{2}{3}V_{CC}$，比较器 C_1 输出低电平，C_2 输出高电平，RS 触发器复位清 0（即 $Q=0$），输出电压 U_o 为低电平。

在 $t_3 \sim t_4$ 期间，$\frac{1}{3}V_{CC} < U_i < \frac{2}{3}V_{CC}$，比较器 C_1 输出高电平，C_2 输出高电平，RS 触发器状态保持（Q 仍为 0），输出电压 U_o 仍为低电平。

在 $t_4 \sim t_5$ 期间，输入电压 $U_i < \frac{1}{3}V_{CC}$，比较器 C_1 输出高电平，C_2 输出低电平，RS 触发器被置 1，输出电压 U_o 为高电平。

以后电路重复 $0 \sim t_5$ 期间的工作过程，从图 9-29b 不难看出，施密特触发器两次触发电压是不同的，回差电压 $\Delta U = U_{T+} - U_{T-} = \frac{2}{3}V_{CC} - \frac{1}{3}V_{CC} = \frac{1}{3}V_{CC}$，给 555 提供的电源不同，回差电压的大小会不同，如让电源电压为 6V，那么回差电压为 2V。

2. 施密特触发器的应用

施密特触发器的应用比较广泛，下面介绍几种较常见的应用。

（1）波形变换

利用施密特触发器可以将一些连续变化的信号（如三角波、正弦波等）转变成矩形脉冲信号。施密特触发器的波形变换应用如图 9-31 所示。当施密特触发器输入图示的正弦波信号或三角波信号时，电路会输出相应的矩形脉冲信号。

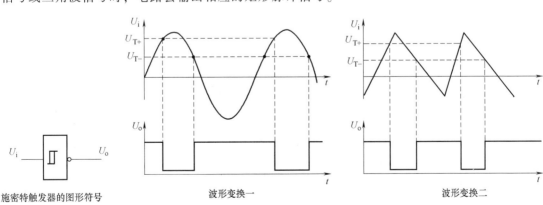

施密特触发器的图形符号　　　　波形变换一　　　　波形变换二

图 9-31　施密特触发器的波形变换说明图

（2）脉冲整形

如果脉冲产生电路产生的脉冲信号不规则，或者脉冲信号在传送过程中发生了畸变，利用施密特触发器的整形功能，可以将它们转换成规则的脉冲信号。施密特触发器的脉冲整形应用如图9-32所示。

当施密特触发器输入如图所示不规则的矩形脉冲 U_i 时，会输出矩形脉冲信号 U_{o1}，再经非门倒相后在输出端得到规则的矩形脉冲信号 U_o。

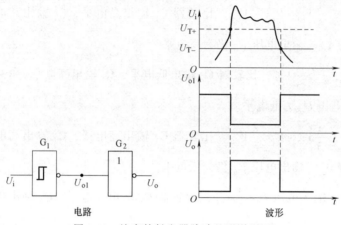

图9-32　施密特触发器脉冲整形说明图

第10章

常用集成电路及应用电路识图

10.1 电源芯片及应用电路

10.1.1 三端固定输出稳压器及应用电路

三端固定输出稳压器是指输出电压固定不变的具有 **3** 个引脚的集成稳压芯片。78××/79××系列稳压器是最常用的三端固定输出稳压器，其中 78×× 系列输出固定正电压，79×× 系列输出固定负电压。

1. 外形与引脚排列规律

常见的三端固定输出稳压器外形如图 10-1 所示。它有输入、输出和接地共 3 个引脚，引脚排列规律如图 10-2 所示。

7805　　78L05　　7912　　78H15

图 10-1 常见的三端固定输出稳压器

2. 型号含义

78（79）××系列稳压器型号含义如下：

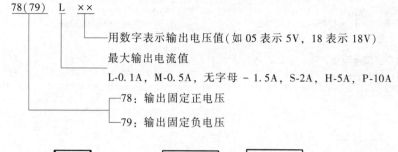

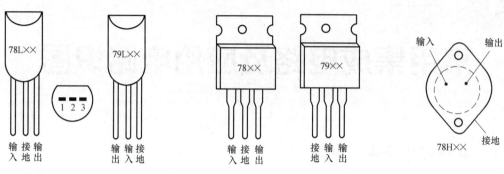

图 10-2 78××/79××系列三端固定输出稳压器的引脚排列规律

3. 应用电路

三端固定输出稳压器典型应用电路如图 10-3 所示。

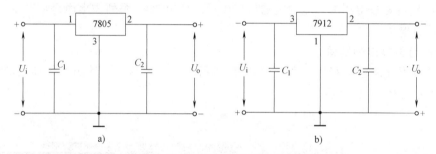

图 10-3 三端固定输出稳压器应用电路

图 10-3a 为 7805 型固定输出稳压器的应用电路。稳压器的 1 脚为电压输入端，2 脚为电压输出端，3 脚为接地端。输入电压 U_i（电压极性为上正下负）送到稳压器的 1 脚，经内部电路稳压后从 2 脚输出+5V 的电压，在电容 C_2 上得到的输出电压 U_o =+5V。

图 10-3b 为 7912 型固定输出稳压器的应用电路。稳压器的 3 脚为电压输入端，2 脚为电压输出端，1 脚为接地端。输入电压 U_i（电压极性为上负下正）送到稳压器的 3 脚，经内部电路稳压后从 2 脚输出-12V 的电压，在电容 C_2 上得到的输出电压 U_o =-12V。

为了让三端固定输出稳压器能够正常工作，要求其输入输出的电压差在 2V 以上，比如 7805 要输出 5V 电压，输入端电压不能低于 7V。

4. 提高输出电压和电流的方法

在一些电子设备中，有些负载需要较高的电压或较大的电流，如果使用的三端固定稳压器无法直接输出较高电压或较大电流，在这种情况下可对三端固定输出稳压器进行功能扩展。

（1）提高输出电压的方法

图 10-4 是一种常见的提高三端固定输出稳压器输出电压的电路连接方式，它是在稳压器的接地端与地之间增加一个电阻 R_2，同时在输出端与接地端之间接有一个电阻 R_1。

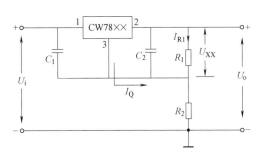

图 10-4 提高三端稳压器输出电压的连接方式

在稳压器工作时，有电流 I_{R1} 流过 R_1、R_2，另外稳压器的 3 脚也有较小的 I_Q 电流输出流过 R_2，但因为 I_Q 远小于 I_R，故 I_Q 可忽略不计，因此输出电压 $U_o = I_{R1}(R_1 + R_2)$，由于 $I_{R1} \cdot R_1 = U_{xx}$，$U_{xx}$ 为稳压器固定输出电压值，所以 $I_{R1} = U_{xx}/R_1$，输出电压 $U_o = I_{R1}(R_1 + R_2)$ 可变形为

$$U_o = \left(1 + \frac{R_2}{R_1}\right) U_{xx}$$

从上式可以看出，只要增大 R_2 的阻值就可以提高输出电压，当 $R_2 = R_1$ 时，输出电压 U_o 提高一倍，当 $R_2 = 0$ 时，输出电压 $U_o = U_{xx}$，即 $R_2 = 0$ 时不能提高输出电压。

（2）提高输出电流的方法

图 10-5 是一种常见的提高三端固定稳压器输出电流的电路连接方式，它是在稳压器输入端与输出端之间并联了一个晶体管，由于增加了晶体管的 I_c 电流，故可提高电路的输出电流。

在电路工作时，电路中有 I_b、I_c、I_R、I_Q、I_x 和 I_o 电流，这些电流的关系为：$I_R + I_b = $

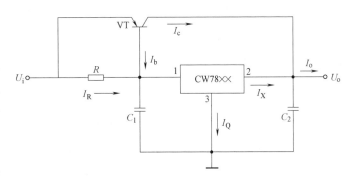

图 10-5 提高三端稳压器输出电流的连接方式

$I_Q + I_X$，$I_c = \beta I_b$，$I_o = I_x + I_c$。因为 I_Q 电流很小，故可认为 $I_X = I_R + I_b$，即 $I_b = I_x - I_R$，又因为 $I_R = U_{eb}/R$，所以 $I_b = I_x - U_{eb}/R$，再根据 $I_o = I_x + I_c$ 和 $I_c = \beta I_b$，可得出

$$I_o = I_X + I_c = I_X + \beta I_b = I_X + \beta(I_X - U_{eb}/R) = (1+\beta)I_x - \beta U_{eb}/R$$

即电路扩展后输出电流的大小为

$$I_o = (1+\beta)I_X - \beta \frac{U_{eb}}{R}$$

在计算输出电流 I_o 时，U_{eb} 一般取 0.7V，I_X 取稳压器输出端的输出电流值。

10.1.2 三端可调输出稳压器及应用电路

三端可调输出稳压器的输出电压大小可以调节，它有输入端、输出端和调整端三个引脚。 有些三端可调输出稳压器可输出正压，也有的可输出负压，如 CW117/CW217/CW317 稳压器可输出 +1.2 ~ +37V，CW137/CW237/CW337 稳压器可输出 -1.2 ~ -37V，并且输出电压连续可调。

1. 型号含义

×17/×37 三端可调输出稳压器型号含义如下：

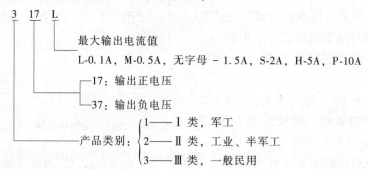

2. 应用电路

三端可调输出稳压器典型应用电路如图10-6所示。

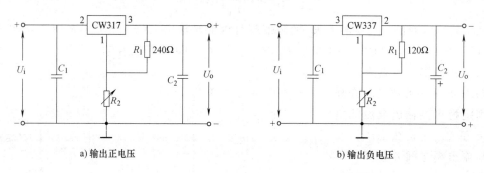

a) 输出正电压　　　　　　　　　　b) 输出负电压

图 10-6　三端可调输出稳压器应用电路

图 10-6a 为 CW317 型三端可调输出稳压器的应用电路。稳压器的 2 脚为电压输入端，3 脚为电压输出端，1 脚为电压调整端。输入电压 U_i（电压极性为上正下负）送到稳压器的 2 脚，经内部电路稳压后从 3 脚输出电压，输出电压 U_o 的大小与 R_1、R_2 有关，它们的关系是

$$U_o \approx 1.25\left(1+\frac{R_2}{R_1}\right)$$

由上式可以看出，改变 R_2、R_1 的阻值就可以改变输出电压，电路一般采用调节 R_2 的阻值来调节输出电压。

图 10-6b 为 CW337 型三端可调输出稳压器的应用电路。稳压器的 3 脚为电压输入端，2 脚为电压输出端，1 脚为电压调整端。输入电压 U_i（电压极性为上负下正）送到稳压器的 3 脚，经内部电路稳压后从 2 脚输出电压，输出电压 U_o 的大小也与 R_1、R_2 有关，它们的关系也为

$$U_o \approx 1.25\left(1+\frac{R_2}{R_1}\right)$$

10.1.3　三端低压差稳压器及应用电路

AMS1117 是一种低压差三端稳压器，在最大输出电流 1A 时的电压降为 1.2V。

AMS1117 有固定输出和可调输出两种类型，固定输出可分为 1.5V、1.8V、2.5V、2.85V、3.0V、3.3V、5.0V，最大允许输入电压为 15V。AMS1117 具有低电压降、限流和过热保护功能，广泛用在手机、电池充电器、掌上电脑、笔记本电脑和一些便携电子设备中。

1. 封装形式

AMS1117 常见的封装形式如图 10-7 所示，AMS1117-3.3 表示输出电压为 3.3V。

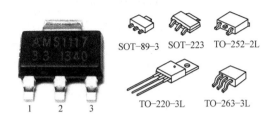

图 10-7　AMS1117 常见的封装形式

2. 内部电路结构

AMS1117 内部电路结构如图 10-8 所示。

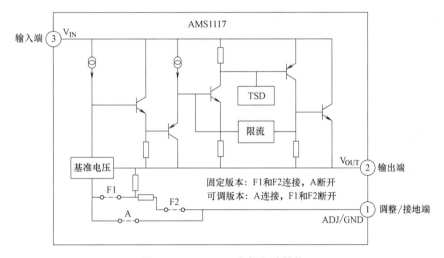

图 10-8　AMS1117 内部电路结构

3. 应用电路

AMS1117 的应用电路如图 10-9 所示。图 10-9a 为固定电压输出电路，图 10-9b 为可调电压输出电路，输出电压可用图中公式计算，V_{REF} 为 ADJ 端接地时的 V_{OUT} 值，I_{ADJ} 为 ADJ 端的输出电流。在使用时，将 R_1 或 R_2 换成电位器，同时测量 V_{OUT}，调到合适的电压即可，而不用进行烦琐的计算。

10.1.4　三端精密稳压器及应用电路

TL431 是一个有良好热稳定性的三端精密稳压器，其输出电压用两个电阻就可以任意地设置为从 2.5~36V 范围内的任何值。该器件的典型动态阻抗为 0.2Ω，在很多应用中可以用它代替稳压二极管，例如数字电压表，运放电路、可调压电源和开关电源等。

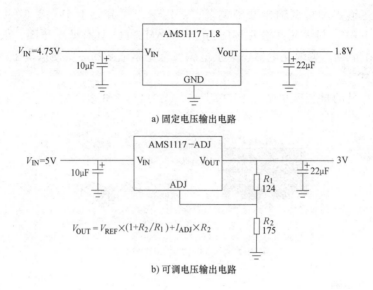

a) 固定电压输出电路

b) 可调电压输出电路

图 10-9　AMS1117 的应用电路

1. 封装形式（外形）与引脚排列规律

TL431 常见的封装形式与引脚排列规律如图 10-10 所示。

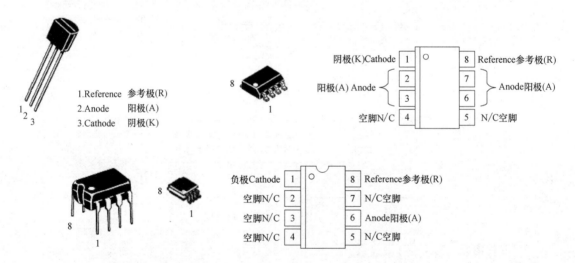

图 10-10　TL431 常见的封装形式及引脚排列规律

2. 应用电路形式

TL431 在电路中主要有两种应用形式，如图 10-11 所示。在图 10-11a 所示电路中，将 R 极与 K 极直接连接，当输入电压 U_i 在 2.5V 以上变化时，其输出电压 U_o 稳定为 2.5V；在图 10-11b 所示电路中，将 R 极接在分压电阻 R_2、R_3 之间，当输入电压 U_i 在 2.5V 以上变化时，其输出电压 U_o 稳定为 $2.5(1+R_2/R_3)$ V。

3. 内部电路图与等效电路

TL431 内部电路图与等效电路如图 10-12 所示。

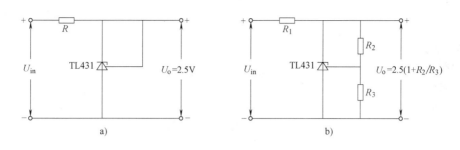

图 10-11 TL431 在电路中的两种应用形式

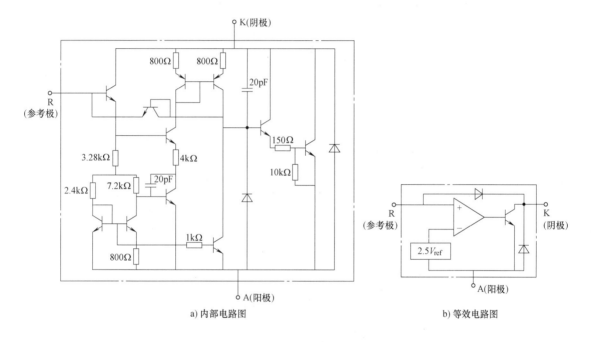

a) 内部电路图　　　　　　　　　b) 等效电路图

图 10-12 TL431 内部电路图与等效电路

10.1.5 开关电源芯片及应用电路

VIPer12A/VIPer22A 是 ST 公司推出的开关电源芯片，其内部含有开关管、PWM 脉冲振荡器、过热检测、过电压检测、过电流检测及稳压调整电路。**VIPer12A 与 VIPer22A 的区别是功率不同，VIPer12A 损坏时可用 VIPer22A 代换，反之则不行。**

1. 内部结构与引脚功能

VIPer12A 内部组成、各引脚功能如图 10-13 所示。VIPer12A 的一些重要参数：①输出端（DRAIN）最高允许电压为 730V；②电源端（VDD）电压范围为 9～38V；③输出端电流最大为 0.1mA；④开态电阻（开关管导通电阻）为 27Ω。

2. 应用电路

图 10-14 是一种采用 VIPer12A 芯片的电磁炉的电源电路，点画线框内为辅助电源，其类型为开关电源。

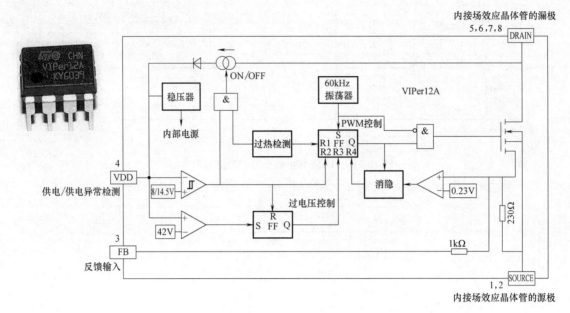

图 10-13　VIPer12A 内部组成及各引脚功能

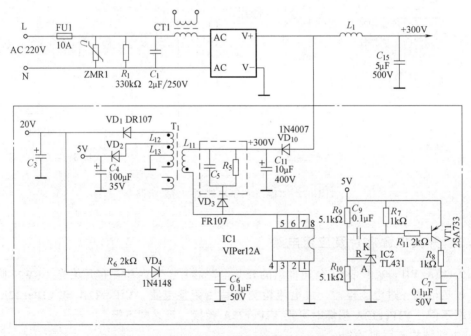

图 10-14　采用 VIPer12A 芯片的电磁炉的电源电路

（1）开关电源主体电路工作过程分析

220V 交流电压经整流桥堆整流后得到 300V 的脉冲直流电压，该电压除了经 L_1、C_{15} 滤流后提供给高频谐逆变电路外，还通过 VD_{10} 经 C_{11} 滤波后，在 C_{11} 两端得到稳定的 300V 电压，提供给开关电源电路。

300V（C_{11} 两端）经开关变压器 T_1 的一次绕组 L_{11} 进入开关电源芯片 IC1 的⑧脚（⑤~

⑧内部及外部都是直接连接的），经内部电路后从④脚输出电流对 C_6 充电，当 C_6 上充得约 14.5V 电压时，IC1 内部电路启动，内部的开关管工作在开关状态。当 IC1 的内部开关管导通时，有很大的电流流过绕组 L_{11}，L_{11} 产生上正下负的电动势同时存储能量；当 IC1 的内部开关管截止时，无电流流过 L_{11} 绕组，L_{11} 马上产生上负下正的电动势，该电动势感应到 T_1 的二次绕组 L_{12}、L_{13} 上。由于同名端的原因，L_{12}、L_{13} 上的感应电动势极性均为上正下负，L_{13} 上的电动势经 VD_2 对 C_4 充电，在 C_4 上得到约 +5V 电压，L_{13}、L_{12} 上的电动势叠加经 VD_1 对 C_3 充电，在 C_3 上得到 +20V 电压。

在 IC1 内部开关管由导通转为截止瞬间，绕组 L_{11} 会产生很高的上负下正电动势，该电动势虽然持续时间短，但电压很高，极易击穿 IC1 内部的开关管。在 L_{11} 两端并联由 C_5、R_5、VD_3 构成的阻尼吸收回路可以消除这个瞬间高压，因为当 L_{11} 产生的极性为上负下正的瞬间高电动势会使 VD_3 导通，进而通过 VD_3 对 C_5 充电而降低，这样就不会击穿 IC1 内部的开关管。

（2）稳压电路的稳压过程分析

稳压电路主要由 R_9、R_{10}、IC_2、VT_1、R_8、C_7 等组成。当 220V 市电电压升高引起 300V 电压升高，或者电源电路负载变轻时，均会使电源电路的 +5V 电压升高，经 R_9、R_{10} 分压后，可调分流芯片 TL431 的 R 极电压升高，K、A 极之间内部等效电阻变小，晶体管 Q_1 的 I_b 增大（I_b 途径为 +5V→VT_1 的 e 极→b 极→R_{11}→IC2 的 K 极→A 极→地），VT_1 的 I_c 电流增大，I_c 电流经 R_8 对 C_7 充得电压更高，进入开关电源芯片 IC1 反馈端③脚的电压升高，IC1 调整内部开关管，使之导通时间缩短，开关变压器 T_1 的 L_{11} 绕组储能减小，在开关管截止期间 L_{11} 产生的电动势低，L_{13} 绕组感应电动势低，经 VD_2 对 C_4 充电电压下降，C_4 两端电压降回到 +5V。

（3）欠电压保护

开关电源芯片 IC1（VIPer12A）通电后，需要对④脚外接电容 C_6 充电，当电压达到 14.5V 时内部电路开始工作，启动后④脚电压由电源输出电压提供，如果 C_6 漏电或短路、R_6 开路、20V 电压过低，均会使 IC1 的④脚电压下降；若 IC1 启动工作后输出端（20V 电压）提供给④脚电压低于 8V，IC1 内部欠电压保护电路会工作，使开关电源停止工作，防止低电压时开关管因激励不足而损坏。

在开关电源芯片 IC1（VIPer12A）的内部还具有过电压、过电流和过热保护电路。一旦出现过电压、过电流和过热情况，内部电路也会停止工作，开关电源停止输出电压。

10.1.6　开关电源控制芯片及应用电路

UC384× 系列芯片是一种高性能开关电源控制器芯片，可产生最高频率可达 500kHz 的 PWM 激励脉冲。该芯片内部具有可微调的振荡器、高增益误差放大器、电流取样比较器和大电流双管推挽功率放大输出电路，是驱动功率 MOS 管的理想器件。UC384× 系列芯片包括 UC3842、UC3843、UC3844 和 UC3845，结构功能大同小异，下面以 UC3844 为例进行说明。

1. UC3844 的封装形式

UC3844 有 8 引脚双列直插塑料封装（DIP）和 14 引脚塑料表面贴装封装（SO-14），如图 10-15 所示。SO-14 封装芯片的双管推挽功率输出电路具有单独的电源和接地引脚。**UC3844 有 16V（通）和 10V（断）低压锁定门限，UC3845 的结构外形与 UC3844 相同，**

但是 **UC3845** 的低压锁定门限为 **8.5V**（通）和 **7.6V**（断）。

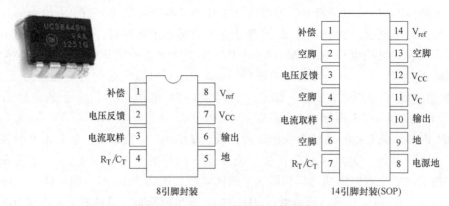

图 10-15　UC3844 的两种封装形式

2. 内部结构及引脚说明

UC3844 内部结构及典型外围电路如图 10-16 所示。UC3844 各引脚功能说明见表 10-1。

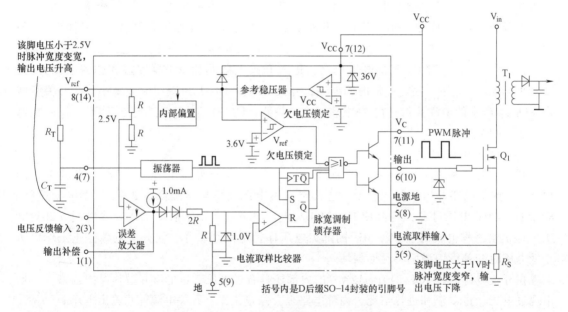

图 10-16　UC3844 内部结构及典型外围电路

表 10-1　UC3844 各引脚功能说明

引脚号		功能	说　明
8-引脚	14-引脚		
1	1	补偿	该引脚为误差放大输出,并可用于环路补偿
2	3	电压反馈	该引脚是误差放大器的反相输入,通常通过一个电阻分压器连至开关电源输出
3	5	电流取样	一个正比于电感器电流的电压接到这个输入,脉宽调制器使用此信息中正输出开关的导通

（续）

引脚号		功能	说 明
8-引脚	14-引脚		
4	7	R_T/C_T	通过将电阻 R_T 连至 V_{ref} 并将电容 C_T 连至地,使得振荡器频率和最大输出占空比可调。工作频率可达 1.0MHz
5	—	地	该引脚是控制电路和电源的公共地(仅对 8 引脚封装而言)
6	10	输出	该输出直接驱动功率 MOSFET 的栅极
7	12	V_{CC}	该引脚是控制集成电路的正电源
8	14	V_{rel}	该引脚为参考输出,它经电阻 R_T 向电容 C_T 提供充电电流
—	8	电源地	该引脚是一个接回到电源的分离电源地返回端(仅对 14 引脚封装而言),用于减少控制电路中开关瞬态噪声的影响
—	11	V_C	输出高态(V_{OH})由加到此引脚的电压设定(仅对 14 引脚封装而言)。通过分离的电源连接,可以减小控制电路中开关瞬态噪声的影响
—	9	地	该引脚是控制电路地返回端(仅对 14 引脚封装而言),并被接回电源地
—	2,4,6,13	空脚	无连接(仅对 14 引脚封装而言)。这些引脚没有内部连接

3. UC3842、UC3843、UC3844 和 UC3845 的区别

UC3842、UC3843、UC3844 和 UC3845 的区别见表 10-2。表中开启电压是指芯片电源端（V_{CC}）高于该电压时开始工作，关闭电压是指芯片电源端（V_{CC}）低于该电压时停止工作。

表 10-2 UC3842、UC3843、UC3844 和 UC3845 的区别

型 号	开启电压	关闭电压	占空比范围	工作频率
UC3842	16V	10V	0~97%	500kHz
UC3843	8.5V	7.6V	0~97%	500kHz
UC3844	16V	10V	0~48%	500kHz
UC3845	8.5V	7.6V	0~48%	500kHz

10.1.7 PWM 控制器芯片及应用电路

SG3525 与 KA3525 功能相同，是一种用于产生 **PWM**（意为脉冲宽度调制，即脉冲宽度可变）脉冲来驱动 **N 型 MOS 管或晶体管的 PWM 控制器芯片**。SG3525 属于电流控制型 PWM 控制器，即可根据反馈电流来调节输出脉冲的宽度。

1. 外形

SG3525（KA3525）封装形式主要有双列直插式和贴片式，其外形如图 10-17 所示。

图 10-17 SG3525（KA3525）的外形

2. 内部结构、引脚功能和特性

SG3525 内部结构、引脚功能和特性如图 10-18 所示。在工作时，SG3525 的两个输出端会交替输出相反的 PWM 脉冲。

电源从 15 脚进入 SG3525，在内部分作两路：一路加到欠电压锁定电路，另一路送到 5.1V 基准电源稳压器，产生稳定的电压为其他电路供电。SG3525 内部振荡器通过 5、6 脚外接电容 C_T 和电阻 R_T，振荡器频率由这两个元件决定。振荡器输出的信号分为两路：一路以时钟脉冲形式送至触发器、PWM 锁存器及两个或非门；另一路以锯齿波形式送到比较器的同相输入端，比较器的反相输入端接误差放大器的输出端，误差放大器输出的信号与锯齿波电压在比较器中进行比较，输出一个随误差放大器输出电压高低而改变宽度的方波脉冲，此方波脉冲经 PWM 锁存器送到或非门的输入端。触发器的两个输出互补，交替输出高低电平，将 PWM 脉冲送至晶体管的基极，两组晶体管分别输出相位相差 180° 的 PWM 脉冲。

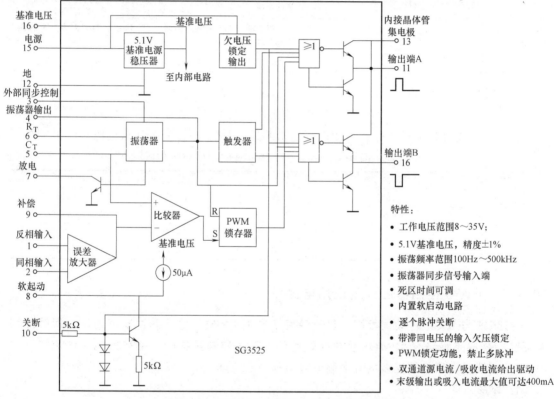

图 10-18　SG3525 内部结构、引脚功能和特性

3. 应用电路

SG3525 的功能是产生脉冲宽度可变的脉冲信号（PWM 脉冲），用于控制晶体管或场效应晶体管工作在开关状态。图 10-19 为 SG3525 常见的四种应用形式。

在图 10-19a 所示电路中，当 SG3525 的 13 脚（内接晶体管集电极）输出脉冲低电平时，晶体管 VT_1 基极电压下降而导通，V_{CC} 电源通过 VT_1 的 c、e 极对电容 C_1 充电，在 C_1 上得到上正下负的电压；当 SG3525 的 13 脚输出脉冲高电平时，晶体管 VT_1 基极电压升高而截止，C_1 往后级电路放电，电压下降；若 13 脚输出脉冲变窄（即高电平持续时间变短，低电

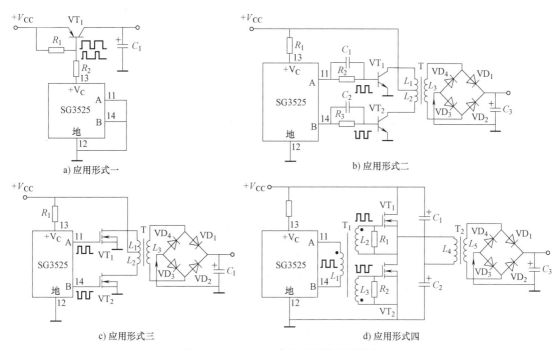

图 10-19 SG3525 常见的四种应用形式

平持续时间变长），VT_1 截止时间短导通时间长，C_1 充电时间长，放电时间短，两端电压升高，反之，若让 13 脚输出脉冲变宽，C_1 充电时间短，放电时间长，两端电压下降。

在图 10-19b 所示电路中，SG3525 的 11、14 脚输出相反的脉冲，当 11 脚输出脉冲为高电平时，14 脚输出脉冲低电平，晶体管 VT_1 导通、VT_2 截止，有电流流过开关变压器 T 的 L_1 绕组，电流途径是 V_{CC} 电源→T 的 L_1 线圈→VT_1 的 c、e 极→地，有电流流过 L_1，L_1 上产生电动势并感应到 L_3 上，L_3 上的感应电动势经 VD_1 ~ VD_4 对 C_3 充电。当 11 脚输出脉冲为低电平，14 脚输出脉冲高电平时，晶体管 VT_1 截止、VT_2 导通，有电流流过 T 的 L_2 绕组，电流途径是 V_{CC} 电源→T 的 L_2→VT_2 的 c、e 极→地，L_2 上产生电动势并感应到 L_3 上，L_3 上的感应电动势经 VD_1 ~ VD_4 对 C_3 充电。图 10-19c 中将晶体管换成了 MOS 管，其工作原理与图 b 相同。

在图 10-19d 所示电路中，在 SG3525 未工作时，V_{CC} 电源对 C_1、C_2 电容充电，由于两电容容量相同，两电容上充得的电压相同，均为 $1/2 V_{CC}$。SG3525 工作时，11、14 脚输出相反的脉冲，当 11 脚输出脉冲为高电平时，14 脚输出脉冲低电平，有电流从 11 脚流出，流经 T_1 的 L_1 绕组后进入 14 脚，L_1 产生上正下负电动势，感应到 L_2、L_3 上，L_2 上的电动势极性为上正下负，L_3 上的电动势极性为上负下正（同名端极性相同），L_2 的电动势使 VT_1 导通，L_3 上的电动势使 VT_2 截止，C_1 通过 VT_1 放电，放电途径是 C_1 上正→VT_1 的 D、S 极→L_4→C_1 下负，同时 V_{CC} 电源通过 VT_1 对 C_2 充电，充电途径是 V_{CC}→VT_1 的 D、S 极→L_4→C_2→地，在 C_2 上会充得接近 V_{CC} 的电压，L_4 上有电流流过，马上产生电动势并感应到 L_5 上，L_5 上的电动势经 VD_1 ~ VD_4 对 C_3 充电，得到上正下负电压供给后级电路。当 SG3525 的 11 脚输出脉冲为低电平时，14 脚输出脉冲高电平，有电流从 14 脚流出，流经 T_1 的 L_1 后进入 11 脚，L_1 产生上负下正电动势，感应到 L_2、L_3 上，L_2 上的电动势极性为上负下正，L_3 上的电动势极性为上正下负（同名端极性相同），VT_1 截止，VT_2 导通，C_2 通过 VT_2 放电，放电途

径是 C_2 上正→VT_2 的 D、S 极→L_4→C_2 下负，L_4 上产生上负下正电动势并感应到 L_5 上，L_5 上的电动势再经 VD_1~VD_4 对 C_3 充电，从而在 C_3 两端得到比较稳定的电压。

10.1.8 小功率开关电源芯片及应用电路

PN8024 是一款集成了 **PWM** 控制器和开关管（**MOS** 管）的小功率开关电源芯片，内部提供了完善的保护功能（过电流保护、过电压保护、欠电压保护、过热保护和降频保护等）。另外，其还内置了高压启动电路，可以迅速启动工作。

1. 外形

PN8024 封装形式主要有双列直插式和贴片式，其外形如图 10-20 所示。

图 10-20　PN8024 的外形

2. 内部结构、引脚功能和特性

PN8024 内部结构、引脚功能和特性如图 10-21 所示，芯片有两个 SW 引脚（两引脚内部连接在一起）和两个 GND 引脚。PN8024 内部有能产生 PWM 脉冲的电路，还有开关管（MOS 管）及各种保护电路。

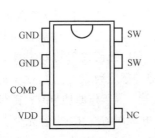

特性：
- ◆ 优化适用于12V输出非隔离应用
- ◆ 满足85~265V宽AC输入工作电压
- ◆ 改善EMI的降频调制技术
- ◆ 内置高压启动电路
- ◆ 开放式输出功率>4.5W@AC230V
- ◆ 优异的负载调整率和工作效率
- ◆ 全面的保护功能
  过电流保护(OCP)/过温保护(OTP)/过载保护(OLP)

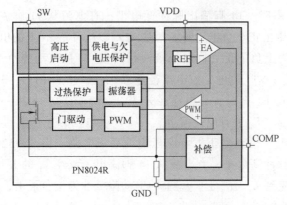

图 10-21　PN8024 内部结构、引脚功能和特性

3. 应用电路

图 10-22 是 PN8024 的典型应用电路，通过在外围增加少量元器件，可以将 85~265V 的交流电压转换成直流电压（一般为 12V）输出。

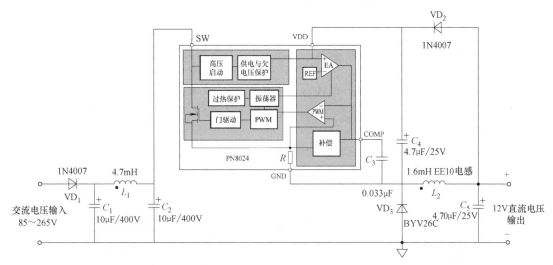

图 10-22　PN8024 典型应用电路

交流电压经整流二极管 VD$_1$ 对 C_1 充电，在 C_1 上充得上正下负的电压（脉动直流电压），该电压经 L_1 和 C_2 滤波平滑后，在 C_2 两端得到较稳定的上正下负电压。此时的 C_2 可视为一个极性为上正下负的直流电源，该电压送到 PN8024 的 SW 脚，再通过内部的高压启动管和一些电路后从 VDD 脚输出，对电容 C_4 充电，充电途径是 C_2 上正→PN8024 的 SW 脚入→内部电路→VDD 脚出→C_4→L_2→C_5→地→C_2 的下负，充电使 VDD 脚电压升高（VDD 电压与 C_4 两端电压近似相等，因为 C_5 容量是 C_4 的 100 倍，两电容串联充电后，C_5 两端电压是 C_4 的 1/100，C_5 两端电压接近 0V），当 VDD 电压上升到 12.5V 时，芯片开始工作，停止对 C_4、C_5 充电，启动完成。

PN8024 启动后，内部的振荡器产生最高频率可达 78kHz 的信号，由 PWM 电路处理成 PWM 脉冲后经门驱动送到 MOS 开关管的栅极。当 PWM 脉冲为高电平时，MOS 管导通，有电流流 MOS 管和后面的储能电感 L_2，电流途径是 C_2 上正→PN8024 的 SW 脚入→MOS 管→电阻 R→GND 脚出→电感 L_2→C_5→地→C_2 的下负，电流流过 L_2，L_2 会产生左正右负的电动势；当 PWM 脉冲为低电平时，MOS 管截止，无电流流过 MOS 管和储能电感 L_2，L_2 马上产生左负右正的电动势，该电动势对 C_5 充电，充电途径为 L_2 右正→C_5→VD$_3$→L_2 左负，在 C_5 上得到上正下负的约 12V 的电压。L_2 的左负右正电动势还会通过 VD$_2$ 对 C_4 充电，让 C_4 在 PN8024 启动结束正常工作时为 VDD 脚提供工作兼输出取样电压。

当输出电压（C_5 两端的电压）升高时，C_4 两端的电压也会上升，PN8024 的 VDD 脚电压上升，EA 放大器输出电压上升，PWM 放大器反相输入端电压升高，其输出电压下降，控制 PWM 电路，使之输出的 PWM 脉冲宽度变窄，MOS 管导通时间缩短，流过储能电感 L_2 的电流时间短，L_2 储能少，在 MOS 管截止时产生的左负右正电压低，对 C_5 充电电流减小，C_5 两端电压下降。

当负载电流超过预设定值时，系统会启动过载保护，当 COMP 电压超过 3.7V，经过固定 50ms 延迟后让开关管停止工作。由于 PN8024 将 MOS 管和 PWM 控制器集成在一起，使得保护检测电路更易于检测 MOS 管的温度，当温度超过 160℃，芯片进入过热保护状态。

10.2 运算放大器、电压比较器芯片及应用电路

10.2.1 四运算放大器及应用电路

LM324 是一种带有差动输入的内含四个运算放大器的集成电路。与一些单电源应用场合的标准运算放大器相比，LM324 具有工作电压范围宽（3~30V）、静态电流小等优点。

1. 外形

LM324 封装形式主要有双列直插式和贴片式，其外形如图 10-23 所示。

图 10-23　LM324 的外形

2. 内部结构、引脚功能和特性

LM324 内部结构、引脚功能和特性如图 10-24 所示，LM324 单个运算放大器的电路结构与 LM358 是相同的。

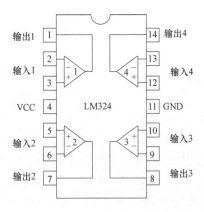

主要特性：
- 短路保护输出
- 真正的差分输入级
- 单电源供电：3.0~32V(LM224、LM324、LM324A)
- 低输入偏置电流：100nA最大值(LM324A)
- 每个封装有4个放大器
- 内部补偿
- 共模范围扩展至负电源
- 输入端的ESD钳位提高了可靠性，且不影响器件工作

图 10-24　LM324 内部结构、引脚功能和特性

3. 应用电路

图 10-25 是一个采用 LM324 构成的交流信号三路分配器。A1～A4 为 LM324 的四个运算放大器，它们均将输出端与反相输入端直接连接构成电压跟随器，其放大倍数为 1（即对信号无放大功能），电压跟随器输入阻抗很高，几乎不需要前级电路提供信号电流（只要前级电路送信号电压即可）。输入信号送到第一个运算放大器的同相输入端，然后从输出端输

出，分作三路分别送到运算放大器 A2、A3、A4 的同相输入端，再从各个输出端输出去后级电路。

10.2.2 四电压比较器内部电路

LM393 是一个内含四个独立电压比较器的集成电路，可以单电源供电（**2～36V**），也可以双电源供电（**±1～±18V**）。

1. 外形

LM339 封装形式主要有双列直插式和贴片式，其外形如图 10-26 所示。

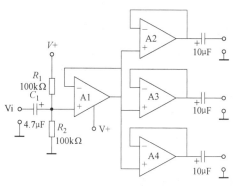

图 10-25　采用 LM324 构成的
交流信号三路分配器

图 10-26　LM339 的外形

2. 内部结构、引脚功能和特性

LM339 内部结构、引脚功能和特性如图 10-27 所示，LM339 单个运算放大器的电路结构与 LM393 是相同的。

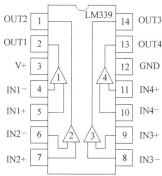

特性：
- 电压失调小，一般是2mV
- 共模范围大，$0～V_{CC}-1.5V$
- 对比较信号源的内阻限制很宽
- 可使用电源或双电源供电，单电源为2～36V，双电源电压为±1～±18V
- 差动输入电压范围大，甚至可等于V_{CC}
- 输出端可直接与TTL、CMOS等电路直接连接

图 10-27　LM339 内部结构、引脚功能和特性

10.3　音频功率放大器芯片及应用电路

10.3.1　音频功率放大器及应用电路（一）

LM386 是一种音频功率放大集成电路，具有功耗低、增益可调整、电源电压范围大、外接元器件少和总谐波失真小等优点，主要用在低电压电子产品中。

LM386 在①、⑧脚之间不接元器件时，电压增益最低（20 倍），如果在两引脚间外接一只电阻和电容，就可以调节电压增益，最大可达 200 倍。LM386 的输入端以地为参考，同时输出端被自动偏置到电源电压的一半，在 6V 电源电压下，其静态功耗仅为 24mW，故 LM386 特别适合应用在用电池供电的场合。

1. 外形

LM386 封装形式主要有双列直插式和贴片式，LM386 及由其构成的成品音频功率放大器如图 10-28 所示。

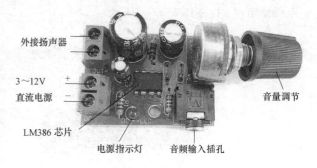

图 10-28　LM386 及由其构成的成品音频功率放大器

2. 内部结构、引脚功能和特性

LM386 内部结构、引脚功能和特性如图 10-29 所示。

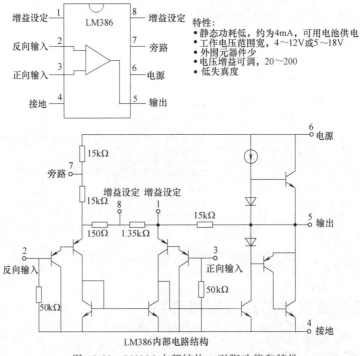

图 10-29　LM386 内部结构、引脚功能和特性

3. 应用电路

图 10-30 是采用 LM386 构成的三种音频功率放大器，音频信号从 V_{in} 端送入，经电位器

调节后送到 LM386 的 3 脚（正输入端），在内部放大后从 5 脚（输出端）输出，经电容后送入扬声器，使之发声。

图 10-30a 是 LM386 构成的增益为 20 倍的音频功率放大电路。该电路中的 LM386 的 1、8 脚（增益设定脚）和 7 脚（旁路脚）均悬空，此种连接时 LM386 的电压增益最小，为 20 倍。

图 10-30b 是 LM386 构成的增益为 50 倍的音频功率放大电路，该电路中的 LM386 的 1、8 脚（增益设定脚）之间接有一个 1.2kΩ 的电阻和一个 10μF 的电容，7 脚（旁路脚）通过一个旁路电容接地，这样连接时 LM386 的电压增益为 50 倍。

图 10-30c 是 LM386 构成的增益为 200 倍的音频功率放大电路，该电路中的 LM386 的 1、8 脚（增益设定脚）之间仅连接一个 10μF 的电容，7 脚（旁路脚）通过一个旁路电容接地，这样连接时 LM386 的电压增益最大，为 200 倍。

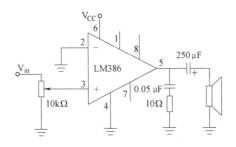

a) 增益为20倍的电路连接方式

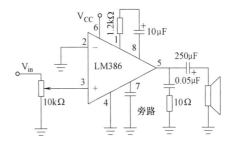

b) 增益为50倍的电路连接方式

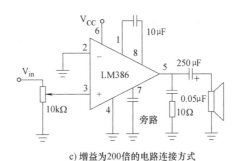

c) 增益为200倍的电路连接方式

图 10-30　采用 LM393 构成的音频功率放大电路

10.3.2　音频功率放大器及应用电路（二）

TDA2030A 是一种体积小、输出功率大、失真小且内部有保护电路的音频功率放大集成电路。该集成电路广泛用于计算机外接的有源音箱、汽车立体声音响和中功率音响设备中。很多公司生产同类产品，虽然其内部电路略有差异，但引出脚位置及功能均相同，可以互换。

1. 外形
TDA2030 及由其构成的成品双声道音频功放器如图 10-31 所示。

2. 内部结构、引脚功能和特性
TDA2030 内部结构、引脚功能和特性如图 10-32 所示。

图 10-31 TDA2030 及由其构成的成品双声道音频功放器

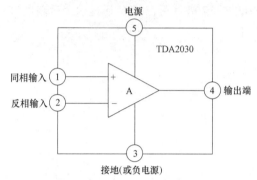

特性:
• 外接元器件少
• 输出功率大,P_o=18W(R_L=4Ω)
• 采用超小型封装(TO–220)可提高组装密度
• 开机冲击小
• 内含短路保护、热保护、地线偶然开路、电源极性反接(V_{max}=12V)及负载泄放电压反冲等保护电路
• 可在±6~±22V的电压下工作。在±19V、8Ω阻抗时能够输出16W的有效功率,THD≤0.1%

图 10-32 TDA2030 内部结构、引脚功能和特性

3. 应用电路

图 10-33 是采用 TDA2030 构成的音频功率放大器,音频信号从 IN 端送入,经电位器 RP 调节后送到 TDA2030 的①脚（正输入端）,在内部放大后从④脚（输出端）输出,经电容 C_7 后送入扬声器,使之发声。

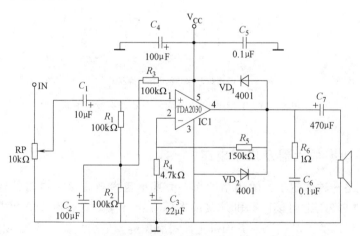

图 10-33 采用 TDA2030 构成的电音频功率放大电路

RP 为音量电位器,滑动端上移时送往后级电路的音频信号电压增大,音量增大;VCC 电源经 R_3、R_2 分压得到 $1/2 V_{CC}$ 电压,再通过 R_1 送到 TDA2030 的同相输入端,提供给内部电路作为偏置电压（单电源时偏置电压为电源电压的一半）;C_2、C_4、C_5 为电源滤波电容,

用于滤除电源中的杂波成分，使电压稳定；R_5 为反馈电阻，可以改善 TDA2030 内部电路的性能，减小放大失真；R_4、C_3 为交流旁路电路，可以提高 TDA2030 的增益；VD_1、VD_2 分别用于抑制输出端的大幅度正、负干扰信号，输出端正的信号幅度过大时，VD_1 导通，使正信号幅度不超过 V_{CC}，输出端负的信号幅度过大时，VD_2 导通，使负信号幅度不低于 0V；扬声器是一个感性元件（内部有线圈），在两端并联 R_6、C_6 可以改善高频性能。

10.4　驱动芯片及应用电路

10.4.1　七路大电流达林顿晶体管驱动芯片及应用电路

ULN2003 是一个由 7 个达林顿管（复合晶体管）组成的七路驱动放大芯片，在 5V 的工作电压下能与 TTL 和 CMOS 电路直接连接。ULN2003 与 MC1413P、KA2667、KA2657、KID65004、MC1416、ULN2803、TD62003 和 M5466P 等，都是 16 引脚的反相驱动集成电路，可以互换使用。

1. 外形

ULN2003 封装形式主要有双列直插式和贴片式，其外形如图 10-34 所示。

图 10-34　ULN2003 的外形

2. 内部结构、引脚功能和主要参数

ULN2003 内部结构、引脚功能和主要参数如图 10-35 所示。ULN2003 内部有 7 个驱动单元，1~7 脚分别为各驱动单元的输入端，16~10 脚为各驱动单元输出端，8 脚为各驱动单元的接地端，9 脚为各驱动单元保护二极管负极的公共端，可接电源正极或悬空不用。ULN2003 内部 7 个驱动单元是相同的，单个驱动单元的电路结构如图所示，晶体管 VT_1、VT_2 构成达林顿晶体管（又称复合晶体管），3 个二极管主要起保护作用。

3. 应用电路

图 10-36 是采用 ULN2003 作驱动电路的空调器辅助电热器控制电路，该电路用到了两个继电器分别控制 L、N 电源线的通断，有些空调器仅用一个继电器控制 L 线的通断。当室外温度很低（0℃左右）或人为开启辅助电热功能时，单片机从辅热控制脚输出高电平，ULN2003 的 6、11 脚之间的内部晶体管导通，KA1、KA2 继电器线圈均有电流通过，KA1、KA2 的触点均闭合，L、N 线的电源加到辅助电热器的两端，辅助电热器有电流过而发热。在辅助电热器供电电路中，一般会串联 10A 以上的熔断器，当流过电热器的电流过大时，熔断器熔断，有些辅助电热器上还会安装热保护器，当电热器温度过高时，热保护器断开，温度下降一段时间后会自动闭合。

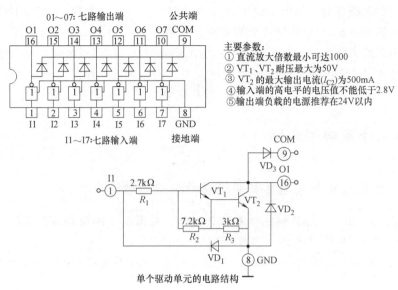

图 10-35　ULN2003 内部结构、引脚功能和主要参数

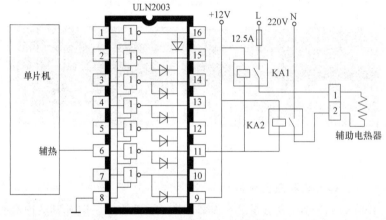

图 10-36　采用 ULN2003 作驱动电路的空调器辅助电热器控制电路

10.4.2　单全桥/单 H 桥/电动机驱动芯片及应用电路

L9110 是一款为控制和驱动电机设计的双通道推挽式功率放大的单全桥驱动芯片。该芯片有两个 TTL/CMOS 兼容电平的输入端，两个输出端可以直接驱动电动机正反转，每通道能通过 800mA 的持续电流（峰值电流允许 1.5A），内置的钳位二极管能释放感性负载（含线圈的负载，如继电器、电动机）产生的反电动势。L9110S 广泛用来驱动玩具汽车电动机、脉冲电磁阀门，步进电动机和开关功率管等。

1. 外形

L9110 封装形式主要有双列直插式和贴片式，其外形如图 10-37 所示。

图 10-37　L9110 的外形

2. 内部结构、引脚功能和特性

L9110 内部结构、引脚功能、特性和输入输出关系如图 10-38 所示，L9110 内部 4 个晶体管 VT$_1$~VT$_4$ 构成全桥，也称 H 桥。

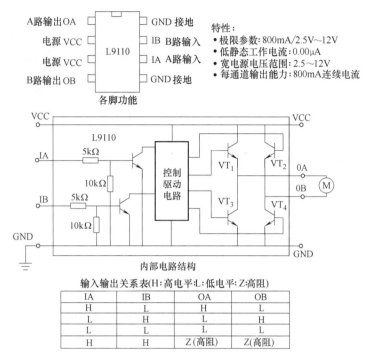

图 10-38 L9110 内部结构、引脚功能、特性和输入输出关系

输入输出关系表(H:高电平;L:低电平;Z:高阻)

IA	IB	OA	OB
H	L	H	L
L	H	L	H
L	L	L	L
H	H	Z(高阻)	Z(高阻)

3. 应用电路

图 10-39 是采用 L9110 作驱动电路的直流电动机正反转控制电路。当单片机输出高电平（H）到 L9110 的 IA 端时，内部的晶体管 VT$_1$、VT$_4$ 导通，有电流流过电动机，电流途径是 VCC 端入→VT$_1$ 的 c、e 极→OA 端出→电动机→OB 端入→VT$_4$ 的 c、e 极→GND，电动机正转；当单片机输出高电平（H）到 L9110 的 IB 端（IA 端此时为低电平）时，内部的晶体管 VT$_2$、VT$_3$ 导通，有电流流过电动机，电流途径是 VCC 端

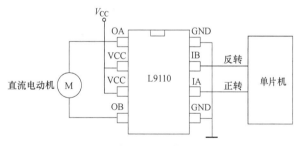

图 10-39 采用 L9110 作驱动电路的
直流电机正反转控制电路

入→VT$_2$ 的 c、e 极→OB 端出→电动机→OA 端入→VT$_3$ 的 c、e 极→GND，流过电动机的电流方向变反，电动机反转。

10.4.3 双全桥/双 H 桥/电动机驱动芯片及应用电路

L298 是一款高电压大电流的双全桥（双 H 桥）驱动芯片，其额定工作电流为 2A，峰值电流可达 3A，最高工作电压 46V，可以驱动感性负载（如大功率直流电动机，步进电动机，电磁阀等），其输入端可以与单片机直接连接。L298 用作驱动直流电动机时，可以控制

两台单相直流电动机，也可以控制两相或四相步进电动机。

L293 与 L298 内部结构基本相同，除 L293E 为 20 引脚外，其他均为 16 引脚，额定工作电流为 1A，最大可达 1.5A，电压工作范围 4.5～36V；V_s 电压最大值也是 36V，一般 V_s 电压（电动机电源电压）应该比 V_{ss} 电压（芯片电源电压）高，否则有时会出现失控现象。

1. 外形

L298 封装形式主要有双列直插式和贴片式，其外形如图 10-40 所示。

2. 内部结构、引脚功能和特性

L298 内部结构、引脚功能和特性如图 10-41所示，L298 内部有 A、B 两个全桥（H 桥），而 L9110 内部只有一个全桥。

图 10-40　L298 的外形

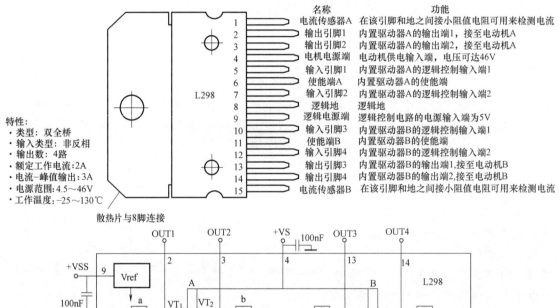

名称	功能
1 电流传感器A	在该引脚和地之间接小阻值电阻可用来检测电流
2 输出引脚1	内置驱动器A的输出端1，接至电动机A
3 输出引脚2	内置驱动器A的输出端2，接至电动机A
4 电机电源端	电动机供电输入端，电压可达46V
5 输入引脚1	内置驱动器A的逻辑控制输入端1
6 使能端A	内置驱动器A的使能端
7 输入引脚2	内置驱动器A的逻辑控制输入端2
8 逻辑地	逻辑地
9 逻辑电源端	逻辑控制电路的电源输入端为5V
10 输入引脚3	内置驱动器B的逻辑控制输入端1
11 使能端B	内置驱动器B的使能端
12 输入引脚4	内置驱动器B的逻辑控制输入端2
13 输出引脚3	内置驱动器B的输出端1，接至电动机B
14 输出引脚4	内置驱动器B的输出端2，接至电动机B
15 电流传感器B	在该引脚和地之间接小阻值电阻可用来检测电流

特性：
- 类型：双全桥
- 输入类型：非反相
- 输出数：4路
- 额定工作电流：2A
- 电流-峰值输出：3A
- 电源范围：4.5～46V
- 工作温度：−25～130℃

散热片与8脚连接

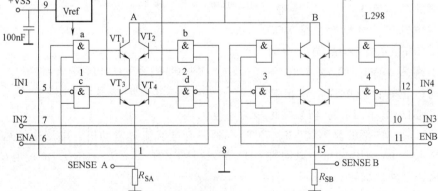

图 10-41　L298 内部结构、引脚功能和特性

3. 应用电路

图 10-42 是采用 L298 作驱动电路的两台直流电动机正反转控制电路，两台电动机的控

制和驱动是相同的，L298 的输入信号与电动机运行方式的对应关系见表 10-3，下面以 A 电动机控制驱动为例进行说明。

当单片机送高电平（用"1"表示）到 L298 的 ENA 端时，该高电平送到 L298 内部 A 通道的 a~d 四个与门（见图 10-41 所示的 L298 内部电路），使之全部开通，单片机再送高电平到 L298 的 IN1 端，送低电平到 IN2 端，IN1 端高电平在内部分作两路：一路送到与门 a 输入端，由于与门另一输入端为高电平（来自 ENA 端），故与门 a 输出高电平，晶体管 VT_1 导通；另一路送到与门 b 的反相输入端，取反后与门 b 的输入变成低电平，与门 b 输出低电平，VT_3 截止。与此类似，IN2 端输入的低电平会使 VT_2 截止、VT_4 导通，于是有电流流过电动机 A，电流方向是 VDD→L298 的④脚入→VT_1→②脚出→电动机 A→③脚入→VT_4→1 脚出→地，电动机 A 正向运转。

当单片机送"1"到 L298 的 ENA 端时，该高电平使 A 通道的 a~d 四个与门全部开通，单片机再送低电平到 L298 的 IN1 端，送高电平到 IN2 端，IN1 端的低电平使内部的 VT_1 截止、VT_3 导通，IN2 端的高电平使内部的 VT_2 导通、VT_4 截止，于是有电流流过电动机 A，电流方向是 VDD→L298 的④脚入→VT_2→③脚出→电动机 A→②脚入→VT_3→1 脚出→地，电动机 A 的电流方向发生改变，反向运转。

当 L298 的 ENA 端 = 1、IN1 = 1、IN2 = 1 时，VT_1、VT_2 导通（VT_3、VT_4 均截止），相当于在内部将②、③脚短路，也即直接将电动机 A 的两端直接连接，这样电动机惯性运转时内部绕组产生的电动势有回路而有电流流过自身绕组，该电流在流过绕组时会产生磁场阻止电动机运行，这种利用电动机惯性运转产生的电流形成的磁场对电动机进行制动称为再生制动。当 L298 的 ENA 端 = 1、IN1 = 0、IN2 = 0 时，VT_3、VT_4 导通（VT_1、VT_1 均截止），对 A 电动机进行再生制动。

当 L298 的 ENA 端为 0 时，a~d 四个与门全部关闭，VT_1~VT_4 均截止，电动机 A 无外部电流流入，不会主动运转，自身惯性运转产生的电动势因无回路而无再生电流，故不会有再生制动，因此电动机 A 处于自由转动。

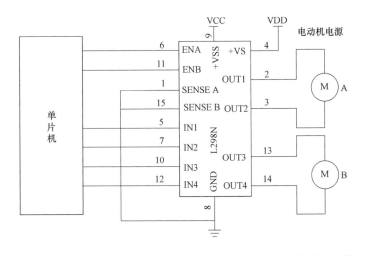

图 10-42 采用 L298 作驱动电路的两台直流电动机正反转控制电路

表 10-3　L298 的输入信号与电动机运行方式对应关系

输入信号			电动机运行方式
使能端 A/B	输入引脚 1/3	输入引脚 2/4	
1	1	0	正转
1	0	1	反转
1	1	1	刹车
1	0	0	刹车
0	×	×	自动转动

10.4.4　IGBT 驱动芯片及应用电路

M57962 是一款驱动 **IGBT**（绝缘栅双极型晶体管）的厚膜集成电路，其内部有 **2500V** 高隔离电压的光耦合器，过电流保护电路和过电流保护输出端子，具有封闭性短路保护功能。M57962 是一种高速驱动电路，驱动信号延时 t_{PLH} 和 t_{PHL} 最大为 $1.5\mu s$，可以驱动 600V/

400V 级别的 IGBT 模块。同一系列的不同型号的 IC 引脚功能和接线基本相同，只是容量、开关频率和输入电流有所不同。

1. 外形

M57962 是一种功率较大的厚膜集成电路，其外形如图 10-43 所示。

2. 内部结构和引脚功能

M57962（M57959）内部结构和引脚功能如图 10-44 所示。

图 10-43　M57962 的外形

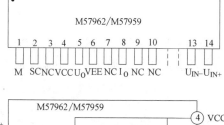

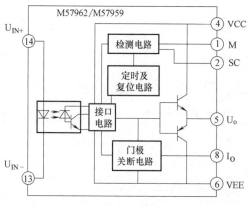

引脚号	符号	名称
1	M	故障信号检测端
2	SC	测量点
3,7,9,10	NC	空脚
4	VCC	驱动输出级正电源连接端
5	U_O	驱动信号输出端
6	VEE	驱动输出级负电源端
8	I_O	故障信号输出端
13	U_{IN-}	驱动脉冲输入负端
14	U_{IN+}	驱动脉冲输入正端

图 10-44　M57962/ M57959 内部结构和引脚功能

3. 应用电路

图 10-45 是采用 M57962 的 IGBT 驱动电路。有关电路送来的驱动脉冲 U_i 经倒相放大后

送到 IC1 的⑬脚，在内部经光耦合器传送到内部电路进行放大。当 IC1 的④、⑤脚之间的内部晶体管导通时（参见图 10-64 的 M57962 内部结构），+15V 电压从 IC1 的④脚输入，经内部晶体管后从⑤脚输出，送到 IGBT 的 G 极，IGBT 导通；当 IC1 的⑤、⑥脚之间的内部晶体管导通时，⑤脚经导通的晶体管与⑥脚外部的−10V 电压连接，⑤脚电压被拉到−10V，IGBT 的 G 极也为−10V，IGBT 关断。

稳压二极管 VD₃、VD₄ 的作用是防止 IGBT 的栅、射极之间正、负电压过大而击穿栅、射极。另外，当 IGBT 出现漏、栅极短路，过高的漏极电压会通过栅极送到 IC1 的⑤脚，损坏内部电路，VD₃、VD₄ 可以通过导通将栅极钳在一个较低的电压。VD₁ 可将 IC1 的①脚电压控制在 20V 以下。VD₂ 为过电流检测二极管，当流过 IGBT 的电流过大时，IGBT 集-射极之间压降增大（正常导通时电压降约为 2V，过电流时可达 7V），VD₂ 负极电压升高，IC1 的①脚电压上

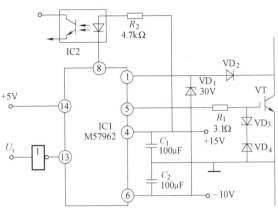

图 10-45　采用 M57962 的 IGBT 驱动电路

升，IC1 内部与检测电路控制有关的电路慢速关断④、⑤脚和⑤、⑥脚之间的晶体管，让 IGBT 关断，同时从⑧脚还输出故障指示信号（低电平），通过外接的光耦合器 IC2 和有关电路指示 IGBT 存在过电流故障。

10.5　74 系列数字电路芯片及应用电路

10.5.1　8 路三态输出 D 型锁存器芯片及应用电路

74HC573 是一种 **8 路三态输出 D 型锁存器芯片**，输出为三态门，能驱动大电容或低阻抗负载，可直接与系统总线连接并驱动总线，适用于**缓冲寄存器，I/O 通道，双向总线驱动器和工作寄存器等**。

1. 外形
74HC573 封装形式主要有双列直插式和贴片式，其外形与封装形式如图 10-46 所示。

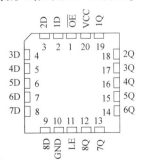

图 10-46　74HC573 的外形与封装形式

2. 内部结构与真值表

74HC573 的内部结构与真值表如图 10-47 所示,图中仅画出了一路电路结构,其他七路与此相同,真值表中的 "X" 表示任意值,"Z" 表示高阻态。

当 OE(输出允许控制)端为低电平、LE(锁存控制)端为高电平时,输出端(Q 端)与输入端(D 端)状态保持一致,即输入端为高电平(或低电平)时,输出端也为高电平(或低电平)。

当 OE 端=L(低电平)、LE 端=L 时,输出端状态不受输入端控制,输出端保持先前的状态(LE 端变为低电平前输出端的状态),此时不管输入端状态如何变化,输出端状态都不会变化,即输出状态被锁存下来。

当 OE 端=H(高电平)时,输出端与输入端断开,不管 LE 端和输入端为何状态值,输出端均为高阻态(相当于输出端与输入端之间断开,好像两者之间连接了一个阻值极大的电阻)。

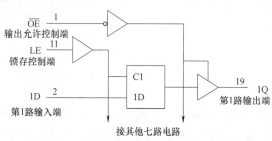

图 10-47 74HC573 的内部结构与真值表

3. 应用电路

图 10-48 是采用 74HC573 作锁存器的电路。当 OE=0、LE=1 时,74HC573 输出端的值与输入端保持相同,D0~D7 端输入值为 10101100,输出端的值也为 10101100,然后让 LE=0,输出端的值马上被锁存下来,此时即使输入端的值发生变化,输出值不变,仍为 10101100,发光二极管 VL_2、VL_4、VL_7、VL_8 点亮,其他发光二极管则不亮。如果让 OE=1,74HC573 的输出端变为高阻态(相当于输出端与内部电路之间断开),8 个发光二极管均熄灭。

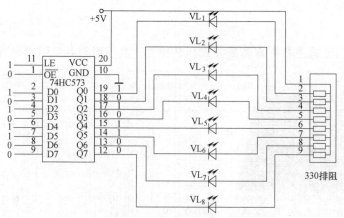

图 10-48 采用 74HC573 作锁存器的电路

10.5.2　3-8线译码器/多路分配器芯片及应用电路

74HC138 是一种 **3-8 线译码器**，可以将 **3** 位二进制数译成 **8** 种不同的输出状态。

1. 外形

74HC138 封装形式主要有双列直插式和贴片式，其外形与封装形式如图 10-49 所示。

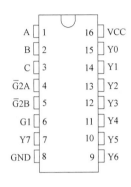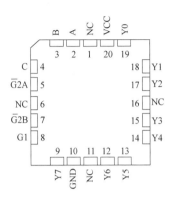

图 10-49　74HC138 的外形与封装形式

2. 真值表（见表 10-4）

表 10-4　74HC138 的真值表

输入						输出							
使能			选择										
G1	$\overline{G2A}$	$\overline{G2B}$	C	B	A	Y0	Y1	Y2	Y3	Y4	Y5	Y6	Y7
×	H	×	×	×	×	H	H	H	H	H	H	H	H
×	×	H	×	×	×	H	H	H	H	H	H	H	H
L	×	×	×	×	×	H	H	H	H	H	H	H	H
H	L	L	L	L	L	L	H	H	H	H	H	H	H
H	L	L	L	L	H	H	L	H	H	H	H	H	H
H	L	L	L	H	L	H	H	L	H	H	H	H	H
H	L	L	L	H	H	H	H	H	L	H	H	H	H
H	L	L	H	L	L	H	H	H	H	L	H	H	H
H	L	L	H	L	H	H	H	H	H	H	L	H	H
H	L	L	H	H	L	H	H	H	H	H	H	L	H
H	L	L	H	H	H	H	H	H	H	H	H	H	L

从真值表不难看出：

1) 当 G1=L 或 G2=H（G2=G2A+G2B）时，C、B、A 端无论输入何值，输出端均为 H，即 G1=L 或 G2=H 时，译码器无法译码。

2) 当 G1=H、G2=L 时，译码器允许译码，当 C、B、A 端输入不同的代码时，相应的输出端会输出低电平，如 CBA=001 时，Y1 端会输出低电平（其他输出端均为高电平）。

3. 应用电路

74HC138 的应用电路如图 10-50 所示。图中 74HC138 的 G1 端接 V_{CC} 电源，G1 为高电

平，G2A、G2B 均接地，G2A、G2B 都为低电平，译码器可以进行译码工作，当输入端 CBA = 000 时，输出端 Y0 = 0（Y1~Y7 均为高电平），发光二极管 VL₁ 点亮；当输入端 CBA = 011 时，从表 10-4 可以看出，输出端 Y3 = 0（其他输出端均为高电平），发光二极管 VL₄ 点亮。如果将 G1 端改接地，即让 G1 = 0，74HC138 不会译码，输入端 CBA 无论为何值，所有的输出端均为高电平。

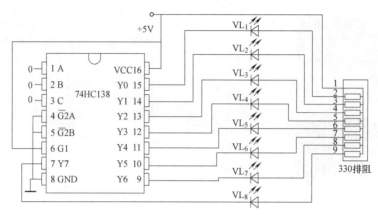

图 10-50   74HC138 的应用电路

10.5.3   8 位串行输入并行输出芯片电路原理

74HC595 是一种 8 位串行输入并行输出芯片，并行输出为三态（高电平、低电平和高阻态）。

1. 外形

74HC595 封装形式主要有双列直插式和贴片式，其外形与封装形式如图 10-51 所示。

图 10-51   74HC595 的外形与封装形式

2. 内部结构与工作原理

74HC595 的内部结构如图 10-52 所示。

8 位串行数据从 74HC595 芯片的 14 脚由低位到高位输入，同时从 11 脚输入移位脉冲，该引脚每输入一个移位脉冲（脉冲上升沿有效），14 脚的串行数据就移入 1 位，第 1 个移位脉冲输入时，8 位串行数据（10101011）的第 1 位（最低位）数据"1"被移到内部 8 位移

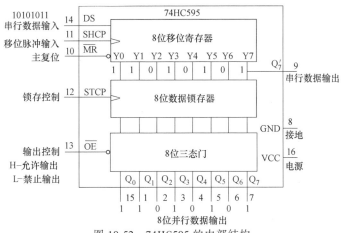

图 10-52　74HC595 的内部结构

位寄存器的 Y0 端，第 2 个移位脉冲输入时，移位寄存器 Y0 端的"1"移到 Y1 端，8 位串行数据的第 2 位数据"1"被移到移位寄存器的 Y0 端，…，第 8 个移位脉冲输入时，8 位串行数据全部移入移位寄存器，Y7~Y0 端的数据为 10101011，这些数据（8 位并行数据）送到 8 位数据锁存器的输入端，如果芯片的锁存控制端（12 脚）输入一个锁存脉冲（一个脉冲上升沿），锁存器马上将这些数据保存在输出端，如果芯片的输出控制端（13 脚）为低电平，8 位并行数据马上从 Q7~Q0 端输出，从而实现了串行输入并行输出的转换。

8 位串行数据全部移入移位寄存器后，如果移位脉冲输入端（11 脚）再输入 8 个脉冲，移位寄存器的 8 位数据将会全部从串行数据输出端（9 脚）移出。给 74HC595 的主复位端（10 脚）加低电平，移位寄存器输出端（Y7~Y0 端）的 8 位数据全部变成 0。

10.5.4　8 路选择器/分配器芯片电路原理

74HC4051 是一款 8 通道模拟多路选择器/多路分配器芯片，它有 3 个选择控制端（S0~S2），1 个低电平有效使能端（E），8 个输入/输出端（Y0 至 Y7）和 1 个公共输入/输出端（Z）。

1. 外形

74HC4051 封装形式主要有双列直插式和贴片式，其外形与封装形式如图 10-53 所示。

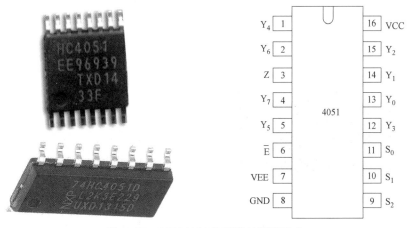

图 10-53　74HC4051 的外形与封装形式

2. 内部结构与真值表

74HC4051 的内部结构与真值表如图 10-54 所示。$Y_0 \sim Y_7$ 端可以当作 8 个输出端，也可以当作 8 个输入端，Z 端可以当作是一个输入端，也可以是一个输出端，但 Y 端和 Z 端不能同时是输入端或输出端。

当 E（使能控制）端为低电平，S_2、S_1、S_0 端均为低电平时，Y0 通道接通，Z 端输入信号可以通过 Y0 通道从 Y0 端输出，或者 Y0 端输入信号可以通过 Y0 通道从 Z 端输出。

当 E（使能控制）端为高电平时，无论 S_2、S_1、S_0 端为何值，不选择任何通道，所有通道关闭。

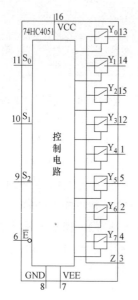

74HC4051真值表

控制端				选择通道
$\overline{E}$	S_2	S_1	S_0	
L	L	L	L	Y_0–Z
L	L	L	H	Y_1–Z
L	L	H	L	Y_2–Z
L	L	H	H	Y_3–Z
L	H	L	L	Y_4–Z
L	H	L	H	Y_5–Z
L	H	H	L	Y_6–Z
L	H	H	H	Y_7–Z
H	X	X	X	不选任何通道

图 10-54　74HC4051 的内部结构与真值表

10.5.5　串/并转换芯片及应用电路

74HC164 是一款 8 位串行输入转 8 位并行输出的芯片，当串行输入端逐位（一位接一位）送入 8 位数（1 或 0）后，在并行输出端会将这 8 位数同时输出。

1. 外形

74HC164 封装形式主要有双列直插式和贴片式，其外形与引脚名称如图 10-55 所示。

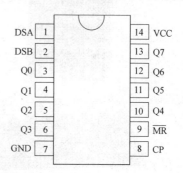

图 10-55　74HC164 的外形与封装形式

2. 内部结构与工作原理

74HC164 的内部结构如图 10-56 所示。DSA、DSB 为两个串行输入端，两者功能一样，可使用其中一个，也可以将两端接在一起当作一个串行输入端；CP 为移位脉冲输入端，每输入一个脉冲，DSA 或 DSB 端的数据就会往内移入一位；MR 为复位端，当该端为低电平时，对内部 8 位移位寄存器进行复位，8 位并行输出端 $Q_7 \sim Q_0$ 的数据全部变为 0；$Q_7 \sim Q_0$ 为 8 位并行输出端。

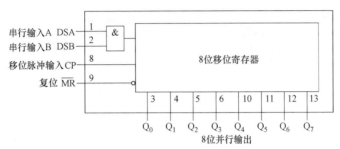

图 10-56　74HC164 的内部结构

3. 应用电路

图 10-57 是单片机利用 74HC164 将 8 位串行数据转换成 8 位并行数据传送给外部设备的电路。

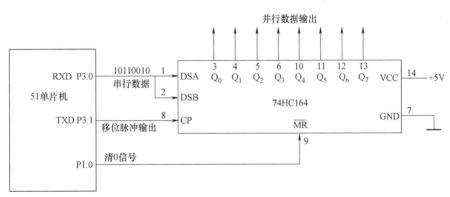

图 10-57　74HC164 的应用电路

在单片机发送数据前，先从 P1.0 引脚发出一个清 0 信号（低电平）到 74HC164 的 $\overline{MR}$ 引脚，对其进行清 0，让输出端 $Q_7 \sim Q_0$ 的数全部为 "0"，然后单片机从 RXD 端（P3.0 引脚）送出 8 位数据（如 10110010）到 74HC164 的串行输入端（DS 端），与此同时，单片机从 TXD 端（P3.1 引脚）输出移位脉冲到 74HC164 的 CP 引脚。

当第 1 个移位脉冲送到 74HC164 的 CP 端时，第 1 位数 "1（最高位）" 被移入芯片，Q_0 端输出 1（$Q_1 \sim Q_7$ 即为 0）；当第 2 个移位脉冲送到 CP 端时，第 2 位数 "0" 被移入芯片，从 Q_0 端输出 0（即 $Q_0 = 0$），Q_0 端先前的 1 被移到 Q_1 端（即 $Q_1 = 1$）。当第 8 个移位脉冲送到 CP 端时，第 8 位数据 "0（最低位）" 被移入芯片，此时 $Q_7 \sim Q_0$ 端输出的数据为 10110010。也就是说，当 74HC164 的 CP 端输入 8 个移位脉冲后，DS 端依次从高到低逐位将 8 位数据移入芯片，并从 $Q_7 \sim Q_0$ 端输出，从而实现了串并转换。

10.5.6 并/串转换芯片及应用电路

74HC165 是一款 **8** 位并行输入转 **8** 位串行输出的芯片，当并行输入端送入 8 位数后，这 8 位数在串行输出端会逐位输出。

1. 外形

74HC165 封装形式主要有双列直插式和贴片式，其外形与和引脚名称如图 10-58 所示。

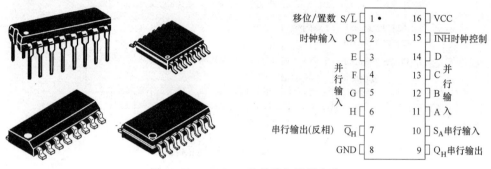

图 10-58　74HC165 的外形与引脚名称

2. 内部结构与工作原理

74HC165 的内部结构如图 10-59 所示。

在进行并串转换时，先给 $S/\overline{L}$（移位/置数）端送一个低电平脉冲，A ~ H 端的 8 位数 a ~ h 被存入内部的移位寄存器，$S/\overline{L}$（移位/置数）端变为高电平后，再让 $\overline{INH}$（时钟控制）端为低电平，使 CP（时钟输入）端输入有效，然后从 CP 端输入移位脉冲，第 1 个移位脉冲输入时，数 g 从 Q_H（串行输出）端输出（数 h 在存数时已从 Q_H 端输出），第 2 个移位脉冲输入时，数 f 从 Q_H 端输出，第 7 个移位脉冲输入时，数 a 从 Q_H 端输出。

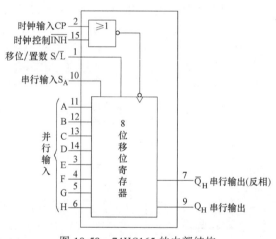

图 10-59　74HC165 的内部结构

当 $S/\overline{L} = 0$ 时，将 A ~ H 端的 8 位数 a~h 存入移位寄存器，此时 $\overline{INH}$、CP、S_A 端输入均无效，Q_H 输出最高位数 h；当 $S/L = 1$、$\overline{INH} = 0$ 时，CP 端每输入一个脉冲，移位寄存器的 8 位数会由高位到低位从 Q_H 端输出一位数，S_A（串行输入）端则会将一位数移入移位寄存器最低位（移位寄存器原最低位数会移到次低位）；当 $S/L = 1$、$\overline{INH} = 1$ 时，所有的输入均无效。

3. 应用电路

图 10-60 是利用 74HC165 将 8 位并行数据转换成 8 位串行数据传送给单片机的电路。

在单片机在接收数据时，先从 P1.0 引脚发出一个低电平脉冲到 74HC165 的 S/L 端，将 A ~ H 端的 8 位数据 a~h 存入 74HC165 内部的 8 位移位寄存器，S/L 端变为高电平后，单片机从 P3.1 端送出移位脉冲到74HC165 的 CP 端（$\overline{INH}$接地为低电平，CP 端输入有效），在移位脉冲的作用下，8 位数据 a~h 按照 h、g、…、a 的顺序逐位从 Q_H端输出，送入单片机的 P3.0（RXD）端。

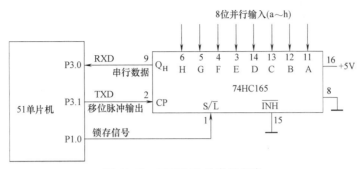

图 10-60　74HC165 的应用电路